コミュニティデザインの現代史

まちづくりの仕事を巡る
往復書簡

饗庭伸×山崎亮

学芸出版社

はじめに

　ある都市や村にこれがあったら、もっとみんなが豊かになれるんじゃないかとか、みんなが抱えている問題が解決できるんじゃないか、といったことを考える。自分が権力を持っていたり、大金や土地を持っていたりするわけではないので、都市や村の人たちが持っているものを出し合ってもらい、それらを組み合わせたり混ぜたりしながらそれを実現する、この本を手に取って下さった人は「そんな仕事」をやっている人ではないだろうか。

「そんな仕事」は、大昔から存在する。人々がバラバラに、自分が必要とするだけの住まいと生業の空間だけをつくっていたら、都市や村は成立しない。住まいと仕事場をつなぐ道路、水路や港といった生業のための施設、モノとモノを交換するための市といったものは、誰かが「そんな仕事」をしたからこそつくられたものである。ちょっと大袈裟に言うと、「そんな仕事」こそ、都市や村をつくってきた、とも言うことができる。

　この本は、「コミュニティデザイン」と呼ばれたり、「まちづくり」と呼ばれたりする「そんな仕事」の歴史を少しばかり辿ってみようと考えた本である。

　2つの言葉の歴史はそれほど古いものではなく、「コミュニティデザイン」は1970年代から、「まちづくり」は1950年代から使われ始めた言葉である。日本の近代化が明治維新から始まったとすると、150年にわたる近代化の後半期の「そんな仕事」をあらわす言葉として使われてきた。どちらが新しい、どちらが正統だ、どの定義が正しい、誰が正しい、という不毛な議論を展開するつもりはない。いずれの言葉であっても、人々の気持ちが動いたり、納得がつくられるのであれば、その言葉を使えばよい。大切なことは、どちらの言葉を使っても、「そんな仕事」の本質を外すことなく、うまくやり遂げることである。

山崎亮さんは「コミュニティデザイン」という言葉を、饗庭は「まちづくり」という言葉をよく使いながら、「そんな仕事」をやってきた。２０１８年に２人で上海でワークショップを開いた時のちょっとした空き時間に、２つの言葉の歴史についてあれこれと議論したことが、この本ができるきっかけになっている。もちろん2人が「コミュニティデザイン」や「まちづくり」を初めて提唱したわけではない。詠み人知らずのようになっていたこの2つの言葉が、近代化の後半期に「そんな仕事」をする人たちの中で、どのように使われ、育てられてきたのかを、何人かの先駆者にインタビューし、「そんな仕事」の本質を探っていこうと考えたわけである。

ちょうどコロナ禍が始まった２０２０年の春から冬にかけて、林泰義さん、乾亨さん、小林郁雄さん、浅海義治さん、木下勇さんへのインタビューをお願いし、その間に22回の書簡のやりとりを重ねたものを本書に詰め込んだ。歴史を大きな軸においているので、時間の流れにあわせるようにして、最初から順番に読み進めていただくことがよいと思う。この本を手に取って下さった人の、「コミュニティデザイン」であったり、「まちづくり」であったりする「そんな仕事」の展望を描く１つの助けになればと考えている。

饗庭伸

第1世代（1930年代～1940年代前半生まれ）

学者・研究者
早川和男('31)
石田頼房('32)
住田昌二('33)
三村浩史('34)
森村道美('35)
広原盛明('38)
寄本勝美('40)
延藤安弘('40)
藤本信義('41)
内田雄三('42)
高見澤邦郎('42)
安藤元夫('43)
片方信也('43)
伊藤孝

自治体等職員
垂水英司('40)
原昭夫('42)
芦田英機('44)
小林俊彦
渋谷謙三

民間の建築家・技術者
木原啓吉('31)
水谷潁介('35)
林泰義('36) ► p.36
大村虔一('38)
森戸哲('40)
山岡義典('41)
佐野章二('41)
後藤祐介('43)
高田昇('43)
五十嵐敬喜('44)
小林郁雄('44) ► p.148
高野文彰('44)
宮西悠司('44)

第3世代（1950年代後半～1960年代前半生まれ）

学者・研究者
斎藤啓子('56)
後藤春彦('57)
久隆浩('58)
土肥真人('61)
倉原宗孝('63)

自治体等職員
浅海義治('56) ► p.190

民間の建築家・技術者
伊藤雅春('56)
荻原礼子('57)
山本俊哉('59)
須永和久('60)
佐谷和江('61)
小西玲子

► p. はインタビュー該当頁

第 0 世代（1920 年代以前生まれ）

学者・研究者
武基雄（'10）
西山夘三（'11）
川名吉エ門（'15）
吉阪隆正（'17）
日笠端（'20）
青木志郎（'23）
大谷幸夫（'24）
篠原一（'25）
松下圭一（'29）

民間の建築家・技術者
緒形昭義（'27）
石川忠臣（'29）

自治体等職員
田村明（'26）

参加型まちづくりパイオニアたちの見取り図

作成：饗庭伸

第 2 世代（1940 年代後半～ 1950 年代前半生まれ）

学者・研究者
原科幸彦（'46）
塩崎賢明（'47）
佐藤滋（'49）
福川裕一（'50）
西村幸夫（'52）
乾亨（'53）► p.112
木下勇（'54）► p.242

自治体等職員
卯月盛夫（'53）

民間の建築家・技術者
木原勝彬（'45）
濱田甚三郎（'45）
吉川仁（'47）
間野博（'47）
新居千秋（'48）
大戸徹（'50）
畠中洋行（'51）
世古一穂（'52）
石塚雅明（'52）
野口和雄（'53）
早瀬昇（'55）
井上赫郎
石東直子

はじめに 2
参加型まちづくりパイオニアたちの見取り図 4

1章 コミュニティデザインの歴史が気になる 9
1 往復書簡のきっかけ（山崎） 10
2 参加型デザインの原体験（饗庭） 16

2章 パイオニアたちに会いに行こう 23
3 気になるパイオニアたち（山崎） 24
4 見取り図を描いてインタビューに臨もう（饗庭） 29
パイオニア訪問記1 林泰義さん 36

3章 70年代、町田や世田谷で起こっていた面白そうなこと 47
5 林泰義さんから派生するさまざまな話題（山崎） 48
6 いくつもの流れが生まれた（饗庭） 56
7 アメリカのコミュニティデザインを振り返る（山崎） 77

4章 コミュニティ計画を突き詰めた神戸へ 95

8 知られざる真野地区のまちづくり（饗庭） 96
9 地縁型コミュニティを考える（山崎） 106
パイオニア訪問記2 乾亨さん 112

5章 コミュニティ計画が描いたもの 127

10 コミュニティ計画をめぐる3つの論点（饗庭） 128
11 実践のなかの能動態・中動態・受動態（山崎） 143
パイオニア訪問記3 小林郁雄さん 148

6章 まちづくり事務所の経営について考える 165

12 コミュニティ計画の方言（饗庭） 166
13 URの経営スタイルから学ぶこと（山崎） 173
14 NPO法制定時代、80年代のワークショップ（饗庭） 179

15 NPO価格――studio-L設立時に考えたこと（山崎） 184
パイオニア訪問記 4 浅海義治さん 190

7章 何のためのワークショップ？ 207
16 コミュニティデザイン教育と都市（饗庭） 208
17 スチュワードシップと民主的な計画づくり（山崎） 212
18 3つのプランニング（饗庭） 223
19 木下勇さんのワークショップに惹かれる理由（山崎） 234
20 いいデザインのため？ 公正なプロセスのため？ 人が育つため？（饗庭） 237
パイオニア訪問記 5 木下勇さん 242

8章 なぜ僕らはワークショップをするんだろう 263
21 人が育つためのワークショップ（山崎） 264
22 1人からの都市計画（饗庭） 268
おわりに 273 ／ 人名事典 276 ／ 索引 286

本文中の★印：人名事典に掲載

I

コミュニティデザインの歴史が気になる

1　往復書簡のきっかけ

饗庭さんへ

世界的な新型コロナウイルスの流行で、今年は一緒に上海へ行くことが叶わず、その代わりに手紙を書くことにしました。

毎年、この季節は上海へ行ってましたよね。数年前に饗庭さんが講演やワークショップに誘ってくれたおかげで、上海のコミュニティガーデン関係者と交流するようになりました。そして、美味しい小籠包を食べることができています。ありがとうございます。

上海では5日くらい一緒に過ごしますから、饗庭さんとはいろんな話をしますね。ほとんどは食べ物に関する話ですが、たまに真面目な話をしたりもします。確か去年だったと思いますが、僕が「まちづくりやコミュニティデザインの歴史をたどりたいんだ」と饗庭さんに伝えたら、「僕は20年前にそういうことをやったことがあるよ」という返事をしてくれましたよね。あの時は本当にびっくりしました。と同時に、「さすがは饗庭さん、やっぱりやってたか」と思ったのです。

上海では饗庭さんとじっくり過ごすことができるので、20年前の「まちづくり史研究」について根掘り葉掘り拝聴したいなと思ったのですが、それを独り占めするのはもったいないな、とも思ったのです。それで、「日本に戻ったら饗庭さんに手紙を書きます。それに答えながら、日本におけるコミュニティデザインの歴史について語ってくれませんか？」とお伝えしました。饗庭さんとしても、その頃の資料は日本の研究室にあるから、帰国してからの方が正確な情報を伝えることができると了承してくれましたね。

ところが僕がなかなか手紙を書かないせいで、結局1年が過ぎてしまいました。本当に申し訳ありません。書こう、書こうと思いながらも、聞きたいことが多すぎて何から書けばいいのかが定まらなかったのです。

手紙を書くのは好きなのです。往復書簡というスタイルも気に入っています。以前、建築家の乾久美子さんと手紙のやり取りを続けて、『まちへのラブレター』という本にまとめてもらったことがあります。その時のやりとりが楽しかったので、饗庭さんとも往復書簡を楽しみたいなと思っていました。ところが今回はどうも勝手が違う。大きく違うのは僕が質問を投げかけるという点です。乾さんとのやりとりは、最初の手紙が乾さんから送られてきて、僕はその質問に1つずつ答えていけばよかった。乾さんが「参加のデザインってどんなことに注意して進めているんですか？」と問いかけてくれるから、僕は思いついたことを返信すればよかった。ところが今回は僕が饗庭さんに問いかけるわけです。問いかけたいことがたくさんある場合、それをどう整理して、どんな順番で尋ねていけばいいのかを考えると、頭がごちゃごちゃになってくるものですね。改めて、乾さんはうまく僕の話を引き出してくれたなぁと感心しているところです。

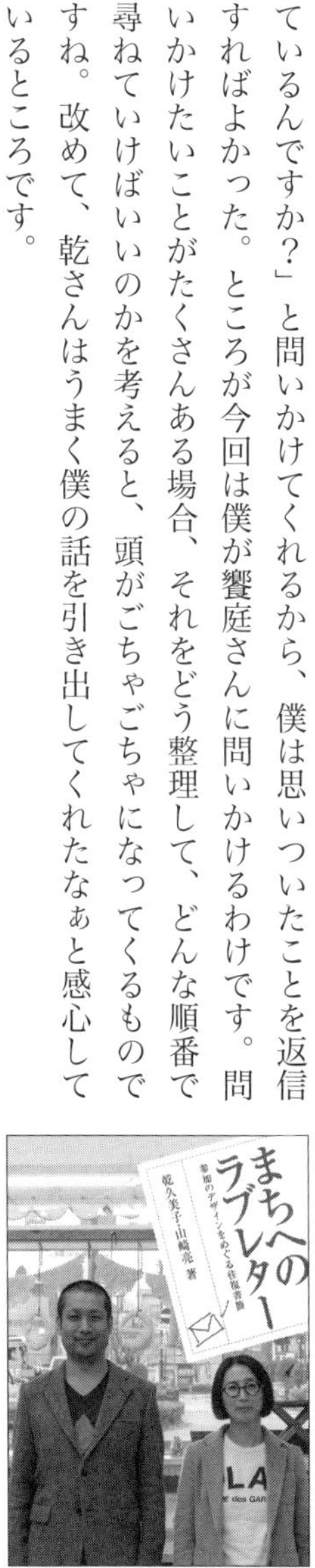

『まちへのラブレター』
乾久美子・山崎亮、学芸出版社、2012

どんな順番で話を進めていくのがいいのかを考えた結果、まずは僕がなぜコミュニティデザインの歴史に興味を持ったのかを説明しておいた方がいいだろうと思いました。もうすでに何年もの付き合いになる饗庭さんですが、改めて僕の自己紹介から始めたいと思います。そのことが、なぜまちづくり史に興味を持ったのかということに関係しているので。

僕は大阪府立大学の農学部で、緑地計画を学びました。都市を計画する時に、緑地をどう計画していくべきなのかを考える学問です。また、計画した緑地を具体的にデザインする方法についても学びました。いわゆるランドスケープデザインですね。修士課程まで学んだ後、建築・ランドスケープ設計事務所に就職しました。ここで公園の設計などに携わったのですが、事務所では住民参加のワークショップを繰り返していました。実務の中でワークショップを経験させてもらっているうちに、緑地計画やランドスケープデザインに関わる住民参加だけでなく、もっと広くまちづくり全体の住民参加にも興味を持つようになってきました。その結果、6年間お世話になった事務所を辞めて、studio-Lというコミュニティデザイン事務所を設立することにしたのです。

独立当初は仕事がほとんどありませんでしたし、まちづくりの流れや方法がよくわかりません。ランドスケープデザインに関わるワークショップの経験はありましたが、道路や河川や鉄道や商店街など、まちづくり全般となると経験がない。そこで、東京大学の工学系大学院で学びました。ここでは専門家が計画する「都市計画」と、生活者がつくりあげる「まちづくり」についてさまざまな事例や方法を学ぶことができました。

そうこうしているうちに、studio-Lにも仕事の相談が舞い込むようになってきました。公園づくりに関するワークショップの依頼も多かったのですが、美術館・図書館・病院づくりといった公共建築の設計に関わるワークショップについての相談もありました。都市計画のハード面をつくる際のワークショップですね。

さらにその後は、観光、商業、産業、福祉、医療、芸術、教育に関する住民参加の機会を支援する仕事の依頼が増えてきました。まちづくりのハード面ではなく、いわばソフト面に関するワークショップです。その頃から、「まちづくりに携わってきた先輩たちはどんなワークショップを生み出してきたんだろう?」ということが気になり始めました。いくつかの事例を調べているうちに、「そもそも先輩たちはどうしてまちづくりに携わることにしたんだろう?」ということも知りたくなってきました。大学院で、コミュニティデザインの歴史について調べていたからかもしれません。先輩たちに会いに行って、話を聞いてみたいという気持ちが高まってきました。

その頃、自分が影響を受けたデザイナーや建築家や思想家のことを調べていました。ところが、調べていたのは概ね海外の人たちであり、すでにこの世を去っている人たちばかりでした。イギリスの社会思想家であるジョン・ラスキン、デザイナーのウィリアム・モリス、活動家のオクタヴィア・ヒル、ソーシャルワーカーのアーノルド・トインビー、都市計画家のエベネザー・ハワード、事業家のロバート・オウエン、歴史家のトマス・カーライル。さらにその周辺で活躍した人たち。僕は、19世紀のイギリスで活躍した人たちの思想や行動に多くの影響を受けています。そのことを『コミュニティデザインの源流：イギリス篇』としてまとめました。現在はアメリカ篇をまとめているところです。イギリスからカーライルの影響を持ち帰ったアメリカ人、ラルフ・ウォルドー・

エマソンに始まり、著述家で実践家でもあるヘンリー・デイヴィッド・ソロー★、ランドスケープアーキテクトのフレデリック・ロウ・オルムステッド★、建築家のフランク・ロイド・ライト★、ソーシャルワーカーのジェーン・アダムス★、都市研究者のジェイン・ジェイコブズ、ランドスケープデザイナーのローレンス・ハルプリン★など、僕が影響を受けたアメリカ人たちの思想や行動をまとめています。

いつか日本人についてもまとめたいと思っています。ところが、思い浮かぶのは二宮金次郎や後藤新平、柳宗悦など、やはりすでにこの世を去った人たちばかりなのです。こうした人たちから学ぶことも大切ですが、同じ時代を生きて活動している先輩たちの話もしっかり聞いて、受け継いでいきたいと思うようになりました。

そう考えた時、１９３０年代から１９６０年代までに生まれた先輩たちの仕事が気になり始めたのです。１９３６年生まれの林泰義★さん、１９４０年生まれの延藤安弘★さん、１９４４年生まれの小林郁雄★さん、１９５３年生まれの乾亨★さん、１９５４年生まれの木下勇★さん、１９５６年生まれの浅海義治★さん。皆さん、もともとは工学部や農学部で学ばれて、その後にコミュニティデザインに取り組むことになった方々です。

ぜひこの方々の話が聞いてみたい。饗庭さん、興味ありません？　って声をかけたのが上海だった、というわけです。その返答は冒頭のとおり。すでに20年前に話を聞いて回ったというのです。それなら僕は、まず饗庭さんの話を聞くべきだろう。じっくり語っていただくために、往復書簡と

『コミュニティデザインの源流　イギリス篇』
山崎亮、太田出版、2016

いう形式にするのがよかろう。そんな経緯で、僕はこの手紙を書いているのです。

初回からちょっと書きすぎました。なにしろ人名が登場しすぎている。のちのち、各人についてはじっくり語ることができたらいいなと思いますが、まずはこのあたりで饗庭さんからの返事を待ちたいと思います。

饗庭さんはこれまでどんなことに取り組んできたのか。そして、なぜ20年前に先輩たちの話を聞いて回ることにしたのか。あるいは、今回の往復書簡についてどう考えているのか。そのあたりを教えて下さい。

2 参加型デザインの原体験

山崎さんへ

お手紙ありがとうございました。

おそらく、この往復書簡を読む人たちは、僕や山崎さんより一回りも、二回りも若い人たち。彼らにとっては、高度経済成長も、バブル経済も、阪神・淡路大震災も等しく「昔」というフォルダに入っています。コミュニティデザインの現代史をたどるために、少しだけ正確に時間の物差しを共有しておいた方がよいので、自分の生い立ちからお話ししていこうと思います。

●1970年代の「コミュニティ」

僕は1970年の大阪万博の翌年に生まれました。山崎さんもそうだと思いますが、いわゆる第2次ベビーブームの真っ只中で、同学年は全国に200万人、通っていた中学校は急ごしらえのプレハブ校舎でした。育ったのは山崎さんも住んでいたことがある兵庫県の西宮市、阪神間の穏やかな、暮らしやすいまちです。そこでは「コミュニティ」という言葉が、まちの至るところに散りばめられていました。例えば西宮に住んでいると二ヶ月に一度『宮っ子』というフリーペーパーが届くのですが、市内を中学校区くらいの地域にわけて、地域の細かい情報を集めたもので、その企画、取材、編集、配布を担っていたのが1979年に設立された西宮コミュニティ協会でした。僕の「コミュニティ」という言葉のイメージはこのフリーペーパーでつくられました。しかし、大人になってあらためて調べたことですが、西宮は被差別部落があったりして、単純な場所ではありませんでした。こういった複雑さを上から塗りつぶすようにして使われていたのが「コミュニティ」だったわけですが、そんなことは知るよしもなく、コミュニティを当たり前のものとして育ったのが僕や山崎さんを含んだ世代だと思います。

フリーペーパー『コミュニティ　西宮』
通称『宮っ子』（1979年〜）

●1990年代の「ワークショップ」

早稲田大学では建築を学び、4年生になった1992年に都市計画の佐藤滋★さんの研究室に入りました。ぎりぎりバブルの最後の年で、大学食堂で定食を食べていると、背広をきた知らないおっさんがコーヒーを奢ってくれて、「うちの会社に来ないか」なんて言われて、就職が決まっていく、という夢のような時代でしたが、それを振り切って大学院に進みます。研究室ではちょうど「住民参加のデザイン」の実践的な研究が始まった時でした。後に『まちづくりデザインゲーム』という本にまとめられるワークショップのプロトタイプを開発し、あるまちで実際に使ってみよう、と準備していた夜のことです。ワークショップで使う模型のブロックを切り出す作業をしていた先輩が、「俺は自分のデザインをしたいんだよ、何で住民の意見なんか聞くんだよ。」と延々と愚痴っていたことをはっきりと覚えています。それまで大学の都市計画の研究室は、格好いい都市模型をつくって市長やデベロッパーに提案する、なんてことをやってましたから、先輩にとっては理解できない作業だったのだと思います。専門家によるデザインから、住民参加のデザインへ、切り替わりの時期だったわけです。

その少しあと、当時は世田谷まちづくりセンターの所長だった卯月盛夫★さんによる「ワークショップの方法を教える」という演習も開かれました。まちづくりセンターの浅海義治さんにワークショップのイロハを教えてもらったり、劇団黒テントの成沢富雄★さんに演劇ワークショップの方法を教えてもらったり、とても贅沢な演習だったのですが、それはそれまで机の上で取り組んでいたプランニングが、体と言葉を使ったコミュニケーションに置き換わる経験でした。それを経験した時は、もう完全に「住民参加のデザインおもしれえ！」ってなっていました。先輩と違って、こういった方法をあまり抵抗なく受け入れることができたのは、小さな時から「コミュニティ」という言葉に慣れ親しんでいたからかもしれません。

これはランドスケープデザインでも同じだと思うのですが、建築デザインの世界でもちょうど「ポストモダン」という言葉が流行っていた頃でした。学部生の時は僕はあまり建築のことを面白いと思っていなかったのですが、大学4年生の設計の授業でアトリエ・モビルの丸山欣也★さんが「淡路島で自力建設をする」というスタジオを開講し、15人くらいで協力して竹で大きなドームをつくり、そこで初めて「建築って面白いなあ」となりました。丸山さんはTEAM ZOOのオリジネーターの1人で、近代的な都市や建築に身体感覚、手を使って立ち向かっていこう、という、紛れもないポ

『まちづくりデザインゲーム』
佐藤滋（編）、学芸出版社、2005

ストモダニストの1人でした。その時に淡路島で指導して下さったのは、久住章★さんという左官の親方で、「お前らおもろいな、わしになんか建ててくれや」と言われ、大学院に入ってからも同級生たちと淡路島での自力建設を続けました。研究室では参加型の都市デザイン、淡路島では自力建設、当時は2つがうまくつながっていなかったのですが、今から振り返ると「ポストモダン」という言葉で語れると思います。ちなみに、TEAM ZOOの中心にいた象設計集団★は早稲田の先生だった吉阪隆正★さんの門下生が設立した事務所で、やはり吉阪門下の戸沼幸市★さんがその授業を仕掛けていたわけです。つまり、僕は当時の早稲田建築学科のポストモダンの手のひらの上で正統に転がされていた、とも言えます。

●1990年代のNPO

修士課程の後半から4年間ほど、お金がなかったこともあり、大学院生をやりながら週の半分は川崎

1990年代に早稲田大学佐藤研究室で開発していた「まちづくりデザインゲーム」

市役所の非常勤公務員として働くことになりました。川崎市は有力な革新自治体の1つでしたが、当時はリクルート事件のあとで市民からの信頼をすっかり失ったところでした。市長が「市民共同のまちづくり」というスローガンを掲げ、その施策がうまくいっているかどうか、現場を回って、比較的自由に提言する仕事でした。革新自治体の空気は残っており、市民にも面白い人がたくさんいました。かわさき市民アカデミーという市民が運営する生涯学習の組織では篠原一★さんにお目にかかって「レジェンドや」って思ったり、古参の職員に「シビルミニマムとはなんぞや」という議論をふっかけられたり、在日韓国・朝鮮人の多住地域でまちづくりに取り組んでいた青丘社の活動を見に行ったり、どちらかと言うと文系の市民参加論を勉強しながら仕事をしていました。

　その中で、「何か新しいことを提言しないと」ってことで、突き当たったのがＮＰＯ法制定の前夜にあたる動きでした。１９９４年頃、山岡義典★さんらが中心になってＮＰＯ法をつくる運動をしていて、その実働部隊には当時30〜40代だった神奈川県内の自治体職員や草の根の市民団体のスタッフが多くいました。何人かと親しくなり、いつの間にか横浜にあったまちづくり情報センターかながわ（通称アリスセンター）という草の根の市民団体を支援する中間支援組織の仕事も手伝う

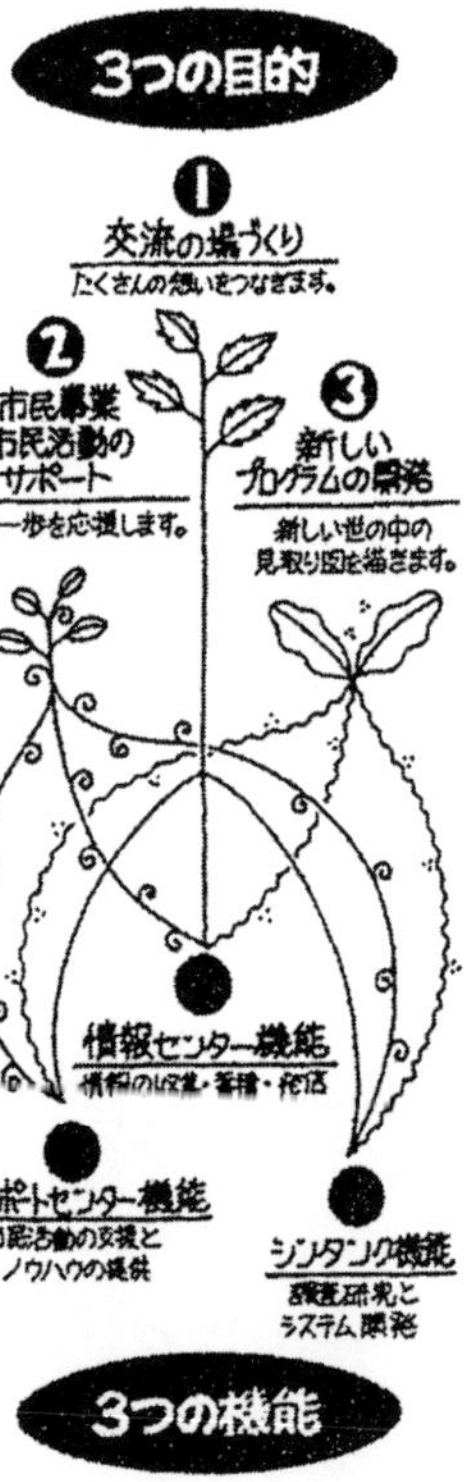

アリスセンターの活動のダイアグラム
（出典：アリスセンターパンフレット）

ようになりました。1988年にアリスセンターを設立した緒形昭義★さんは建築家でしたが、他は鳴海正泰★さんや、生協運動や労働運動、原発反対運動などのさまざまな運動を担っていた人たちがつくった組織でした。僕は川崎のいろいろな市民活動などを調べて、そういうものが地域社会のコアになっていくんじゃないかという報告書をつくったりしていました。

●1990年代の参加型都市計画

大学の研究室は自治体などからの委託研究をたくさん引き受けていたので、残る週の半分は山形県の鶴岡市の仕事をしていました。1995年に阪神・淡路大震災があり、そちらの復興支援もしていたのですが、1996年から鶴岡の仕事が始まります。最初の仕事は市民の人たちを集めたワークショップを開いて、都市計画のマスタープランをつくるというもので、そんな経験はなかったので、五十嵐敬喜★さんや野口和雄★さんが関わった美の条例で有名になった真鶴町の総合計画を分析して、見よう見まねで計画文書を書いたりしていました。真鶴の取り組みをまとめた『美の条例』（五十嵐敬喜・野口和雄・池上修一著、学芸出版社、1996）も読み込みました。この仕事の背景には、マスタープランを住民参加でつくる、とした1992年の都市計画法改正がありました。鶴岡市もそれをきっ

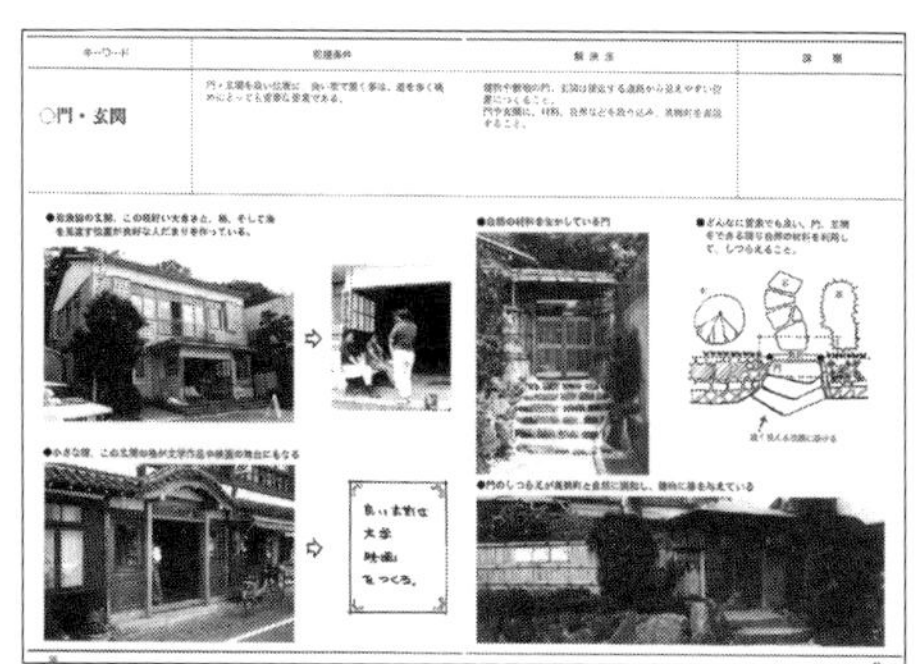

真鶴町まちづくり条例『美の基準』

かけとして参加型の都市計画をやっていこう、と動いており、同じようにあちこちの都市で取組みが進んでいました。鶴岡では、そのあとに商店街の活性化や、公園の設計や、官庁街整備の基本構想づくりなどの仕事を頼まれたので、「思いついたことを次々と試す」感じで、毎月のようにワークショップを開いていました。

前置きが長くなったのですが、こういう感じで、色々な人からの影響を受けていた、カッコよく言うと「巨人の肩に乗っていた」わけですが、それぞれの巨人のルーツをきちんと整理してみたい、というふうに考えたのが、上海で山崎さんにお話しした、インタビューのプロジェクトです。

きっかけを下さったのは、他でもない学芸出版社の前田裕資さんです。前田さんが僕の先輩である早田宰★さんに「若い人で本を書いてみたら」と声をかけてくださり、早田さんが岡崎篤行★さんや30歳前後の東京のメンバーに声をかけて、参加型まちづくりのルーツを探ろう、というプロジェクトが立ち上がりました。先駆者の半生を根掘り葉掘りインタビューして、その思想形成を分析するというもの。歴史上の人物ではなく、まだまだ現役の方ばかりだったので、「ここまで過去を暴いて怒られないかな」とビクビクしていましたが、快く引き受けて下さる方ばかりでした。他に、米野史健★さん、吉村輝彦★さん、薬袋奈美子★さん、森永良丙★さんというメンバーで、みんな30代前半だったんじゃないかな。30歳くらいでこういう作業ができたことは、その後の自分が仕事をしていく上でもとてもよいことでした。

饗庭伸

2

パイオニアたちに会いに行こう

3 気になるパイオニアたち

饗庭さんへ

西宮市の『宮っ子』、よく覚えています。小学生の時によく目にしていました。コミュニティが当たり前のものとして捉えられる背景に『宮っ子』があるとしたら、それってすごいことですね。僕は小学1年から5年まで西宮市に住んでいましたので、自分の原風景はそこにあると今でも思っています。評論家の奥野健男さんは『文学における原風景』の中で「7～8歳くらいに住んでいたところが原風景になりやすい」と指摘しています。自分にとっての「コミュニティデザインの原風景」に西宮の政策が影響を与えているのだとすると、ちょっとワクワクします。

饗庭さんの経歴を拝見していると、すごい人の名前がどんどん出てきますね！　僕はお会いしたことがないですが、書籍などで拝見する名前ばかりです。なかでも浅海義治さんの名前はよく目にしていました。建築・ランドスケープ設計事務所に勤務していた時代にも耳にした名前でしたが、アメリカのランドスケープデザイン事務所であるＭＩＧ（Moore Iacofano Goltsman）に短期間お世話になった時にも浅海さんの名前が出てきまし

『文学における原風景―原っぱ・洞窟の幻想』
奥野健男、集英社、1972

た。浅海さんもＭＩＧで働いていたことがあったようです。いつかお会いしてみたいと思いつつ、まだその願いは叶わず。今回の往復書簡を進める中で、浅海さんに話を聞きに行けたら嬉しいなぁと思います。

そして篠原一さん。レジェンドですね。２０１６年に『縮充する日本』という新書を刊行した時、篠原さんの本を出発点にさせてもらいました。１９７０年代に2冊、『市民参加』というタイトルの本が出版されています。１つは篠原さんが書いたもので、もう１つは松下圭一★さんのもの。この２人の本からは大きな影響を受けました。残念ながら、お二人とも２０１５年に亡くなられたのですが、ご存命ならぜひともお話をお伺いしたい方々でした。

TEAM ZOOという名前が出てきましたね。象設計集団を始めとする設計者ネットワークですね。特に象設計集団は、参加型デザインや総合計画づくり、まちづくりなども展開されている興味深い組織です。沖縄県の名護市庁舎や今帰仁村中央公民館の設計などが有名ですが、その前に名護市の総合計画を策定したりもしています。名護市は１９７０年に5町村が合体して誕生し、その3年後に象設計集団が策定した第１次総合計画が施行されています。僕が生まれた１９７３年ですね。ちょっと運命を感じるところですが、なんとその名護市から市制50周年である２０２０年に向けて、

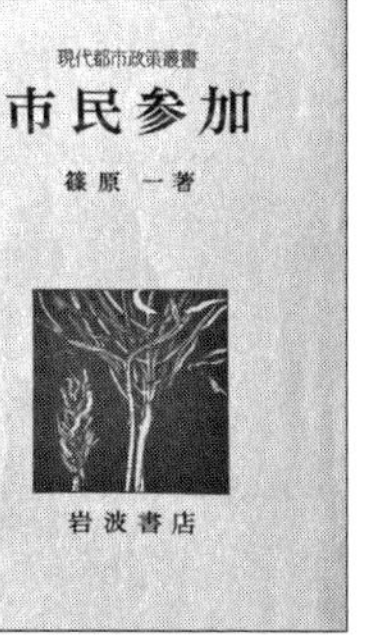

『市民参加（現代都市政策叢書）』
篠原一、岩波書店、1977

『現代に生きる〈6〉市民参加』
松下圭一（編）、東洋経済新報社、1971

『縮充する日本―「参加」が創り出す人口減少社会の希望』
山崎亮、PHP 新書、2016

『名護市総合計画・基本構想』名護市、1973

冬の高野ランドスケーププランニング十勝事務所。音更町の旧チンネル小学校が拠点
(© 高野ランドスケーププランニング)

studio-L が高野ランドスケープと携わった北海道鹿追町の福祉施設「レンガの家プロジェクト」
(© 高野ランドスケーププランニング)

第5次総合計画の策定を頼まれました。名護市内の各所でワークショップを開きながら、住民の方々とまちの未来について話し合い、総合計画を策定しました。学生時代には、象設計集団の手法や図面や竣工写真を見て大いに影響を受けました。敷地の捉え方が極めてランドスケープデザイン的だと感じたのです。象設計集団と一緒に活動しているランドスケープデザイン事務所が「高野ランドスケーププランニング（以降、高野ランドスケープ）」で、代表の高野文彰★さんからも書籍などを通して影響を受けました。数年前、念願の象設計集団と高野ランドスケープの十勝事務所を訪れたのですが、いずれも北海道の小学校跡地を仕事場として使っていますね。いろいろと興味深い話を聞かせていただきました。そうそう、前述の浅海さんが若い頃に高野文彰さんのもとで仕事をされていた話も聞きましたよ。その時の縁もあって、2023年には北海道鹿追町の福祉施設をつくる「レンガの家プロジェクト」で高野ランドスケープに仕事を手伝っていただきました。

そして象設計集団の樋口裕康★さんと富田玲子★さん。北海道の象設計集団を訪問した翌週、偶然にも樋口さんと大阪で会うことになり、その後何度かご一緒させていただきました。一方、富田さんにはまだお会いできていません。僕が修士論文を書く時の出発点にしたのがケヴィン・リンチの『都

『都市のイメージ』
ケヴィン・リンチ、丹下健三・富田玲子（訳）、岩波書店、1968

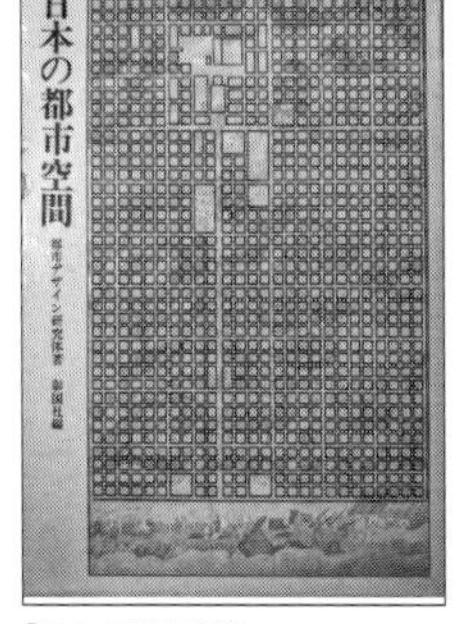

『日本の都市空間』
都市デザイン研究体、彰国社、1968

『まちづくりゲーム』
ヘンリー・サノフ、小野啓子（訳）、晶文社、1993

市のイメージ』なのですが、この本を翻訳された方ですよね。訳者として建築家の丹下健三さんと名前が並んでいる富田さん。『日本の都市空間』でも都市デザイン研究体のメンバーとして関わられています。「どんな人なんだろう?」とずっと気になっています。

『建築家の年輪』(50頁)には、富田さんのパートナーである林泰義さんも登場しています。その中で林さんは、饗庭さんについて「センスがいい」と言及されていますよね。羨ましい評価です。林さんは、ヘンリー・サノフの『まちづくりゲーム』の冒頭に解説者として登場されています。アメリカのコミュニティデザインセンターを調べていても林さんが登場する。世田谷区のまちづくりセンターにも関わっているらしい。NPO法が成立するあたりにも林さんの名前が見え隠れする。とっても気になる人です。実は一度、延藤安弘さんとともに鼎談させてもらったことがあるのですが、その時は時間の関係でじっくりお話が聞き出せなかった。だから、今回はじっくりお話をお聞きしたいなぁと思っています。ともに暮らす富田さんにもお会いできたらいいなぁ。

ということで、まずは林さんに話を聞きに行きましょう。林さんにインタビューしに行くにあたって、コツのようなものを教えてくれませんか? 饗庭さんは20年前のインタビューでかなり経験を積まれたはずです。それを踏まえて、僕もインタビューに臨みたいと思います。よろしくお願いします!

山崎亮

4 見取り図を描いてインタビューに臨もう

山崎さんへ

2年前の冬に一緒に上海でワークショップをやった時に、山崎さんが提案した「参加者同士がディープにインタビューしあう方法」をやりましたよね。参加者は全員中国の人たちだったから、何を言っているのやらチンプンカンプンではありましたが、とても盛り上がりました。

それがとてもよかったので、その後に多摩ニュータウンの公共施設の再生を考えるワークショップで使ってみました。このワークショップ、数年前に行政が「この施設は廃止します」なんてことを言ったものだから、住民さんたちが大反発して、仕切り直しで開かれたものです。「あれ寄越せ」「これ寄越せ」のように、たくさんの要求が突きつけられるような厳しい雰囲気のワークショップになってしまいそうだったので、最初の会は参加者にペアになってもらって、お互いのことを深くインタビューしてもらい、インタビューが終わったら、「ペアの相手がこのまちに必要とするもの」のプレゼントを考えて提案する、というワークショップをやりました。「本とお酒とジャズが好きなんですねえ。じゃあ素敵な音楽が聞けて読書ができるカフェをプレゼントしましょう」っていう感じです。「たくさんの要求」の角がどんどん取れていく、とてもよいワークショップでした。

ワークショップをやる時は、ついつい地図や模型といった、コミュニケーションを媒介するメディアに凝ってしまうのですが、ただ相手の話をじっくり聞くインタビューが、一番シンプルで、一番効く、そしてそれが多くの人にとって大切な経験になることをあらためて認識しました。

●インタビューの方法

僕はインタビューが好きで、新型コロナで休みの間、ご多聞にもれず自宅の本棚を整理していたのですが、スタッズ・ターケルの『仕事！』とか、トリュフォーがヒッチコックにインタビューした『映画術』とか、永沢光雄の『AV女優』とか、さらには初期の『Quick Japan』のバックナンバーなど、優れたインタビュー本がたくさん出てきました。

『Quick Japan』創刊号、1994

たぶん、この往復書簡を読む人たちは、自分なりの仕事の見取り図を描こうって考えている人が多いと思います。その時に、気になる人にインタビューをしてみる、まとめてみる、という作業はとても役に立つのでおススメです。でも、インタビューって、ワークショップで普通の人に「やってください」ってお願いできてしまうくらい単純な、誰でもできる方法なんですが、奥が深い。僕が「すごいなあ」と思うインタビューは、手前に聞き手がいて、その向こうに話し手がいて、さらにその向こう側にいろいろな風景があるようなインタビュー。そんな、すごいインタビューの足元にもおよばないのですが、この「参加型まちづくりの先駆者」のインタビューにあたって、どういう作業をしたのかをお話ししておこうと思います。

【見取り図をつくる】まずはそれぞれが「この人のことが気になっているんだよね」と気になる人名を出し合い、その人たちを生年順に並べるなどして大雑把な見取り図をつくりました(4頁)。「どの人が源流に近いところにいるのか」のあたりをつけるためです。僕らって、たまたま影響を受けた人のことを「大きく」見てしまうわけですが、見取り図をつくることで、そのバイアスを減らしていったわけです。

【1人を掘り下げる】次に、気になる人の中から、誰に最初にインタビューするかを決めます。そしてその人が過去に発表した論文や雑誌の記事を集め、それを読み込んで重要な文章やキーワードを抜き出していきました。当時と比べて、今はインターネットの上に古い論文や記事がゴロゴロしているので、集める作業はとても簡単だと思います。見取り図をつくり終えた時は「結構広がりがあって、全貌を掴めるかなあ」という気持ちだったのですが、歴史を1人ひとりにばらしてしまうと、必ず1つの筋が見えてくるので、この作業で歴史のスケール感のようなものを掴めるようになったことを覚えています。

【1人の思考をたどる】抜き出した文章やキーワードを年代別に並べ替えていきます。情報には必ず「時間のラベル」(=いつの情報か)と、「場所のラベル」(=どこの情報か)がついています。時間軸に沿って情報を並べ直していくことは、ごちゃごちゃした情報を整理するための鉄則のようなものです。時間順に並べ替えて発言を読み込んでみると、その人の中でどのように考え方ができてきたのかがよくわかるようになりました。

【インタビューの骨組みをつくる】質問を出し合って質問票をつくります。インタビュイーは昔のことは覚えていない可能性があるので、質問は基本的には古い時代から新しい時代の順にして、インタビュイーが「時間のラベル」を使って答えやすいようにしました。話をしながら、時間がぽんぽん飛んじゃうインタビュイーもいるのですが、質問票でしっかりと時間の流れをつくってあると、飛んでも戻ってくることができます。また、このインタビューは同じ時代を生きた複数の人たちに尋ねる、というものだったので、大きな時代の構造をあぶりだすために、いくつかの共通質問を準備して、全てのインタビュイーに聞くようにしました。いわゆる半構造化インタビューですね。

【臨機応変に聞き取る】インタビューは2〜4時間くらいの時間を使いまし

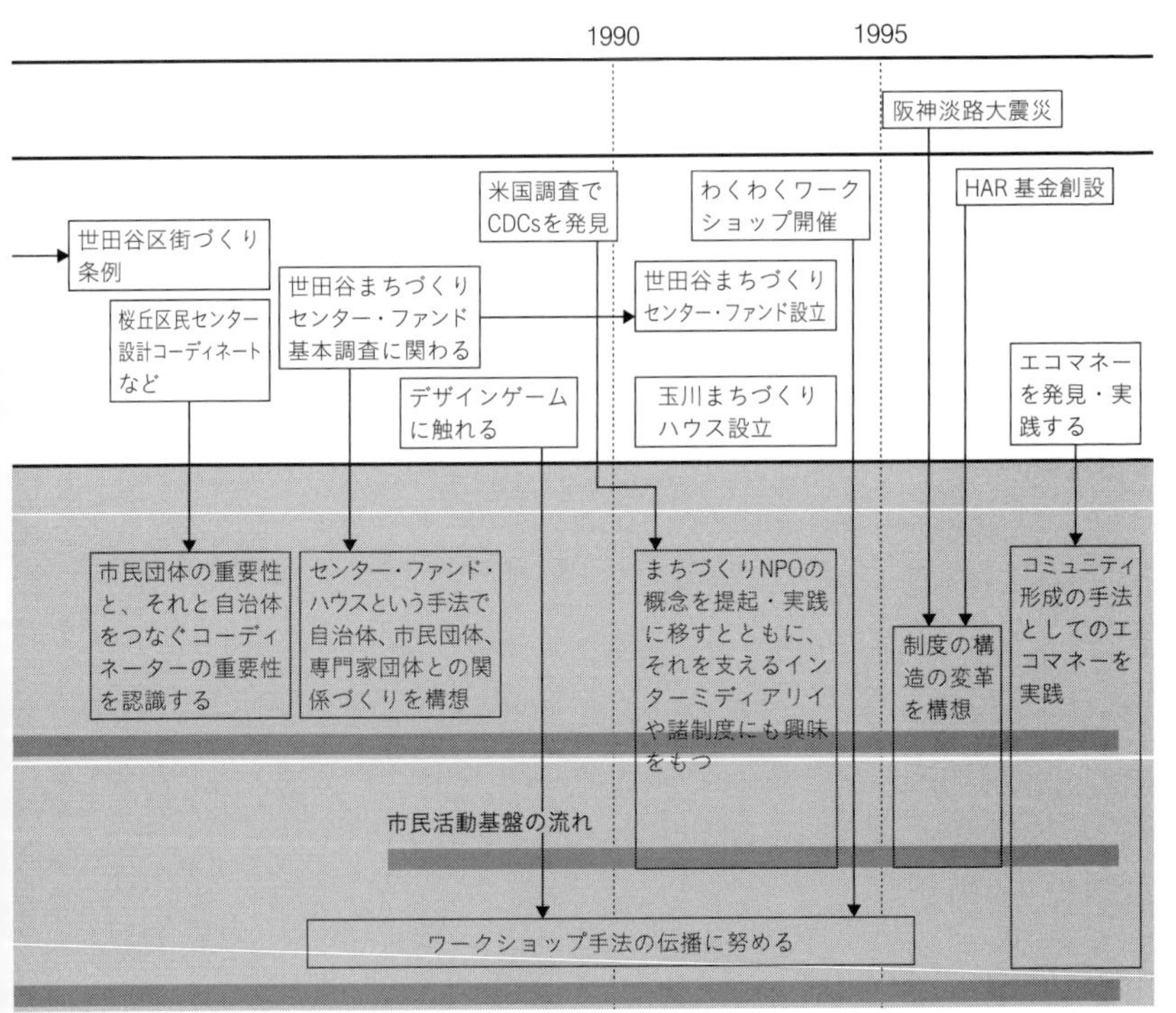

た。事前に質問票や年表をインタビューイーに送っておくのですが、質問票通りに進む人の方が少なく、インタビュー中に頭をフル回転させながら、新しい質問を考えたこともありました。一対一でそれをやるのは大変なので、複数人でお話を聞き、1人が聞いているあいだに、別の1人が次なる質問をその場で練り直して尋ねていく、というような感じで進めました。

【記録に残す】 終わったら文字に起こしておくことも大事です。当日に録音をしておいて後日に文字を起こしました。でも僕は最近は、終わった後に手元のメモと記憶を頼りに、インタビューと同じくらいの時間をかけて、聞いたこと、その時の相手の表情、自分がその場で考えたことなどのノート

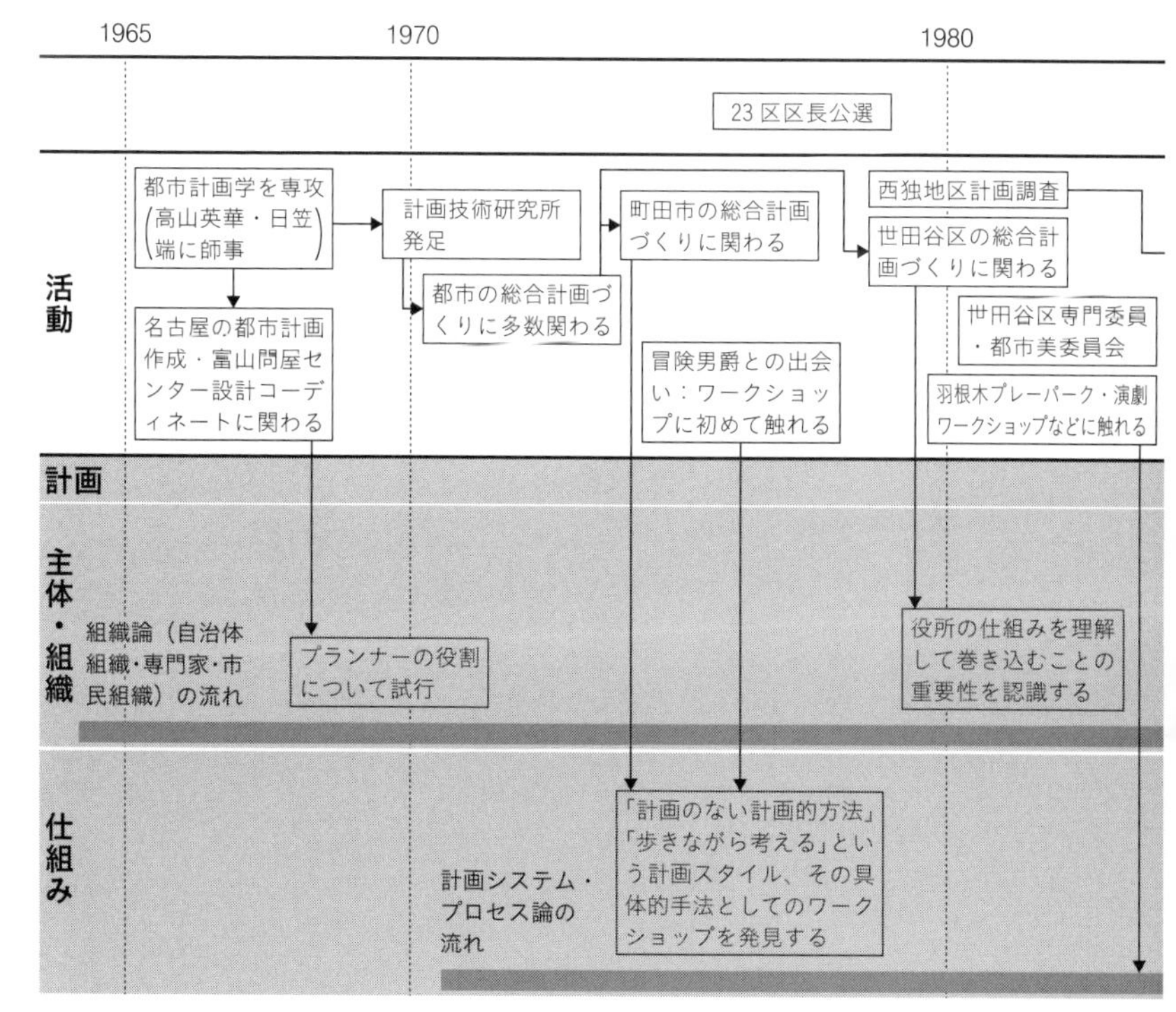

林泰義さんの年表（出典：米野史健・饗庭伸他「参加型まちづくりの基礎理念の体系化」住宅総合研究財団研究年報 27 巻、2001 年 ）

を一気につくるようにしています。これは文化人類学者の友人に教えてもらった方法ですが、その方が自分が思考するための糧になるように思いますね。

最初にインタビューを始めた頃は、ひとりの個人史を聞く、というような感じだったのですが、2人、3人とインタビューが増えていくにつれ、だんだんと大きな流れが掴めてきて、とても面白い作業でした。林泰義さんのインタビュー後にまとめた年表をつけておきます。

●参加型まちづくりの先駆者たち

20年前にインタビューをやったメンバーで出し合った名前を中心に先駆者をざっと見ておきましょうか（4頁見取り図参照）。このメンバーに山崎さんがいたらまた違う見取り図になっていたのかもしれませんが、どんな人たちがいらっしゃるのでしょうか。

世代で区切るのも安直ではあるのですが、1936年生まれの林泰義さんを筆頭に、戦前・戦中生まれくらいまでの世代を「第1世代」と呼ぶことにしましょうか。20年前のインタビューでもここまでの人たちを「第1世代」と呼んでいました。1960年代に社会に出た世代で、90年代に僕が参加型まちづくりを勉強し始めた頃に、その世界を引っ張っておられた先駆者の方々です。

もちろん第1世代の人たちが突然変異のようにコミュニティデザインに取り組み始めたわけではなく、彼らも第0世代とでも言うべき「巨人」の肩の上に乗っていました。

僕の先生の佐藤滋さんは1949年生まれなので、第2世代ということになるんだろうと思います。団塊の世代の少し下、90年代、00年代を中心に住民参加の方法を実装していった世代、ということになるでしょうか。佐藤滋さんはよく「戦略的」という言葉を使っていましたが、70年代、80年代の取り組みが反省的に引き継がれ、より「効き」がよい方法が組み立てられていったということです。

僕と山崎さんは1970年代生まれなので、第2世代との間にもう一世代くらいおきたいところですが、ざっくりと1960年代後半から70年代生まれくらいを第3世代とおくと、僕の自己紹介のところで書いた通り、「コミュニティ」という言葉が普通に使われていた地域で育った世代、ということだと思います。

さて、コミュニティデザインの現代史を辿ることがこの往復書簡の目的でした。1910年代、20年代生まれの第0世代の話は直接伺うことはできないので、まずは第1世代へのインタビューからあぶり出し、第2世代の方にもお話しを伺っていくことにしましょうか。第1世代のトッププランナーは林泰義さん。地区計画の制度化の中心にいた日笠端★さんの流れを受け継ぎつつ、ワークショップをいち早く都市計画の現場に持ち込んだことでも知られています。話を聞きにいってみましょう。

饗庭伸

世田谷のご自宅に林義泰さんを訪問（2020年3月19日）。林・富田邸は緑豊かな世田谷の玉川田園調布にある。右から林泰義さん、林のり子さん、左端が富田玲子さん。中央は林さんの祖父、林春雄さんの像

パイオニア訪問記 1 | 林 泰義さん

1936年生まれ。民間の都市計画事務所の草分けである計画技術研究所を設立。町田市、世田谷区をはじめとする各地の市民参加型まちづくりに関わり、ワークショップの技術やNPOの考え方を全国に広める。自宅のある世田谷区では、伊藤雅春、小西玲子らとともにNPO玉川まちづくりハウスで活動した。著書に『NPO教書－創発する市民のビジネス革命』（1997）など。

林泰義さんは1936年生まれ、「計画技術研究所」を開設した民間の都市計画プランナーの草分けです。住民参加の東のメッカは世田谷区なのですが、世田谷まちづくりファンドやまちづくりセンターの制度設計にも関わられました。世田谷の玉川田園調布のご自宅の近辺で活動する「玉川まちづくりハウス」というNPOをご近所さんの伊藤雅春*さん、小西玲子*さんと立ち上げられ、地域通貨を始めたり、コミュニティカフェを始めたり、地域に根ざしたコミュニティデザイナーのパイオニアです。奥様は象設計集団の富田玲子さんで、妹さんは食研究工房「PÂTÉ屋」の林のり子*さん。

『建築家の年輪』で、林さんは同じ東京郊外の町田での経験がスタートだった、とお話しされています。町田は有力な「革新自治体」の1つ。今は少しわかりにくくなっていますが、1955年に国会では自由民主党が多数派になって社会党や共産党といった革新勢力をおさえ、その後その政治体制が安定します。これを「55年体制」とよぶわけですが、「ならば」ということで、革新勢力が国会ではなく都道府県や市町村で政権交代をはかっていき、それで誕生した自治体が「革新自治体」とよばれるものです。大都市の郊外に外からたくさんの人たちが流入して新しい地域社会をデザインしつつあり、そこでは「革新自治体」が多く生まれました。世田谷も、町田も、その典型的な自治体で、町田では1970年から新しい大下勝正市長のもと、たくさんの新しいことに取り組み始めます。1927年生まれの大下市長は日本社会党のエリートでしたが、この時は弱冠43歳。そこで何が行われていたのでしょうか。

考えながら歩くまちづくり

饗庭　林さんは、1970年代からまちづくりのいろいろな動きの中心にいて、いろいろな方法を発明したり、真っ先に試してこられた、という印象があります。まずは『建築家の年輪』でも語られていた、世田谷の前に関わっておられた町田での『考えながら歩くまちづくりの提言』（73年）の経験についてお伺いしたいと思います。

林　郊外の無秩序な市街化に対応するため、「宅地開発指導要綱」という行政の指針を発明したのが町田の大下勝正さんという市長なんだ。その頃に、都市工学科をつくるからって、日笠端先生が建築研究所から東大に呼ばれたんだよ。ちょうど宅地開発指導要綱が地区計画に結びついていく時に、日笠先生なら僕の仕事でしょうという感じで一生懸命やって、町田に関わっていたんです（宅地開発指導要綱は市街地の開発時に、道路や公園といった都市施設の立地やスペックをきめ細かくコントロールすることを目指したもので、都市化の速さに国の法制度の整備が追いつかなかったため、元気のいい自治体が1960年代の末に先駆的に取り組んだものです。その後、1968年に都市計画法によって「線引き」制度が創設され、1980年には地区計画制度が創設されました）。

私は日笠先生に付いて、町田の仕事をやっていました。とはいえ、やっぱり“冒険男爵”（“アクシデント男爵”と呼ばれた町田市住民の中島宋松さん）の活動みたいなドラマチックなものの方が、市民や子どもたちには楽しいです。宅地開発要綱なんてこと言われてもわからないもの。私も、単に開発指導要綱を実践するのとは違うスタンスで町田とつきあっていました。

町田の冒険男爵

山崎　その「冒険男爵」という方について『建築家の年輪』でも語られていますよね。この「グアム島 地球人学校」という南の島へ行くイベントのパンフレットを見ると、冒険男爵は「漫画家、イヴェントプランナー、ダイヴァー」で、「町田市民祭」の企画者でもある。「アクシデント男爵冒険団」とも書いてありますね。そして「地球人学校」のプログラムも、ミーティング、筏づくり、昼寝、現地の人と交流、海底散歩、シュノーケリングとかなり魅力的。実際、この「冒険

（次頁）グアム島地球人学校パンフレット（企画・運営　財団法人日本余暇文化振興会、1975、林泰義氏所蔵資料）

3日
海はなぜこんなに
すばらしいのか
知らない人との出合いが
なぜこんなに楽しいのか
地球に生まれてよかったと
きっときみは思うだろう
現地の人との交流・海底散歩
ミーティング・ひるね船
4日
島内見学をかねてバスでキャンプへ移動
さっそくキャンプで必要なものを
自分達でつくろう!!
現地のたべものを、風俗を、
なんでもやってみよう!! たべてみよう!!
チャモロ料理、ヤシの実、こしふりダンス
5日
さあ飛びだそう
THE GREATEST SCHOOL ON THE EARTH IN GUAM
2日
地球人学校入学
ハロー!! グアム
グアム島
「地球人学校」
THE GREATEST SCHOOL ON THE EARTH IN GUAM
TUMON
AGANA
YONA
TALOFOFO
INARAJAN
MERIZO
AGAT
6日
自分達の頭をつかってやってみたい事を次々に実行!!
われわれは
すべての既成概念から抜けだし
人間脚が一ばいに楽しい
ことを手をさせるの
新しい発見の事を
未知の友情の機会を
いかにつくりだせるか
地球がこんなに
すばらしかった
ということを
実証したい
グアム地球人学校
7日
いろんなものができたぞ さあ祭りだ!!
みんなでつくった
すばらしい
小屋だよ
新しい楽器だよ
8日
1日
キャンプファイヤーを囲んで自分達がつくった仮面でおどろう!!
K. Nakajima
「生きがい」は創意と積極性で
地球人学校で人間の原点を
米国グアム政府知事からのメッセージ
■ プログラム指導:
■ 現地指導スタッフ:
Frank S. Chang グアム大学教授
■ 上記実行委員が現地本部員として指導する外に、財団法人 日本余暇文化振興会 野外活動カウンセラーが10人に1人の割合で指導にあたります。
また、看護グループも同行いたします。
今日の目標
主なスケジュールまたはプログラム
1日目
2日目
3日目
4日目
5日目
6日目
7日目
8日目

男爵」ってどんな人なんですか？

林　中島さんと私は変わらない歳で、フィールドアスレチックの達人でね。「海底のオリンピック」と称される集まりにもアフリカまで行って参加していたらしい。スポーツというか暮らしというか遊びについてはプロフェッショナルなんです。「冒険男爵」という名前は、『ほらふき男爵の冒険』という童話が流行っていたから、そこから来たんだ。当時の町田市の企画課長の渋谷謙三★さんがそういう人間が大好きで、まちの達人をつかまえては、一緒に何かおっぱじめる。「それゆけ！広場」っていう、今で言うプレーパークみたいなものも冒険男爵を中心にガンガンやったりしていました。世田谷で最初のプレーパークの活動が始まりだした頃のことですが、町田ではそんなおしゃれな言葉は使わない。町田の場合は空き地というよりは開発中の山の中。斜面の小川をせき止めてダムにしようなんて言ってました。

その男爵が「23 万人の個展」というお祭りをやろうと言い出したの。男爵からはこういう単発アイデアが次々と出るんだけど、その思いつきを渋谷謙三さんや東大の森戸哲★さんが実行した。23 万とは町田市の人口で、1973 年に「23 万人の個展」が始まって、74 年の「24 万人の個展」から 76

アクシデント男爵（冒険男爵）こと中島宋松氏の無人島冒険学校（出典：「プレースクール通信」1979）

各班の子どもによるステージづくり（出典：「プレースクール通信」1979）

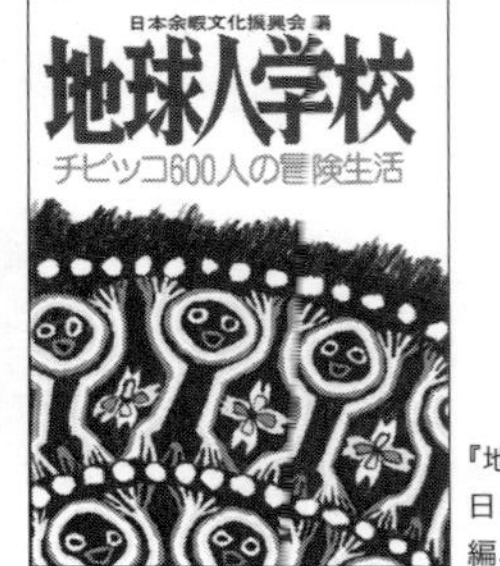

『地球人学校』日本余暇文化振興会編、原書房、1995

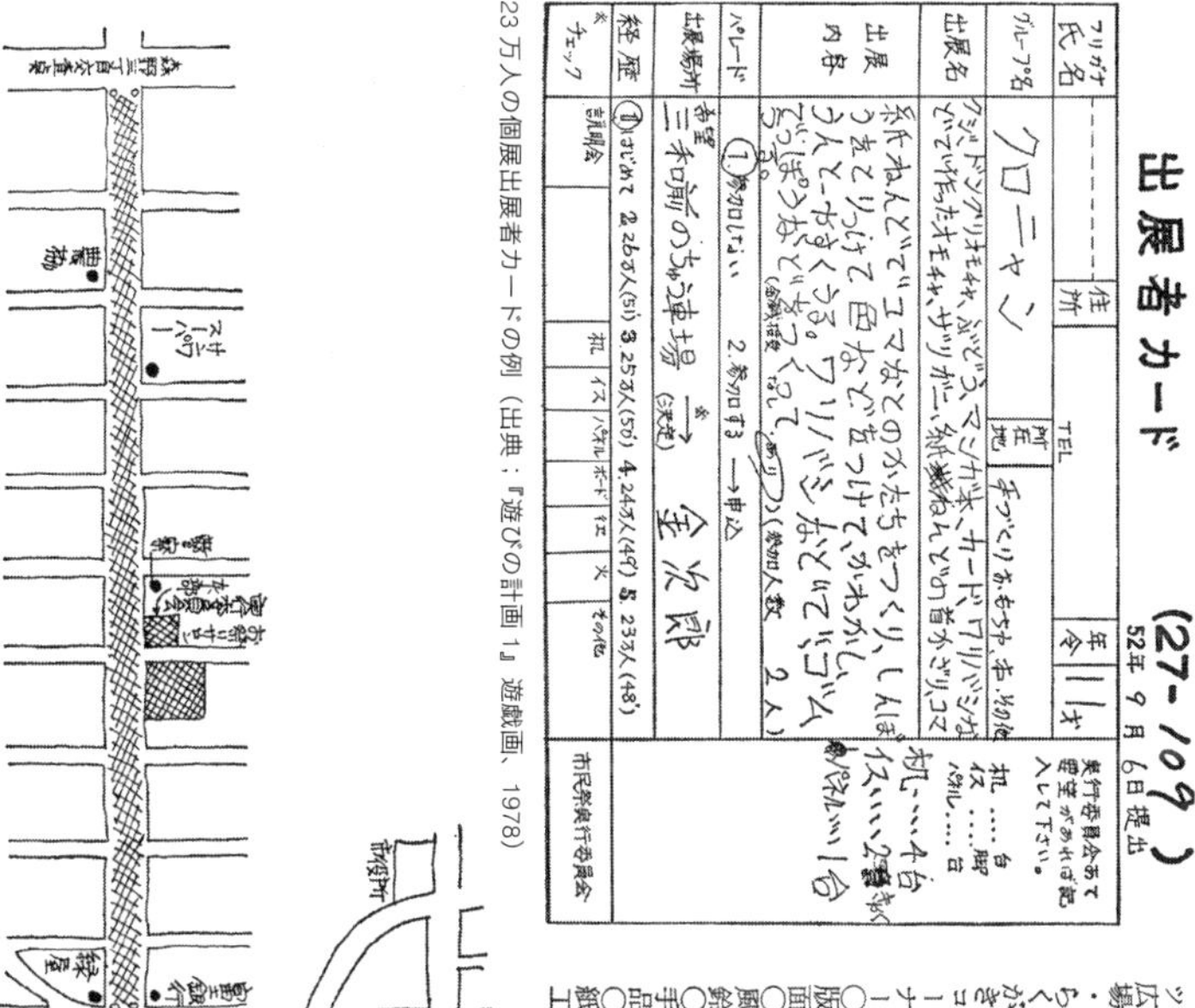

出展者カード　(27-109)
52年9月6日提出

フリガナ 氏名	
グループ名 出展名	クロニャン
住所	
TEL	
所在地	
年令	11才
出展内容	紙ねんどでコマなどのかたちをつくり、しんぼうをとりつけて色などをぬりつけて、かわかし、うんと一やすくうる。
パレード	① 参加しない　2. 参加する → 申込
出展場所	希望 三和前のちゅう車場
経歴	①はじめて　2. 2607人(51)　3. 25万人(50)　4. 24万人(49)　5. 23万人(48)
※チェック	説明会　机　イス　パネル　ボード　ビニ　火　その他
実行委員会あて	机……台　イス……脚　パネル……台

市民祭実行委員会

23万人の個展出展者カードの例（出典：『遊びの計画1』遊戯画、1978）

〈二三万人の個展〉出展物一覧
リボンフラワー○水石・盆石・銘石・名石・奇石のつ
かみ取り・宝石画○生あげ焼○こっとう展○陶器○手
造り人形○スカート・生花○フラワー手芸・装飾品・
壁画○手工芸品・手造りブローチ・原木コケ焼・壁か
け○パネル画○編物小もの・クッキー○江戸の古家史
独楽展示と実演○ぬいぐるみ○モザイク作品・ネンド
細工・ネンドで作った人形○パネル展・皮細工・アク
セサリー○紙人形○ぬいぐるみ○手織物のネクタイ・
マット類・クッキー○皮細工○民芸品○インスタント
焼飲・おみやげコーナー・小型船舶免許証受付・紙ネ
ンド人形・ハンドメイドおもちゃ・ポスター○手芸品
そばがき・あげワンタン○おでんの屋台○実用新案ユ
デ玉子○原始人形劇○鋼板プレスコーナー・人間回復
食コーナー○手造りアクセサリー・革製品即売○クラ
フト・はり絵○陶器○原画○レモン水○ショッピング
パックの販売○モツ煮込み○カレーライス○路上コン
サート○自作イラスト○あなたの時計調べます○イラ
ストポエム・ガラクタによる生活エンジョイ法教えま
す○自分で発明したオートマティックボディクリーナ
ー○雑草で作った民具○らくがきコーナー○趣味のロ
ーケツ染○辻落語○明るくどもる会○占い○彫刻○篆
育園すみれ教室の紹介○鈴虫○アートスペース○油絵
○望遠鏡による市民天体観測○アートキャンドル○手
づくりマリモ○老人の音楽演奏○老人の手芸作品・書
道作品○映画上映○ケン玉大会・即売○アップリケ○
色紙・短冊○写真○化石○町づくりコーナー・スポー
ツ広場・らくがきコーナー○版画○風鈴○手品○紙工

23万人の個展出展物一覧リスト（部分）。出展名も参加者がつける。料金設定もおまかせ

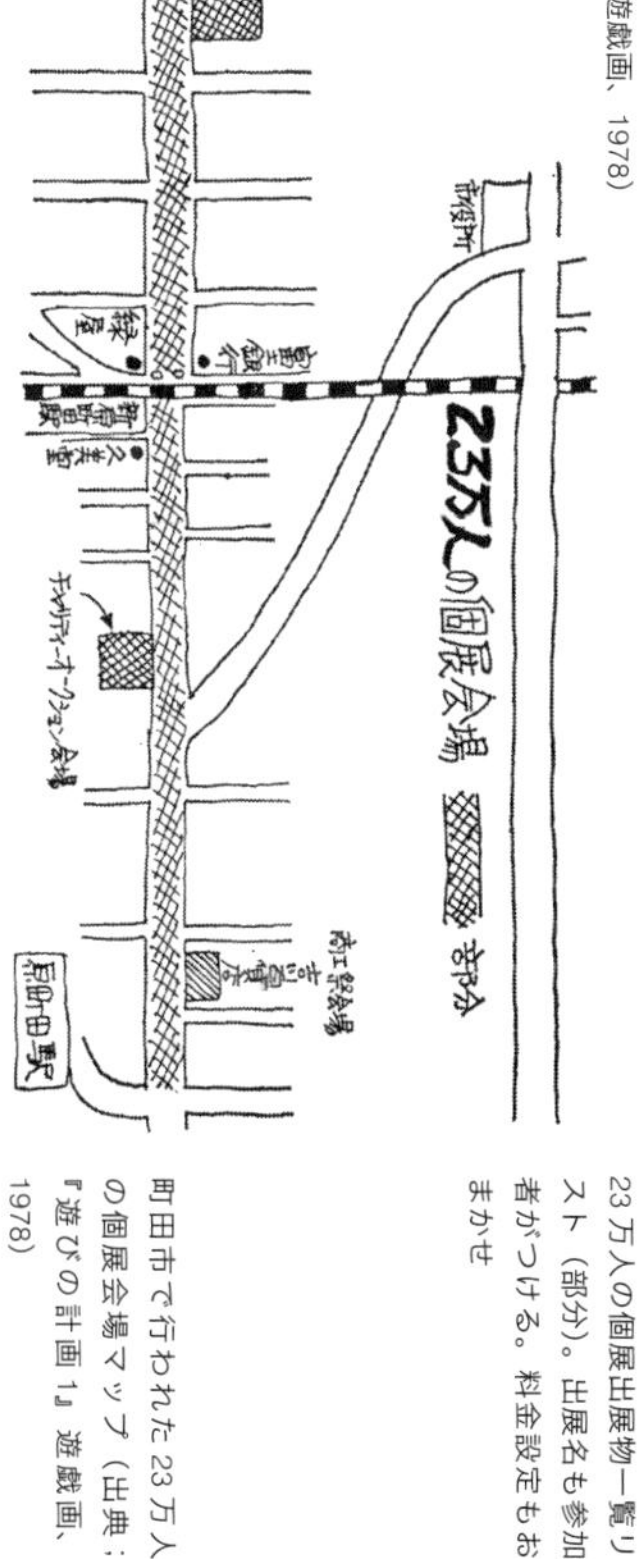

町田市で行われた23万人の個展会場マップ（出典：『遊びの計画1』遊戯画、1978）

年の「26 万人の個展」まで続いた。個展だからね、市民個人が出展するのね。

饗庭　「みんなの祭り　25 万人の個展」の出展者名簿が面白いですね。出展者が 249 名、向坂正男*さんが実行委員長的な立場で、男爵は出展とりまとめ担当のオーガナイザーだったんですね。出展者はおでん、ウイスキー、手づくりブローチ、星座マスコット、陶器、「赤字の店」(あなたに値段をつけてもらう店)、と本当にいろいろですね。

林　これは名乗りを挙げた連中が町田の駅前の通りに並んで、思い思いの机だか何かを出してやったの。向坂さんは経済企画庁のえらいさんで、奥さんと 2 人でメキシコの王様の格好をして歩いた。

みんなの祭り
25万人の個展
出展者名簿

パレード	11
1　パンダ広場	43 (30)
2　金次郎広場	22
3　生命広場	23
4　風呂屋広場	29
5　路上及び空地	110
6　その他 ステージなど	11 (30)
合計	249 (60)

50.10.23 調整

町田市民祭実行委員会

25 万人の個展出展者名簿（林泰義氏所蔵資料）

初めてのワークショップ

饗庭　林さんが最初に経験したワークショップは何ですか。

林　なんだろうね。町田市大地沢のワークキャンプでの〈箱づくりからの脱却〉の試みとか、つくし野のセントラルパークで試みた「それゆけ！広場」あたりかな。山の斜面を水が流れてたりするのをためて、プールをつくったり、ターザンロープをつくって木にぶら下がろうとか、そういうわかりやすいことをやろうぜ、といっておっぱじめたり。僕だけが言い出したんじゃなく、みんなにそういうものがあったわけ。大村虔一*くんたちが来た時も、まずは斜面にロープでもブラさげてどうしようかという話から始まったの。

山崎　子ども対象のワークショップですか？

林　もちろん、大人なんて対象にしたって誰もこないからね。子どもと一緒にやるのがポイントなの。夏休みのイベントは毎年これ。そしたら男爵の方は 25 万人の個展なんて、スケールがさすがに大きかった。

まちづくりファンドと地域通貨

饗庭　その後、世田谷のまちづくりに関わられますよね。90年代になって立ち上がった世田谷まちづくりファンドやまちづくりセンターってすごい仕組みだと思います。まちづくりセンター構想を見ると、当初は区がまちづくりセンターをつくるという構想ではなく、力のある市民の組織の集合が「まちづくりセンター」である、という構想でした。結果的には構想通りにいかず、世田谷区がまちづくりセンターを設立するわけですが、当時はかなり前衛的な考え方だったということですか？

林　そこまで前衛的ではなかったと思うけど。今はこの構想も成立すると思いますね。ここではこういうグループ、あそこではああいうグループ、特徴があって意味がある活動が多様にある。それらがつながって、新しい時代の状況に対して戦ったり楽んだりしている、ということが行われそうだよね。例えば、食い物屋をやってる連中がなかなか面白い場所をつくっていたり、マクロビオティックなんかもネットワークがある。（前衛的な活動ではなく）そういういろいろな暮らし

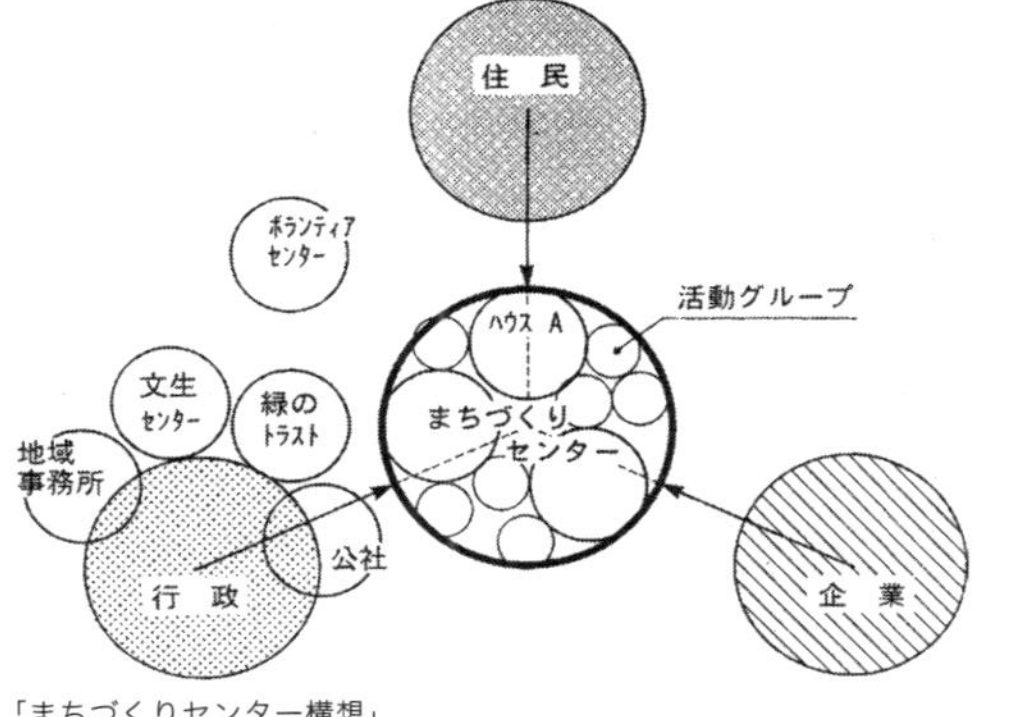

「まちづくりセンター構想」
（出典：世田谷「まちづくりセンター構想」世田谷区 1991）

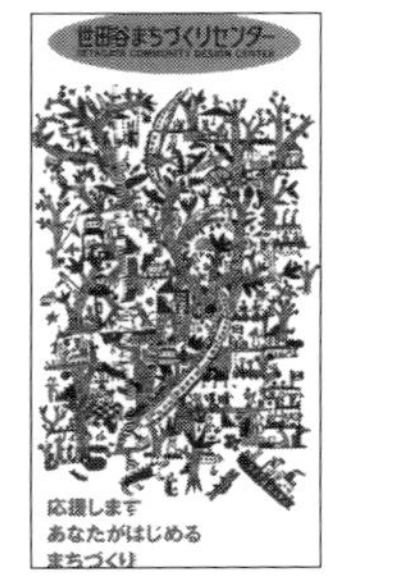

世田谷ミちづくりセンターパンフレット
（世田谷区資料）

世田谷まちづくりファンドパンフレット
（世田谷区資料）

とつながりがある活動が望ましいし、美味しい生活でもある。それを通して同じ好みとか世界をなんとかしようと思っている人たちにつながりができるところも嬉しいじゃない。みんな、次から次へと面白い事考えている人がいるわけだから、全体としてはなんとか次の時代をしのげないかとかさ、思うじゃない。

饗庭　玉川まちづくりハウスでしかけた地域通貨「DEN」はどのように始まったのですか。

林　通貨自体が怪しいじゃない。結局、自分たちのお金はどうなっちゃうのか、使えるお金をどうやって持てるのかが問題になる。だから地域通貨はみんなで興味を持って勉強したりしたんだよ。そうすると、リアリティが出てくるよな。だって、大インフレにしないとものが回らないって。コロナ以降のマスク１つでもそうじゃない。

山崎　そういう法定通貨に対する不安感があって、2000 年頃に地域通貨「DEN」を立ち上げたんですか？

林　そうですね。地域でお金を素朴に回せるか？　という疑問があって。ミヒャエル・エンデが「エンデの遺言」で楽しく書いてくれているオーストリアの「ヴェルグル」というま

玉川まちづくりハウスの活動「全体マンダラ」（出典：『玉川まちづくりハウスの活動記録 みんなでホイッ！』1996）

玉川まちづくりハウスの活動記録『みんなでホイッ！』1996 表紙

地域通貨、DEN の表裏（イラストはねこじゃらし公園のトイレ、発行：玉川まちづくりハウス）（提供：春井裕）

ちの地域通貨（1932-33年）があるじゃないですか。我々も地域の中でお金がぐるぐる回るようにしようと考え始めたの。「ヴェルグル」は年間200回以上回転したというから、1万円のお金が200万円使えてるわけ。今じゃ、どこかのスーパーに吸い込まれて、海外のわけのわからないところに行ってしまうけれど、そうじゃなくて、地域の中でグルグル回る仕組みがいいぞと。そうじゃないとすぐに危ないことになる。

まちづくりと経済の仕組み

山崎　コロナ禍のマスクはグローバル経済のわかりやすい例でしたね。我々は、どこから来たものにお金を払い、それがどこへ流れていっているのかがわからない。いざ世界的なパンデミックだ、となると、なぜだかわからないけどマスクが手に入らない。そこでようやく気づくわけですね、「これまでマスクを買っていた時の代金って海外に流れていたんだ」って。長い時間をかけて、この脆弱なグローバル経済の仕組みをつくってきてしまったわけです。

アダム・スミスが国富論で一度だけ言及した「見えざる手」は、産業革命前の世界観に基づくものであり、地球全体を対象としたグローバル経済を予見していたわけじゃなかった。いまは地球規模で経済が動いているので、一箇所が止まると全体が止まってしまう状況がある。一方で、一部の先進国に富が集中する仕組みになっていたりする。そう考えると、地域ごとに小さくつながる貨幣としての地域通貨は、今後ますますその重要度を増しそうです。「DEN」の立ち上げから20年ほど経ちましたが、地域経済のあり方は当初イメージしていたものと変わりましたか？

林　昔に比べたら「都市計画」はだいぶ変わったよ。最初は都市計画と言っていたのが、まちづくりになった。そのまちづくりもハードなものが中心だったのが、今や福祉との関係になってきた。

例えば東京の「山谷地域」はホームレスの多いドヤ街といわれる地域だから、まちの話、福祉の話と生活・暮らしの話がイコールなんです。そこでは水田恵さんを中心とする「NPO自立支援センターふるさとの会」の人たちが、福祉、生活保護のお金を回しながら自分たちでできることをやったわけです。そこでは社会的不動産事業といって、不動産経営を通して暮らしを支えるポイントにしようと考えた（参考：

http://www. hurusatonokai. jp/)。一旦福祉のお金として出てきたものを不動産として回転させるんです。

地域でお金を回すやり方を制度化しているとも言えるわけで、それはすごくわかりやすい。福祉部門に出たお金が不動産に吸い上げられていると思うかもしれないけど、そうじゃなくてそこを経由して、お金がまちの中の地べたを回りだすと考える。そうすると、世界の果てで「利潤」とならずに、地元でグルグルお金が回っていることになる。これからもそういう世界を考えた方がいいね。

林・富田邸の庭では季節ごとに「ぶな市」が開催される（撮影：春井裕）

饗庭　林さんは、当初は日笠先生のもとで、地区計画制度につながる伝統的な都市計画のお仕事をされようとしたのだと思うのですが、ほぼ最初からその流れをはみ出し、都市計画からまちづくりへ、まちづくりから小さな経済圏づくりへ、と領域を自由に広げてこられたのだと思います。それを気負わず、楽しく軽やかに活動する領域をあちこちに広げておいてくださったので、後を追う私たちも、実に楽しくやれている、ということだと思います。

ありがとうございました。

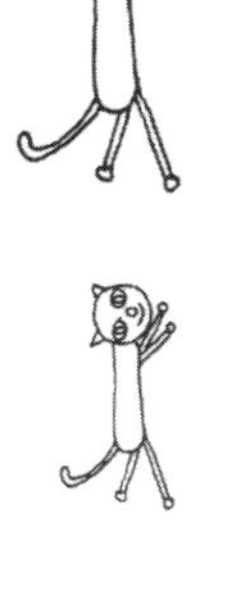

林泰義さんが描いたネコのイラスト
（出典：玉川まちづくりハウス活動記録『みんなでホイッ！』1996）

3

70年代、町田や世田谷で起こっていた面白そうなこと

5　林泰義さんから派生するさまざまな話題

饗庭さんへ

林さんのご自宅訪問、楽しかったですね！

僕は初めてお邪魔したのですが、とても羨ましく感じました。あそこはもともと、林さんのご両親がお住まいだった洋館が建っていた敷地だそうですね。その洋館は、林さんの叔父さんが設計したもので、その方はカナダに留学して建築を学んだそうです。その洋館を取り壊して「次の住宅を誰に設計してもらおうか」という話になった時、林家には建築家が多すぎた。林さんご自身もそうだけど、パートナーの富田玲子さんも建築家。同居している妹の林のり子さんも建築家。そこで、林さんのお母さんが「建築家が3人もいたら意見が一致しないだろうからプレハブにしたらどうかしら」と提案し、林さんがセキスイハイムのM1を選んだらしいですね。

僕は以前から「まちづくりの先人たちに話が聞きたい」と思っていたので、とある鼎談企画で「林泰義さん、延藤安弘さんと3人で鼎談したい」と提案したことがあるのです。その企画は2016年の5月に実現しました。その時、林さんからご自宅の履歴についてお伺いしたのです。プレハブの住宅を選んだこと、その住宅でのり子さんが「PÂTÉ屋」を始めたこと、前面に庭があって毎月マルシェが開催されていること、1階にカフェがあること、音楽家や外国人が出入りする住宅であることなどをお話いただきました。その時は写真もなく、林さんの1人語りという感じでしたね。林さんは「へんてこな住まい」と表現されていましたが、僕にはとても魅力的な住まいに感じられました。だからぜひ実際に見てみたいと思っていたのです。

林さんは、「へんてこな住まいに近所の人たちが出入りするからこそ、住宅を中心としたご近所まちづくりが広がることになっていったんだ」と言われていました。実際にお邪魔して、その雰囲気がよくわかりました。とても魅力的な住宅ですね。素晴らしいです。すでに近隣の方々にとっても大切な「まちの拠点」になっているようですから、林さんが「この住まいを今後、どうしていけばいいのか悩んでいる」とおっしゃったこともよくわかります。あそこは林家の住まいであり、同時に地域の拠点でもあるわけですからね。

ただ、林さんは「わが家をまちに開いてまちづくりの拠点にするから、みんなどんどん使ってくれ」と進めてきたわけではなさそうなのが清々しいなぁと思い

林さんのご自宅、セキスイハイム M1 の前で

ました。ご自身や家族の方々が楽しいと感じるように暮らしてきたら、徐々にいろんな人が出入りするようになってきて、いつの間にか今の状態になったという感じ。だから「まちづくりの拠点としての住宅」という気負ったところがない。それがとても心地よかったです。僕はずっと賃貸住宅に住んでいますが、林家を訪れてみて「住宅を建ててみたいな」と思うようになりました。

それから、富田玲子さんにもお会いできましたね！ 僕は「実物だ！」と感動していました。仕事場も見せてもらいましたし、一緒に写真も撮ってもらいました。嬉しかったですねぇ。思った通りのお人柄でした。象設計集団の樋口裕康さんとは何度かお話しさせてもらったんですけど、樋口さんと富田さんはタイプが全然違うように見えます。象設計集団というのは不思議な集団ですね。あ、でも僕らstudio-Lのメンバーも、それぞれ性格が全然違うから不思議な集団だと見られているのかもしれません。

饗庭さんから教えてもらった「インタビューの技法」に基づき、事前に林さんの情報を調べておいたので、出てきた話題をどれも興味深く聴くことができました。特に真壁智治さんの『建築家の年輪』は林さんの活動の履歴を聞き出してくれていたので助かりました。

あの中で、林さんが「研究室の先輩である下河辺淳★さんが役所の都市計画の概念を変えてくれた」と語っていますね。建設省（当時）の役人だった下河辺さんが、民間の専門家と協力してアーバンプランニングを進める方法を進めてくれたから、林さんも役所と一緒に都市計画を検討することができたようです。下河辺さんは富田さんの従姉妹のパートナーでもあるそ

『建築家の年輪』
真壁智治（編著）、左右社、2018

うですね。僕がメルボルン工科大学に留学している時、ランドスケープデザインの授業でイアン・マクハーグの『Design with Nature』という本が課題図書になりました。必死に翻訳しながらレポートを書いたのですが、帰国してみると下河辺さんが邦訳されていたのですぐに購入しました。だからわが家には日英の『デザイン・ウィズ・ネイチャー』が2冊ならんでいます。そんな下河辺さんが、林さんとも富田さんとも関係が深かったということを知って、なんだか嬉しくなりました。

林さんは1969年に計画技術研究所を設立されました。「行政が法律によって進める都市計画」という概念を下河辺さんたちが民間と協力してプランニングするものに変えてくれたので、林さんたちは民間側から都市計画や都市デザインに携わったわけですね。特に、70年代には総合計画の策定などに関わり、法律以外でも都市デザインに携われることを示した。僕らは、秋田県大潟村、宮城県気仙沼市、山形県新庄市と南陽市と高畑町、長野県白馬村と木島平村、京都府南丹市、島根県海士町、鳥取県智頭町と大山町、徳島県つるぎ町、長崎市東彼杵町、沖縄県名護市と、これまでいろいろな地域で総合計画づくりに関わらせてもらいましたが、その萌芽は70年代の林さんと取り組みにあったわけですね。僕らの場合は、すべての計画づくりを住民参加によって進めるのですが、林さんが70年代に総合計画づくりに携わっていた頃も、すでに住民参加による計画づくりは始まっていたのでしょうか。もしそうだとすると、その頃どんなワークショップをやっていたのか、知りたいものです。ちなみに、以前の手紙に書いたとおり、沖縄県名護市の第5次総

『Design with Nature』
Ian L. McHarg, Wiley, 1991（初版 1969）

合計画の策定は我々studio-Lが担当させてもらい、多くの住民の参加によって進めました。一方、１９７３年につくられた最初の総合計画は象設計集団が担当していますが、当時は住民参加による計画づくりではなかったようです。むしろ、象設計集団のスタッフが地域をくまなく歩き回り、集落の方々から丁寧に話を聞き取り、計画をまとめ上げた痕跡を見ることができます。計画をまとめ上げる時も、名護市役所の職員と徹底的に議論していたようですね。ほとんど喧嘩だったとか。いまの名護市役所職員も、当時のことを先輩たちからよく聞いているそうで、「あんな仕事はしたくない」って言ってました。真剣に議論していたのでしょうけど、その場にいなかった後輩の印象は「怖い」ものだったようです。そんな話を聞いていたので、僕らは住民や市役所職員とワークショップを繰り返し、笑いながら総合計画づくりを進めました。こんな話が象設計集団の樋口さんに伝わると「笑いながらつくった総合計画なんて歴史に残らんぞ！」と叱られそうですが。

　さて、70年代の林さんは町田市のまちづくりにも関わっていますね。こちらは都市計画というより、楽しいことをやっていたらまちづくりになっていた、というような感じです。林さんは、町田市のまちづくりで「冒険男爵」と出会ったと言っていましたね。話を聴く限り、冒険男爵は大人向

studio-Lが作成に関わった名護市の「第五次総合計画」策定時のワークショップ

けのプレーリーダーのような存在だったんじゃないかと推察します。都市計画とかまちづくりとか、そういう文脈で活動していたわけじゃない。自分や友達たちが楽しいと感じられそうなことを実行していく。だからこそ、いろんな人が関わるし、結果的にまちづくりの概念を広げることに貢献したんだろうと思います。林さんにまちづくりの楽しさを教えた冒険男爵。とても気になる存在です。

70年代の林さんは、世田谷区のまちづくりにも関わっていますね。また、林さんと同じ研究室だった大村虔一・璋子夫妻も世田谷区のまちづくりに関わっています。冒険遊び場を日本に紹介し、「世田谷冒険遊び場」や「羽根木プレーパーク」など世田谷区の冒険遊び場の運営に貢献された方々ですね。２０００年頃に僕がユニセフパークプロジェクトに携わるようになった時、大村虔一・璋子夫妻の取り組みや冒険遊び場の事例からたくさん学ばせてもらいました。そう言えば、ユニセフパークプロジェクトには、プレーリーダーとして「メリーさん」という人に来てもらっていました。この人、里山の中に入るといろんな遊びを生み出す人で、子どもたちと遊び場をどんどんつくっていく人でした。僕にとって、「メリーさん」は冒険男爵のような存在だったのかもしれません。

林さんが世田谷でまちづくりに関わっている頃、東京工業大学にいた木

『都市の遊び場』アレン・オブ・ハートウッド卿夫人、大村虔一・大村璋子（訳）、鹿島出版会、1974

『新しい遊び場』アービッド・ベンソン、大村虔一・大村璋子（訳）、鹿島出版会、1984

下勇さんや、建築家の新居千秋★さんが梅丘周辺のふれあいのあるまちづくりワークショップに参加していたそうですね。木下さんは後に『ワークショップ』という本を書いていて（241頁）、僕がワークショップについて知るべきことがすべて書かれているような内容だったので感動したことを覚えています。すぐに会いに行って話を聞かせてもらいましたが、最近の取り組みについての話題が多かったので改めて70年代あたりの話を聞かせてもらいたいなぁと思っています。また、新居千秋さんは公共建築の設計を住民参加のワークショップで進めることで有名な建築家ですね。その新居さんは、若い頃に世田谷のワークショップに参加している間に手法を覚えてしまったという。器用な人なのでしょうね。僕が修行させてもらっていた設計事務所の所長三宅祥介さんは武蔵工業大学の建築学科で学んでいたのですが、アメリカから戻ってきた若き新居さんが研究室の助手として着任したそうです。当時の新居さんは、日本の学生はもっとアメリカで学ぶべきだと思っていたらしく、うちの所長も新居さんの紹介でハーバード大学の大学院へと進学したようです。数年前に新居さんと一緒に講演した際、当時の話をいろいろお聞きしましたが、世田谷での経験については聞いていませんでした。新居さんは当時の動きをどう見ていたのでしょうね。

林さんの70年代までの話を書いただけで、かなりの文量になってしまいました。その後、80年代の林さんは日本地域開発センターに関わったり、真野地区を調査されたりし、90年代には阪神・淡

2000年ごろに山崎が関わった遊び場づくり、ユニセフパークプロジェクト

路大震災の復興やＮＰＯ法の制定に仲間とともに貢献している。さらに東京では、「用賀プロムナード」「ねこじゃらし公園」や「玉川まちづくりハウス」などのプロジェクトにも関わっていますね。でも、このあたりは饗庭さんの方が詳しいでしょうから、僕はこのあたりで手紙をお送りしておきます。饗庭さんに手紙を書いていると、話を聞きたい人がどんどん増えていきます。

山崎亮

6 いくつもの流れが生まれた

山崎さんへ

ワークショップ、まちづくりセンター、まちづくりファンド、NPO、地域通貨、コミュニティカフェ……と、僕は90年代以降の林さんしか知らないわけですが、「新しく始まった面白そうなこと」のそばにはいつも林さんがいらっしゃいました。冒険男爵からワークショップを学んだように、面白いと思ったことをすぐにまちづくりの現場に導入し、広めていく、優れたプロデューサーということかもしれません。

インタビューでは十分に伺うことができなかったこともあるので、林さんがまちづくりに取り入れてきたそれぞれのことを、まちづくりの歴史の中で簡単に整理をしておきましょうか。

●ワークショップの源流

ワークショップについては、冒険男爵だけでなく、いくつかの源流があります。その1つは、東工大の農村計画の青木志郎★さん、藤本信義★さん、木下勇★さんの流れです。ローレンス・ハルプリンの手法を直輸入する形で、1980年2月に山形県の飯豊町でワークショップが開催されています。横文字には抵抗があるだろうということで「講」という訳語をあて、「椿講」という名前で開催されました。その後に同じメンバーで１９８１年に世田谷区でも「歩楽里講」という、職員向けのワークショップ研修が行われ、そこからワークショップ先進自治体としての世田谷の歴史が始まるわけです。そのあとにできた世田谷のまちづくりセンターにヘッドハントされたのが浅海義治さんです。浅海さんはＵＣＬＡのランディ・ヘスター★のところで勉強され、ＭＩＧで働いていた方で、ランディ流、ＭＩＧ流のワークショップの流れが日本に持ち込まれることになります。

●まちづくりセンターとまちづくりファンド

浅海さんが世田谷にヘッドハントされるきっかけとなったのは、林さんたちが１９８５年頃に行った、アメリカのコミュニティデザインセンター（ＣＤＣ）の調査です。80年代の世田谷では「都市美委員会」が立ち上がり、都市デザイン室をつくって都市デザイン行政に取り組みます。その時に行政の中心にいらっしゃった1人は、田中勇輔さんや、原昭夫★さんという、今でいうスーパー公務員、『自治体まちづくり』という素晴らしい本を出されています（ちなみに、原さんは世田谷の前は名護市役所にいらっしゃり、名護の総合計画は原さんの仕掛けです）。

林さんもその中心にいて、沢山の新しいことを仕掛けていきます。例えば80年代に取り組まれた、世田谷区桜丘区民センターの設計コーディネートは、住民参加型の公共施設デザインのパイオニアワークだと思います。林さんが幸運だったのは、こうしたお仕事をご自身が生まれ育った場所でできたことでしょう。自分が生まれ育った町から仕事を頼まれたら、公私の

『自治体まちづくり—自治体まちづくり：まちづくりをみんなの手で！』原昭夫、学芸出版社、2003

区別がなくなり、力が入りますよね。専門家としての関わり、市民としての関わりが混ざり合っていく中で、林さんは市民と行政の間をつなぐコーディネーターとしての専門家の役割を発見し、それが地域の中に継続的に活動する状態を構想します。それが地域に密着した専門家の活動組織である「まちづくりハウス」というアイデアです。そのアイデアの先進事例を探りに行ったのがアメリカのＣＤＣの調査で、やがて世田谷区の「まちづくりセンター」「まちづくりファンド」の構想につながっていきます。ちなみに「ハウス」という名称は、１９８０年代後半にビートたけしがやっていた「天才・たけしの元気が出るテレビ‼」のスピンオフとして活気のない商店街を応援する規格としてつくられた「元気が出るハウス」をヒントにしたそうです。

「まちづくりセンター」と「まちづくりファンド」は、小さな市民組織と専門家の組織がネットワークを組んで、行政とも連携しながらさまざまなまちづくりの課題解決に取り組んでいく、それに対してまちづくりセンターが技術的な支援を、まちづくりファンドが資金的な支援をするという組み立てです。そして林さん自身も１９９１年に伊藤雅春さん、小西玲子さんとともに「玉川まちづくりハウス」という専門家の組織をつくり、ご自宅がある地域に密着した活動を続けられることになります。

●市民社会の基盤づくり

玉川まちづくりハウスは、今で言うところのＮＰＯなわけですが、90年代に入ると１９９８年のＮＰＯ法制定につながる動きが盛んになります。それは市民社会の足腰となる法制度を整えようという運動で、目玉は小さな市民団体に法人格を付与する仕組みづくりでした。中心にいらっしゃったのは山岡義典さん。山岡さんは林さんの少し後輩にあたるのですが、大村虔一さんの事務所で10年ほど都市計画のプランナーをされたあと、林雄二郎★さんに声をかけられ、１９７４年創設のトヨタ財団に転職されます。トヨタ財団は企業の収益を社会に再分配する助成財団の草分けですが、そのビジョンをつくっていたのが林雄二郎さんで、それは民が強いアメリカ流の市民社会を念頭においたものでした。山岡さんはトヨタ財団のプログラムオフィサーとして「身近な環境を見つめよう」というコンクールをつくられ、市民活動の現場をまわられます。１９９３年に総合研究開発機構（ＮＩＲＡ）がまとめた『市民公益活動基盤整備に関する調査研究』という

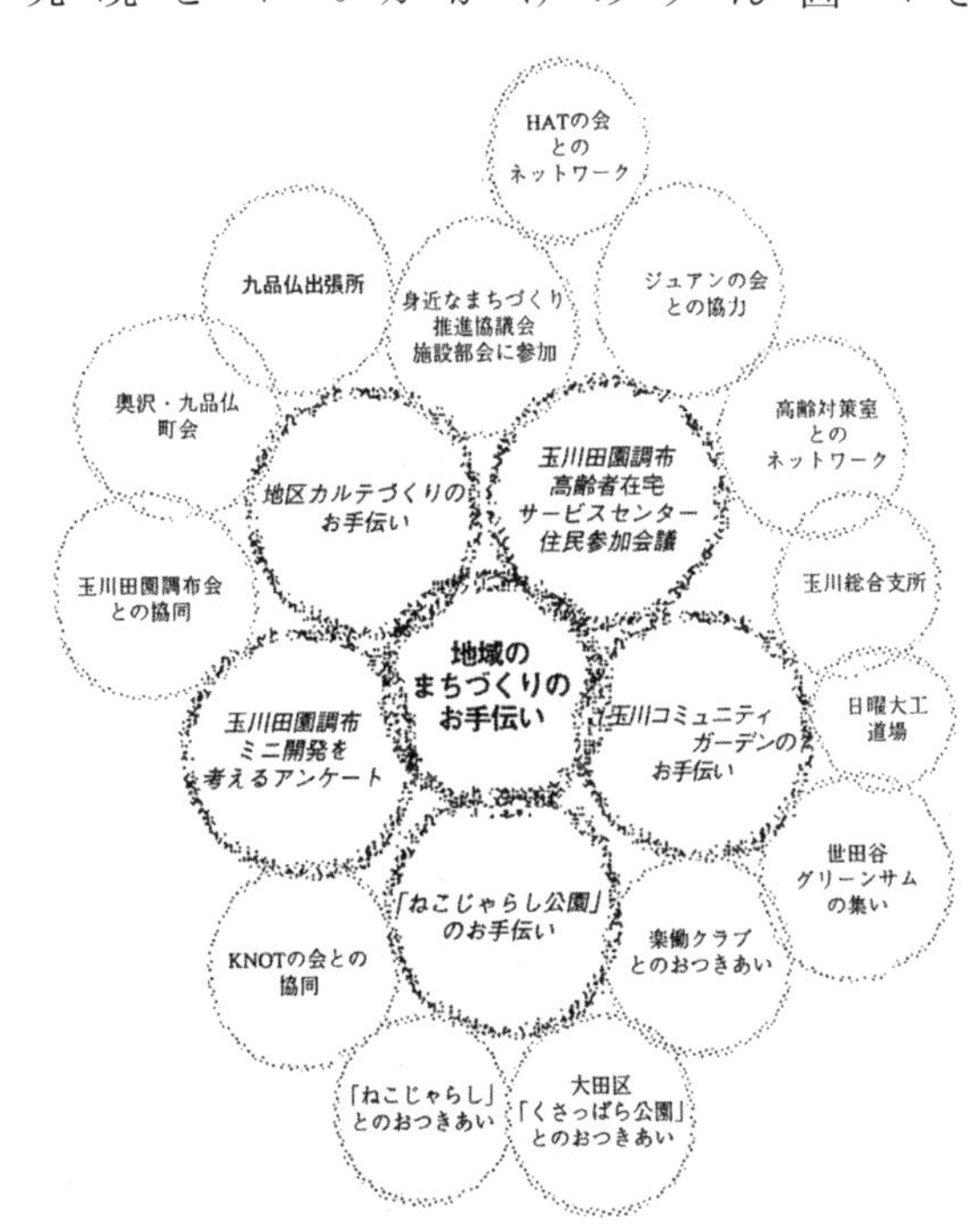

玉川まちづくりハウスの活動部分マンダラ①「地域のまちづくりのお手伝い」
（出典：『玉川まちづくりハウスの活動記録 みんなでホイッ！』玉川まちづくりハウス、1996）

レポートの総括が山岡さんで、このレポートが１９９８年のＮＰＯ法の制定につながる１つの動きをつくり出します。この調査を受託したのが木原勝彬★さんの奈良まちづくりセンターと後にビッグイシューを創設する佐野章二★さんの地域調査計画研究所、研究メンバーには早瀬昇★さん、渡辺元★さん。世古一穂★さん、とすごいメンバーが揃っていて、都市計画系では西村幸夫★さんや林さんもそこに入っておられます。ＮＰＯのその後についてはあらためて解説しませんが、１９９８年のＮＰＯ革命なくしてはコミュニティデザインは語れないですよね。山岡さんは妻籠宿の保存計画、１９７０年大阪万博や１９７５年沖縄国際海洋博の会場計画などをされたあとに市民社会のデザインに転じられたという、コミュニティデザインの現代史を辿る時に外せない方です。

ちなみにＮＩＲＡは１９７４年に設立されたシンクタンクですが、初代の理事長が向坂正男さん、２代目が下河辺淳さん。向坂さんは町田の総合計画の委員長だったので、お二人とも林泰義さんにつながります。国土計画をつくったレジェンドが、コミュニティデザインに向けていろいろなレールを敷いていたということで、なんだかゾクゾクしますよね。

●地域通貨とコミュニティカフェ

「玉川まちづくりハウス」は、実にさまざまなプロジェクトを展開します。林

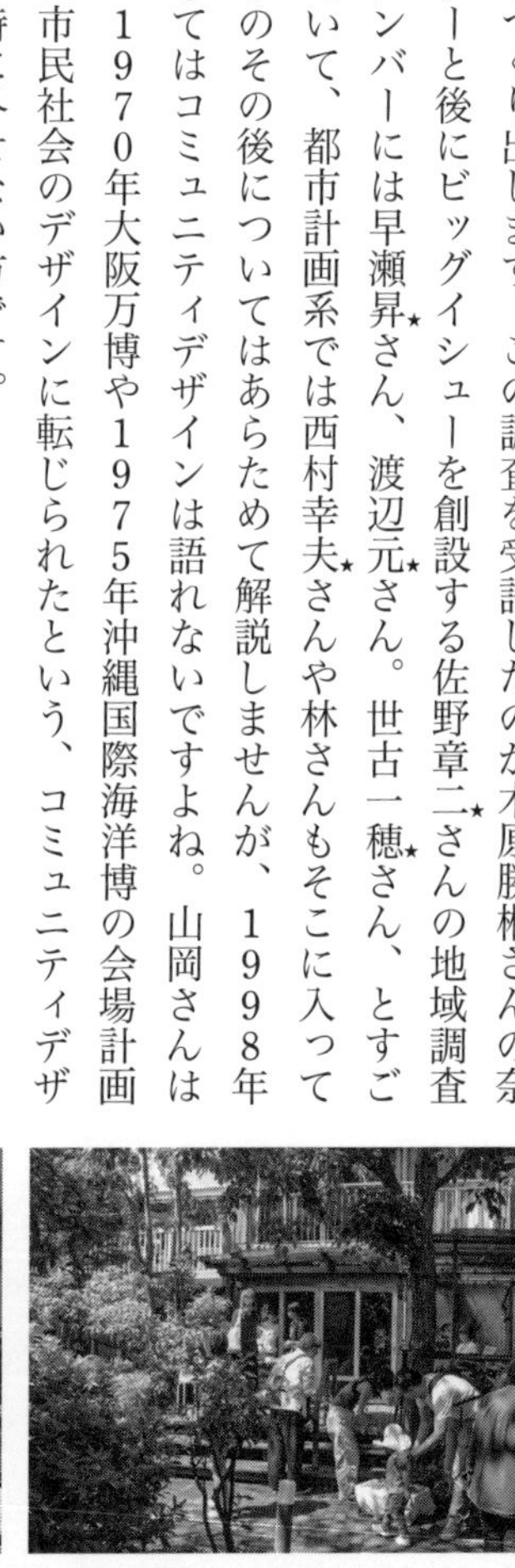
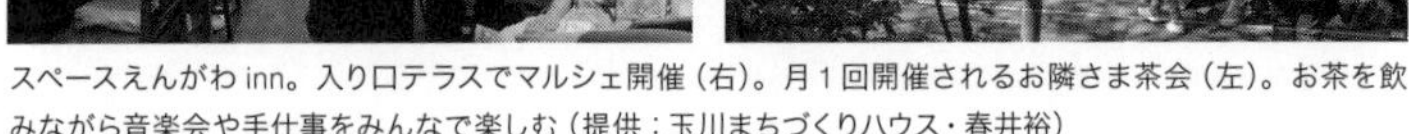

スペースえんがわ inn。入り口テラスでマルシェ開催（右）。月１回開催されるお隣さま茶会（左）。お茶を飲みながら音楽会や手仕事をみんなで楽しむ（提供：玉川まちづくりハウス・春井裕）

さんたちが「面白いな」と思ったことをすぐに試せる場だったということかもしれません。地域通貨は２０００年頃に日本中で流行します。１９９９年に千葉大にいらっしゃった延藤安弘さんを中心に立ち上がった千葉まちづくりサポートセンター（ＢＯＲＮセンター）では「ピーナッツ」という地域通貨を始めますが、林さんたちは２０００年から「ＤＥＮ」という地域通貨を始めます。これは近所にあるビゴの店のパンと交換できるという、「パン本位制」をとったユニークなものでした。

林さんが２００２年にご自宅の一角を改装して始められた「スペースえんがわｉｎｎ」も、コミュニティカフェ、レストラン、あるいはのちにアサダワタルさんが名付ける「住み開き」の草分けになると思います。カフェえんがわには伏線があり、それは同じ敷地で、林のり子さんがされている「ＰÂＴÉ屋」です。ＰÂＴÉ屋は１９７３年の開業ですから、コミュニティカフェの源流はそこまで辿れるかもしれません。

こうやって林さんが発明されてきたことを並べてみると、共通点がはっきり見えてきます。それは「つくらない建築家」ならぬ「つくらない都市プランナー」ということでしょうか。林さんと同世代の都市プランナーの方々のお仕事を見ると、空間の「デザイン」や「計画」にこだわってお仕事をされている方が多いのですが、林さ

1972年にプレハブの林・富田邸の西側に増設されたPÂTÉ屋。店先で林のり子さんが常連のお客さんとおしゃべり（撮影：春井裕）

んは際立ってそこに重きをおいていない。つくった計画の内容ではなく、それを動かす仕掛けをつくることが興味の中心でした。それはまさしく、コミュニティデザインということなのだと思います。

●コミュニティ計画

コミュニティデザインに複数の流れがあるとすれば、林さんを中心にいくつかの流れを、上流方向にも、下流方向にもたどることができます。この本ではそれを1つずつ辿っていくことになると思うのですが、林さんの活動から少しだけ上流に遡ってみましょうか。60年代、70年代にかけてさかんに議論された「コミュニティ計画」という言葉があります。英語にすると、やっぱりこれも「コミュニティデザイン」ということになるのですが、日本の固有の文脈を見ていきたいと思います。

コミュニティという言葉は１９６９年の自治省の「コミュニティレポート」をきっかけとして広く使われることになりますが、その頃に提唱されたのが都市社会学者の奥田道大★さんの「コミュニティモデル」です。この頃、あちこちで住民運動が盛んになったわけですが、このモデルは、そういった住民運動を伝統的な地域組織を進化させるものとして捉える「動的なモデル」でした。コミュニティモデルを含む奥田道大の１９７０年代の論考は『都市コミュニティの理論』という本にまとまっているのですが、

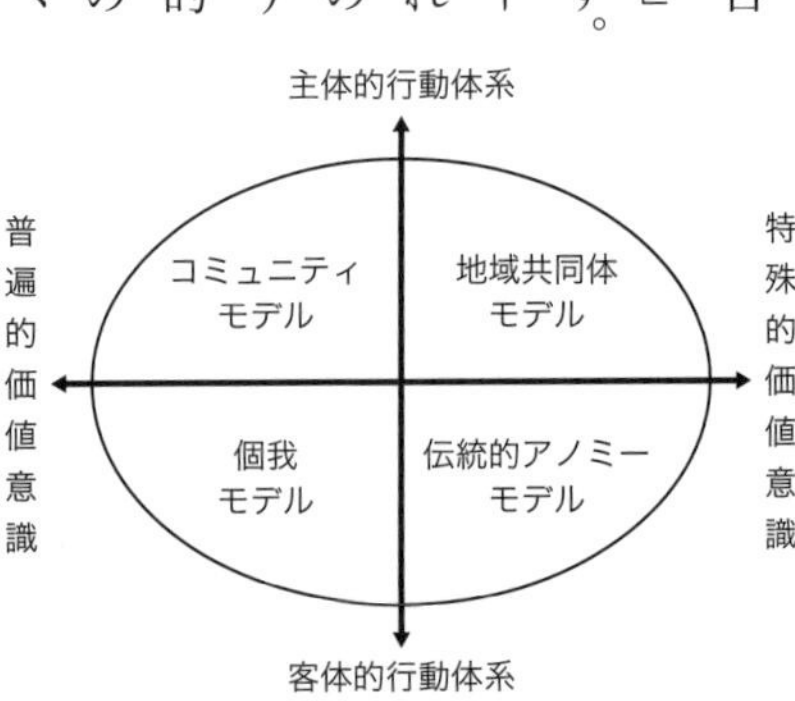

奥田道大のコミュニティモデル。右上の地域共同体から時計回りに遷移してコミュニティに至るとした（作図：饗庭伸）

そこでは「コミュニティ計画」が細かく検討され、林さんをはじめとする都市計画の専門家たちや、林さんのお話で出てきた町田市の総合計画の話も出てきます。１９６９年に地方自治法が変わり、地方自治体が基本構想、基本計画をつくる、という時代になります。多くの自治体で住民を意識した計画づくりに取り組むことになり、その時にその部分計画としてのコミュニティ計画のつくり方、表現、その意味などが、現場での経験とともに議論されるようになります。ちなみに、この時点では都市計画法にはコミュニティ計画の考え方は入っていません。しかし１９６８年に制定された都市計画法は、それまでの１９１９年につくられた国家高権型の都市計画法を廃止し、地方分権（都道府県に権限を移す）と住民参加（都市計画案の縦覧と公聴会を位置付けた）を取り入れました。コミュニティ計画にあたる地区計画制度の検討もされていたそうですが、結果的にそれは１９８０年に都市計画法に位置付けられることになります。

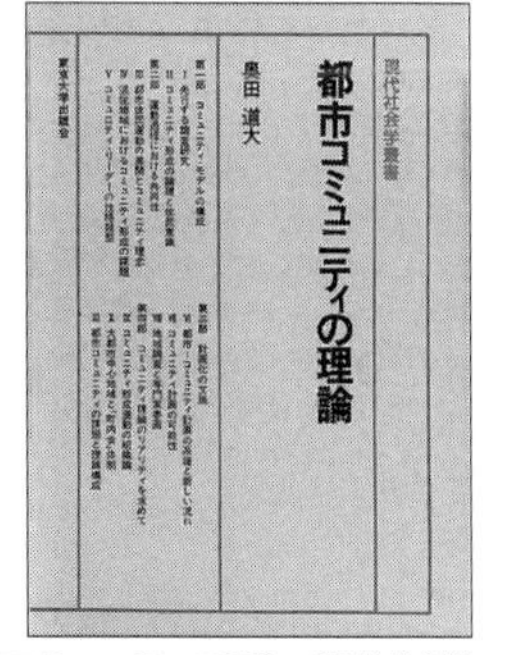

『都市コミュニティの理論』（現代社会学叢書）奥田道大、東京大学出版会、1983

●都市のマスタープランとコミュニティ計画

林さんのお話に下河辺淳さんのことが出てきましたよね。下河辺さんは戦後の国土計画をほぼすべて取り仕切った伝説的なプランナーです。最初の全国総合開発計画は１９６２年につくられ、それを受けて全国で新産業都市の誘致合戦が進みますが、その時に多くの自治体で都市のマスタープランをつくる技術が発達したそうです。森村道美★さんが『マスタープランと地区環境整備』という本の中でまとめておられますが、東京大学も下河辺さんの師匠にあたる高山英華さんの研究室が富山や高岡の新産業都市の計画をつくっています。林さんが「下河辺さんが役所の都市計画の概念を変えてくれた」とおっしゃったのはこのことだと思います。

コミュニティ計画が議論されていた1970年前後は、第2次全国総合開発（1969年）の議論が進んでいる頃で、並行して下河辺さんも関わって、自由民主党では田中角栄が都市政策大綱（1968年）をまとめ、それが「日本列島改造論」（1972年）へと展開していきます。日本列島改造論は土建国家の象徴みたいに扱われることがありますが、その本質は国土全体の均衡ある発達を目指し、地域ごとに「生活圏」をつくる、というもので（その生活圏を支えるために道路や鉄道への公共投資が打ち出され、土建国家の象徴になってしまうわけですが）、住民のための都市づくりをはっきりと謳ったものです。当時の住民運動は日本列島改造論を目の敵にするのですが、現在から見てみると、どちらも目指している方向はあまり変わらないように思います。政治的に保守だろうが革新だろうが、あちこちで住民参加のコミュニティ計画づくりが試行錯誤されていたのです。

『マスタープランと地区環境整備—都市像の考え方とまちづくりの進め方』森村道美、学芸出版社、1998

●町田の「考えながら歩くまちづくり」

町田に話を戻すと、町田では基本構想、基本計画をつくる時に調査研究委員会をつくります。そのメンバーを見ると、向坂正男さん、日笠端さん、福士昌寿さん、柴田徳衛★さんという豪華なメンバーに加え、林泰義さん、奥田道大さんといった40代くらいの気鋭のメンバーが入っています。行政の側には渋谷謙三さんというスーパー公務員がいらっしゃいました。このあたり、林さんのインタビューでも触れられていますよね。役者が多すぎて、今となっては誰がどういうふうに議論をしたのかは正確にはわからないのですが、いろいろな分野の専門家が関わり、そこで総合計画とはどういうものか、コミュニティ計画とはどういうものか、ということについて熱のこもった議論が行われたのではないでしょうか。

町田の総合計画が圧倒的にユニークだったのが「考えながら歩くまちづくり」というスローガンを掲げ、住民を巻き込みながら、1つ1つの住民参加のプロジェクトを実践し、そこで見いだされたことを全体にフィードバックしていく、という方法を持っていたことです。そして、作文が整然と束ねられた総合計画をつくるのでなく、1つ1つのプロジェクトの集積が総合計画である、という過激なことを宣言します。調査研究委員会の答申をまとめた「考えながら歩くまちづくりの提言　町田市の長期計画策定に関する答申　その1」（1973年9月）は、簡素に製本された紙に熱量が高いテキストがびっしりと詰まったものですが、これと「その2」がその「つくらない総合計画」の計画図書でした。図面らしいものはこの1枚だけ。これはプロジェクトがどういうふうに動いたのか、タイムラインでまとめたものです。

向坂正男さんが執筆した「まえがき」に、この「考えながら歩くまちづくり」の考え方がまとめてあります。

「私共は、市町村における、いわゆる基本構想や基本計画の策定が、目下、大きな反省期に入っていると考えております。—中略—都市問題やそれに対する住民の価値観が多様化し、行政のあり方に対しても基本的な疑義や批判が強くなり、また施策の根拠としての法制度がしばしば現実の問題と重大な矛盾を生じている現状においてはこうしたややもすると形式的で静態的になりがちな従来の計画づくりにのみ依存しているわけにもまいりません。—中略—私共は当初の出発点といたしまして、市民が日常かかえてい

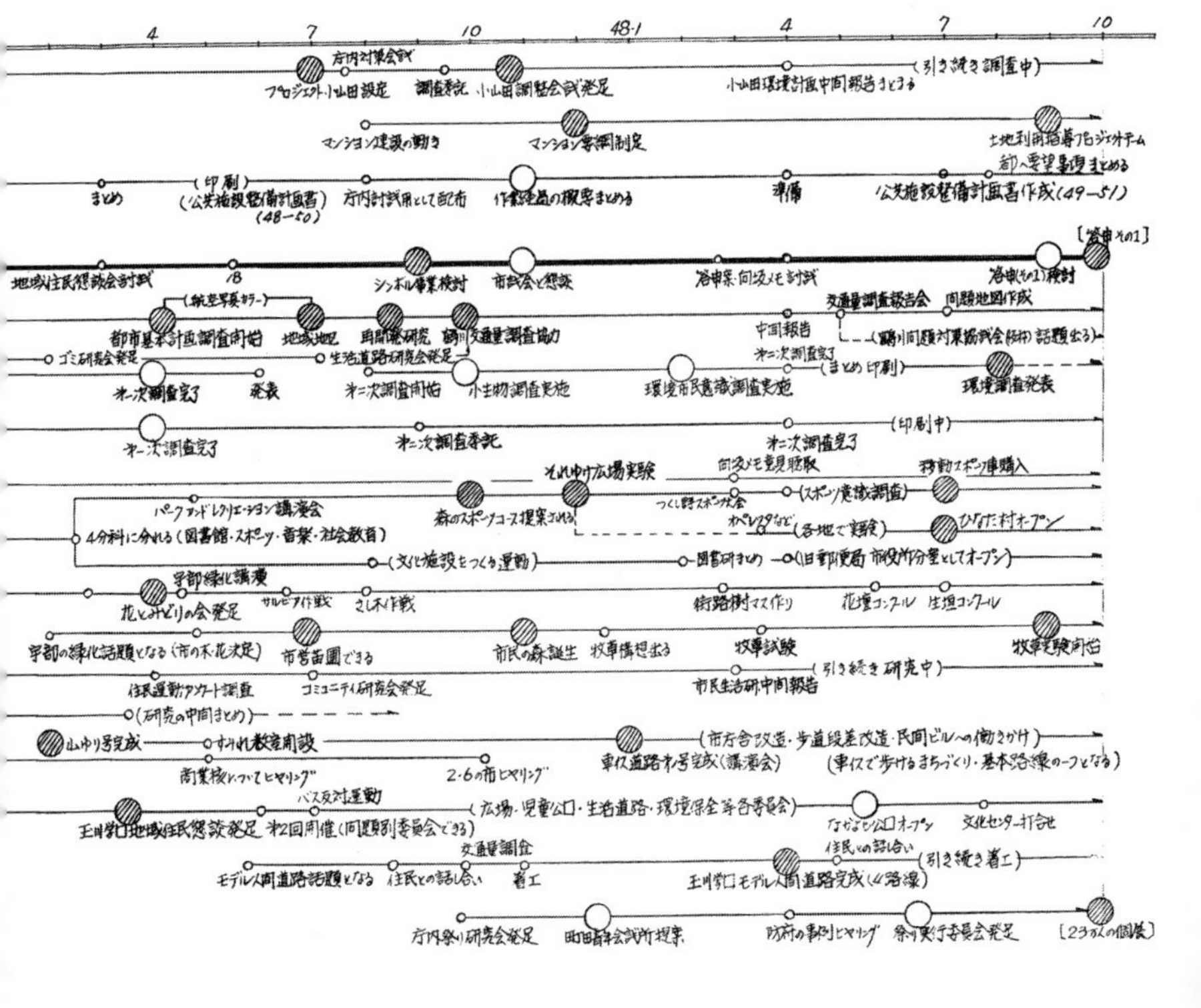

る問題あるいは市当局が直面している課題など、現実的な問題のいくつかを取り上げ、これを解明し、その解決策を見い出してゆくという姿勢を基本におきました。したがって、市民や市役所の職員の方々とできるだけ直接、話し合い、その中から出てきた多くの提案や示唆で、実施に移せるものは、すぐにでも実際に試みてみるようにしました。

こうした態度を「考えながら歩く」などと内部では呼んでいますが、ともかく具体的に問題に取り組む行動を起し、その中で問題点を発見し、さらに新たな行動を考え

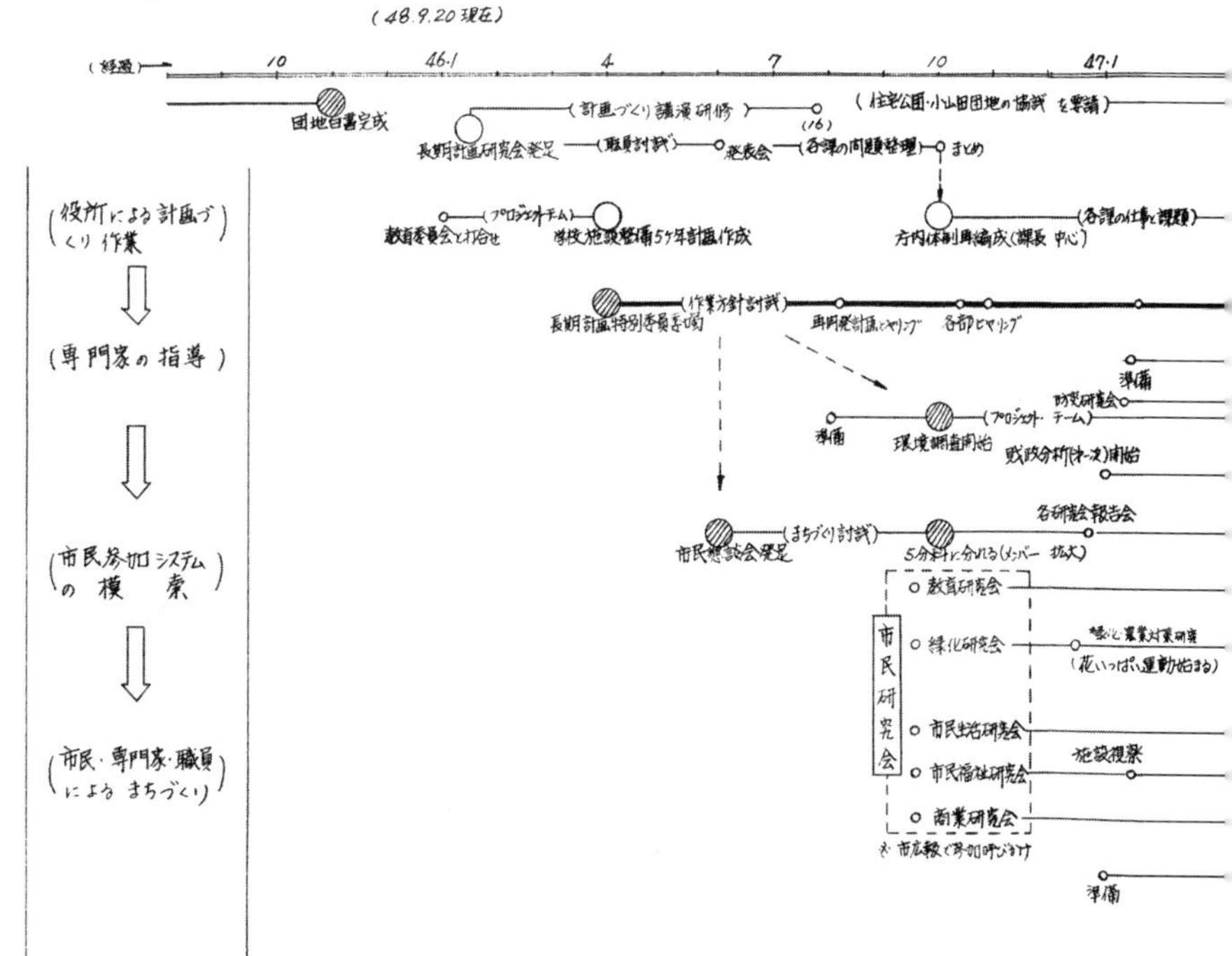

考えながら歩くまちづくり 計画づくり・まちづくりの主な経過
(出典：「考えながら歩くまちづくりの提言 町田市の長期計画策定に関する答申　その1」)

てゆくという試行錯誤をつづけながら、町田市の直面している問題の内容あるいは将来の構想を模索してきたわけです。」（出典：「考えながら歩くまちづくりの提言 町田市の長期計画策定に関する答申　その1」）

やや引用が長くなりましたが、多様化する都市問題に対して計画をしっかり立てることの限界を指摘し、実験的に、プロジェクトを展開していこうという姿勢が理解できるでしょうか。

1つ1つのプロジェクトを見てみるとそれぞれ魅力的です。例えば「それゆけ！広場」は、住民が公園を使い倒してみるという、参加型公園づくりの源流にもなるプロジェクト、「車イスで歩けるまちづくり」はバリアフリーやユニバーサルデザインのまちづくりの源流にもなるプロジェクトです。林さんのインタビューで伺った「23万人の個展」もその1つですが、これは田中元子★さんと大西正紀★さんがやっている「パーソナル屋台」や渋谷の「パブリックサーカス（2017年）」みたいなもので、40年前のものとは思えません。

ともあれ、この動的なコミュニティ計画がこの時代に出現していたのです。

●内田雄造のコミュニティ計画

奥田道大さんが『都市コミュニティの理論』の中で度々参照しているのは、内田雄造★さんでした。内田さんは『同和地区のまちづくり論』で有名です。山岡さんとほぼ同年代ですが2011年にお亡くなりになってしまいます。生前に僕は折に触れてお話を伺うことがありました。

僕はまちづくりには3つの技術があると整理しています。1つ目はいい計画をどうつくるかという技術、2つ目は市民の主体性を育成したり組織化をしたりする技術、3つ目は計画をつくったり実現するプロセスをどう組み立てるかという技術です。この頃のプランナーの人たちのコミュニティ計画の仕事を丁寧に見てみると、人によって重視するところが違います。例えば3つ目を重視する人は、「住民組織がこう決めたんだから、それが正しい」と、1つ目や2つ目を軽視します。林さんは先ほど述べたとおり「いい計画」にはそれほど興味がなさそう、というのが僕の整理だったのですが、1970年頃にとてもバランスがよい議論をされていたのが内田さんでした。

内田さんは東京大学で鈴木成文★さん、高山英華さん、日笠端さんに師事し、その間に学生運動でしばらく牢につながれたあとに東洋大の先生になり、国立の歩道橋反対運動や「たまごの会」という都市住民が卵を生産する運動に関わられます。1971年に発表された「抵抗の都市計画運動」という名前からしてすごい論文が有名なのですが、内容としては1973年に発表された「コミュニティ計画」という論文の方がまとまっています。

内田さんは、当時頻発していた住民運動を「地域エゴ」と捉えることを誤りとし、都市計画の主体として位置付けます。そして、複数の住民運動や、行政の各部署が、コミュニティ計画を媒介にして、問題を突きつけあうこと、「生活主体のおかれた条件に応じた独自なコミュニティ像・コミュニティ計画が生活主体から提出される時始めて、セクショナリズムの都市計画も改善されよう」とします。

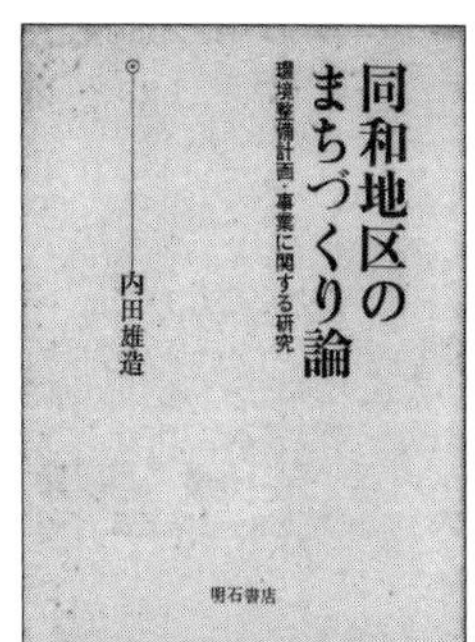

『同和地区のまちづくり論―環境整備計画・事業に関する研究』内田雄造、明石書店、1993

僕なりの言葉で言い換えると「市民の主体性」がまずあり、それぞれの考えがコミュニティ計画をつくる「プロセス」の中で突きつけあわされることで、「いい計画」ができるという論理です。この論文の後半では「いい計画」をつくるために、コミュニティミニマムという概念を使い、それを具体の空間を計画する中で定めること、コミュニティ計画の対象が道路、公園や緑地、生活環境施設、日照の環境、上下水道にまで及ぶことの道筋を示しています。

コミュニティ計画を軸に、3つの技術が支え合っているバランスのよいアイデアで、「コミュニティの基本計画は、それらの個別バラバラな問題・提案・計画をコミュニティ全体の中に位置づけるメディアとして機能する」とまで言い切っており、静的な文書としてのコミュニティ計画ではなく、動的な運動論としてのコミュニティ計画です。

●コミュニティとアソシエーション

このアイデアと「考えながら歩くまちづくり」はとてもよく似ていますよね。ただ大きく違うことは、コミュニティ計画はある土地に根ざした、はっきりとした地区を根拠にするものであり、町田は人のつながりを根拠にするものだったということです。前者は狭い意味でのコミュニティ、後者はアソシエーションが根拠になっています。そして当時のコミュニティ計画の周辺では、コミュニティが王道、アソシエーションはどちらかと言うと邪道なものとして考えられていたんだと思います。

内田さんは、このアイデアを手掛かりに、1975年から被差別部落である同和地区のまちづくりを始めます。同和地区はいまだにセンシティブなので軽々には語れないのですが、境界をはっきりさせた「地区」において、そこに暮らしている人たちと対話を重ねていく、というまさしく地区を根拠にしたまちづくりだと思います。

このように、この頃のコミュニティ計画と言えば、区切られた地区を根拠にするものでした。それは、少なくとも都市計画の専門家の中では、国土計画―都市計画―コミュニティ計画というはっきりした体系が信じられていたからだと思います。地区を単位としたコミュニティの計画の流れをもう少し遡ってみましょう。

●近隣住区とコミュニティ計画

この3つの計画のうち、都市計画とコミュニティ計画をつないでいた理論が、1929年にアメリカで考え出されたクラレンス・アーサー・ペリー★の「近隣住区論」だとふんでいます。理論そのものはほぼ時間差なく日本に伝わっているのですが、戦時体制とその後の戦災復興を経て、平時の技術として使われるのは1950年代以降です。近隣住区論はニュータウンを建設する理論として使われる一方で、すでにある都市を診断し、その中に計画的に施設や公園を配置していくための物差しとしても使われていきます。

この近隣住区論とまちづくりをつないだキーパーソンは、日笠端さんと川名吉エ門★さんです。お二人はほぼ同世代で、1960年頃に揃って近隣住区論をテーマにした博士論文を提出します。その頃アメリカではJ・ジェイコブス★が『アメリカ大都市の死と生』で近隣住区を密度が低い、つまらないものとしてこきおろしていたわけですが、そこは日米でちょっとタイムラグがあります。1956年の経済白書では「もはや戦後ではない」とされ、そのあとの1960年に所得倍増計画があり、1962年に全国総合開発計画がつくられた、という時期ですから、都市計画の専門家としては戦災復興がひと段落し、次のステップに移っていこうという時期だったんだと思います。日笠端さんはその後、関心を地区計画へと深めていき、その流れの上に林さんや内田さんがのっかっています。

川名吉エ門さんは大阪市立大学から東京都立大学に移って教鞭をとります。大阪時代（1954〜64）の助手が水谷頴介★さん、東京時代（1964〜78）の弟子が高見澤邦郎★さんや宮西悠司★さん、コミュニティデザインの重要な先駆者が川名門下ということです。

川名さんが手がけたもので、コミュニティデザインの源流として重要なプロジェクトは、高知市でつくられた「コミュニティカルテ」です。これはすでにでき上がった都市を地区にわけ、そこに施設が十分にあるか、道路環境はどうかなど、物的な環境を近隣住区的な基準をものさしにして診断していく、その診断のプロセスを住民と共有していくことで、コミュニティ計画の立案につなげていこう、というものでした。高知市市長の坂本昭★さんがお医者さんだったので、カルテという名前になったそうです。これは町田と同じく、総合計画をつくる作業の中で取り組まれたものですが、アプローチの仕方が町田とは異なることがわかるでしょうか。高知はコミュニティ的、町田はアソシエーション的なアプローチということです。

『アメリカ大都市の死と生（新版）』J・ジェコブス、山形浩生（訳）、鹿島出版会、2010

僕はこれも実物を持っているのですが、広げてみると、それほど面白いものではない。当時は国勢調査のデータですら十分に公開されていなかったので、この地図をつくる作業は大変だったそうですが、なんというか、地図が何も語りかけてくれないわけです。当時の普通の人たちは、地図を見ることがあまりなかったはずですが、これを見せられても、普通の人たちのコミュニティ計画をつくろう、というモチベーションがあがらなかったそうです。奥田道大さんは、高知のコミュニティカルテについては「地区の風景をイメージさせる斬新なもの」と評価はしているものの、70年代のコミュニティ計画については「コミュニティ理念が地域の現実と相互浸透し、地域の内部から新しいコミュニティ・モデルが抽出されるには、未だおおくの時日を要するであろう」という評価をしています（『コミュニティの理論』奥田道大、東京大学出版会、１９８３、１４２頁）。

コミュニティ計画のための基礎情報まではできた。問題は伝え方と、そこからの計画のつくり方ということで

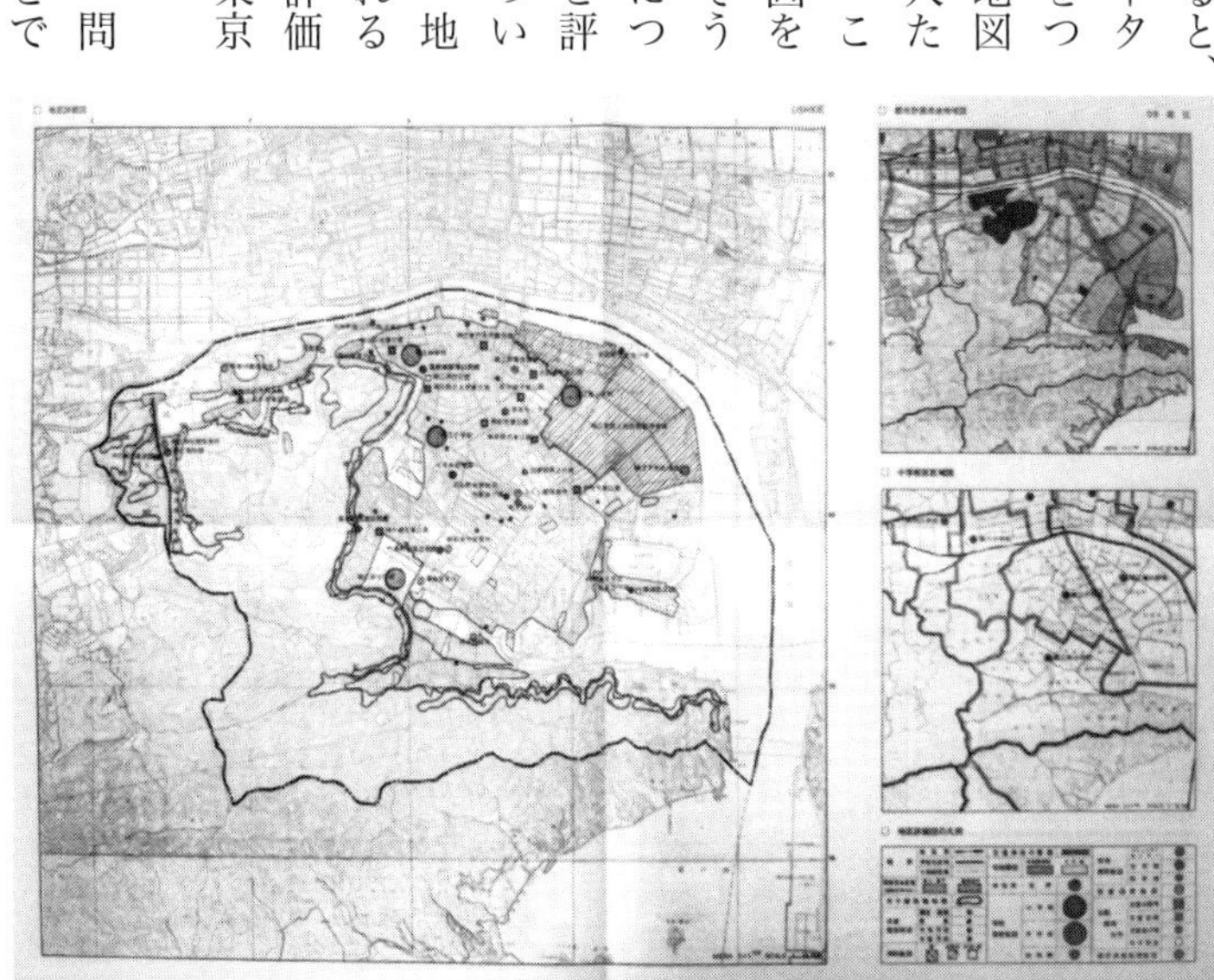

高知市のコミュニティカルテ（出典：高知市資料）

すよね。では、どういうふうに伝え方、計画のつくり方が模索されていったのか、場所を神戸に移して見ていきたいと思います。神戸も高知と同様、大阪時代から東京時代にかけて、川名さんが熱心に取り組んだ都市です。

●西神ニュータウンと真野地区

川名さんは近隣住区論を使ったニュータウンの設計にも取り組んでいます。代表作は神戸市が開発した西神ニュータウンや鈴蘭台のニュータウンです。僕は西神ニュータウンは日本のニュータウン史上でも結構な名作じゃないかと思っています。産業と住居を一緒につくるという田園都市の理想を正統に受け継いでいますし、住区の切れ目に地形をいかしたグリーンベルトが入っている、そして協同組合思想で支えられた田園都市にならって核店舗に生協が入っていたりします。

そして、この西神ニュータウンの計画作業が進んでいた1969年頃、神戸市に打ち合わせで訪れた川名さんが「こんな課題もあるんですよ」と相談されたのが、長田区の真野地区でした。やっと真打ち登場という感じがしますが、地区を根拠にしたコミュニティ計画を語る時に、全ての人の口から真っ先にでてくるのが真野地区です。

真野を語る時の重要人物は宮西悠司さんです。宮西さんは大学院の途中から川名さんの紹介で神戸で仕事をすることになり、神戸でもコミュニティカルテをつくったりしながら、真野地区への関わりを深めていきます。真野地区では1960年代から、公害に対する運動が行われていました。地区をまとめていたのは毛利芳蔵★さんという伝説的なリーダーですが、公害に対する運動に取り組みながら、70年代に「町づくり」へと運動の方向を展開していきます。もともと細い道路しかなかったところにスプロール的に形成された住工混在の市街地であり、公共空間が不足し、密集の問題をかかえていました。1970年に開かれた「町づくり学校」をきっかけに、広原盛明★さんを中心とした京都大学のグループが地域に入り込んでいましたが、1971年から「まちづくり懇談会」が開かれて市と住民の話し合いが進み、専門家として宮西さんが入り込み、毛利さんをはじめとする住民の人たちと対話を重ねて物的な空間の計画を検討していきます。そして「真野街づくり検討会議」で1978年から3年間の検討を経てつくり上げられた計画が「真野地区街づくり構想」です。コミュニティ計画のマスターピースとして、後にあちこちで参照され、影響を与えた計画ですね。

●コミュニティ計画のその後

少し前に書きました通り、1970年頃のコミュニティ計画の周辺では、コミュニティが王道、アソシエーションはどちらかと言うと邪道なものとして考えられていたと思います。その王道のど真ん中に立っているのが「真野地区街づくり構想」。

しかしその後の50年近いまちづくりの歴史の中ではコミュニティがどんどん流行らないものになっていき、最終的にはアソシエーションがまさっていきます。真野の影響を受けた「地区まちづくり」と呼ばれる取り組みはたくさん増えたのですが、それ以上にアソシエーションを根拠にするものが増え、その中で、「コミュニティ計画」という言葉もいつしか使われなくなりました。

林さんもきわめてアソシエーション的ですよね。世田谷まちづくりセンターも、ファンドも、玉川まちづくりハウスも、ワークショップもまさしくアソシエーションを指向するものですし、90年代中頃の林さんは「テーマコミュニティ」という言葉をよく使っておられました。僕は山崎さんが2010年代以降にやってきたことは、厳密にはコミュニティデザインではなくアソシエーションデザインではないかと思っていますが、町田に端を発するそのアソシエーションデザインの流れをつくっていったのが林さんということなのだと思います。

饗庭伸

7 アメリカのコミュニティデザインを振り返る

饗庭さんへ

すごい！ コミュニティ計画、まちづくり、アソシエーションデザインの流れが理解できる手紙でした。次から次へと重要なテーマが登場し、そこに関連する重要人物の名前が並ぶ。以下、印象深かった話について返信を。

●アメリカのコミュニティデザインから何を得たのか

まずはアメリカにおける話。林さんが「まちづくりハウス」を構想している時、そのヒントとしてアメリカのコミュニティデザインセンターについて調べに行ったとのこと。ここに興味があります。2000年に発刊された『市民社会とまちづくり』を林さんが編集されていますね。饗庭さんも寄稿されていますし、先の手紙に登場した浅海義治さん、卯月盛夫さん、山岡義典さん、伊藤雅春さん、小林郁雄さん、野口和雄さんも文章を掲載されています。また、ランドスケープデザイン分野からは土肥真人★さんも執筆を担当されています。

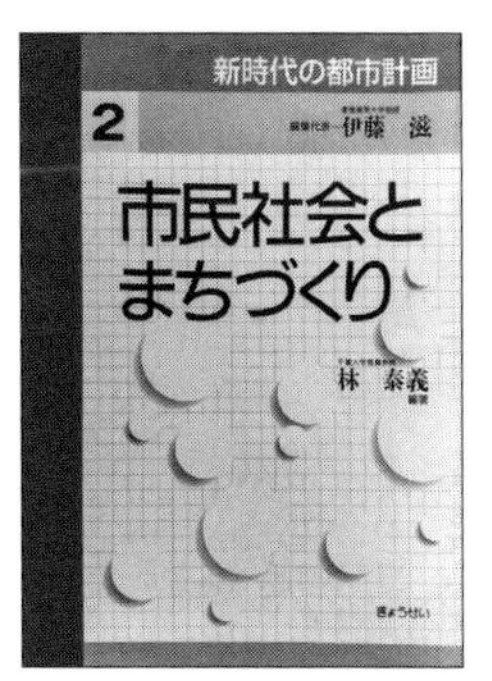

『市民社会とまちづくり』林泰義（編著）、ぎょうせい、2000（新時代の都市計画；第2巻）

その中で、林さんはアメリカのコミュニティ・ディベロップメント・コーポレーションズ（ＣＤＣｓ）について書かれていますね。実際にアメリカへ行かれて具体的にどんなことを学んだのかが気になりますが、そのあたりは同行した浅海さんにお聞きするのがいいかもしれませんね。浅海さんからは、世田谷まちづくりセンターのことなども詳しくお聞きしたいですね。

アメリカの動向という意味では、ＣＤＣｓに似た略称としてコミュニティ・デザインセンター（ＣＤＣ）も気になります。こちらは木下勇さんの『ワークショップ』の中で紹介されていますね。１９７０年代には全米に広がったＣＤＣですが、１９８０年代の不況が訪れるとその数を減らしたとのこと。本書のテーマは日本におけるまちづくりやコミュニティデザインの流れや、そこで発明された手法の再評価ですが、アメリカの流れから影響を受けている面がいろいろありそうなので、並行してアメリカでの流れも確認しておきたいものです。

僕は、以下のような流れがあったんだと理解しています。

①19世紀末：アメリカの流れと言いつつ、イギリスの話から。19世紀末のロンドンなど大都市では、貧困者たちが住むスラムが存在していました。こうした場所では貧困の再生産が起きるとともに、疫病などが発生すると真っ先に大量の犠牲者が出てしまう。この社会問題を解決しようと、オックスフォード大学やケンブリッジ大学の学生たちが立ち上がります。学生たちが貧困地域に出かけ、そこに住み込んで地域住民とともに学び、自分たちの力で地域の課題を軽減させていこうという試みで、「入植する」という意味でセツルメント運動を起こしました。

なかでもオックスフォード大学の学生時代からセツルメント運動を主導していたアーノルド・ト

インビー★とその仲間たちは、ロンドンのイーストエンドと呼ばれる最貧困層が住む地域で活動していました。残念ながらトインビーは若くして亡くなってしまうのですが、その遺志を受けた牧師であるサミュエル・バーネット★とパートナーのヘンリエッタ・バーネット★が、大学生たちとともに設立したセツルメントハウスが「トインビー・ホール」です。

　このあたりは拙著『コミュニティデザインの源流：イギリス篇』（太田出版）に書いたので詳述は避けますが、トインビー・ホールを訪れたアメリカ人、ジェーン・アダムス★たちがシカゴにつくった世界最大のセツルメントハウスが「ハル・ハウス」です。ここには建築家のフランク・ロイド・ライト★も関わっていて、彼が「シカゴアーツ・アンド・クラフツ協会」を設立した時の記念講演会はハル・ハウスで行われています。『コミュニティデザインの源流：アメリカ篇』を書く時には、ハル・ハウスの実践についても詳しく語りたいと思っていますが、ひとまずここでは詳述を避けておきます。

②1910年代：アダムスたちがイギリスからアメリカに持ち帰ったセツルメント運動が全米に広がり、1910年代にはコミュニティセンター運動に発展しました。セツルメント運動はスラムなど貧困地域の生活課題に取り組むために人々が集うものだったのですが、これを貧困地域に限らずすべての地域に展開しようという運動です。同じ時期、エドワード・ウォード★が推進したソーシャルセンター

トインビー・ホールの内観。現在もここで活動が行われている

1884年、ロンドン東部（イースト・エンド）に建てられたセツルメントハウス、トインビー・ホールの外観

運動もコミュニティセンター運動の一部だったと言えるでしょう。

ちなみに、セツルメント運動は日本語の表現で、英語では「セツルメントハウス運動」と表現されます。つまり、セツルメントハウスからコミュニティセンターやソーシャルセンターへと運動が対象とする地域が広がったことになります。

日本でも、1920年代にはセツルメント運動の影響を受けた「隣保館運動」が盛んになり、徐々に「公民館運動」として全国に広がるようになり、隣保館や公民館のいくつかは後にコミュニティセンターと呼ばれるようになりましたね。

③1930年代：クラレンス・アーサー・ペリーは、シカゴ大学の社会学者であるロバート・エズラ・パーク★のセツルメント運動やコミュニティ理論に影響を受けて『近隣住区論（1929）』を書いていますから、文中にパークの都市理論が登場します。

シカゴ大学の社会学部は、ハル・ハウスの実践が始まった頃に、その理論的側面を支える存在でした。そのうち理論と実践が噛み合わなくなり、パークらのシカゴ学派とアダムスらのハル・ハウス一派は決別してしまうのですが、セツルメント運動に関わった経験もあるパークの理論はハル・ハウスが活動を開始した当初の理論的支柱となったことでしょう。

一方のペリーは、ニューヨーク州のロチェスターにおけるコミュニティセンター運動の指導者でした。また、彼が最初に「近隣住区論」を発表したのは「コ

ハル・ハウスの内観。現在は博物館として公開されている

セツルメント運動の拠点として1889年に建てられたハル・ハウス

ミュニティセンター協会」と「全米社会学会」が共催した大会でした。そんな思想的実践的背景のあるペリーが書いた『近隣住区論』には、シカゴ学派のコミュニティ概念、セツルメント運動、コミュニティセンター運動などの影響が随所に見られます。

最もわかりやすいのは、ペリーが近隣住区の中心にコミュニティセンター（学校や教会）を据えていることですね。著書の中でも、コミュニティセンターの重要性について何度も言及しています。彼のイメージでは、近隣住区の中心であるコミュニティセンターでは、セツルメントハウスで展開されたような住民の対話、学び合いが想定されたでしょうし、そこに関わる各種専門家がイメージされていたことでしょう。『近隣住区論』には、随所に市民活動の意義に関する言及が見られます。都市化による匿名性が問題になった時代に、あえて顔が見える関係である近隣に着目し、その住民が話し合い、行政参加や政治参加するようなコミュニティのあり方が提案されたわけです。

ところが、『近隣住区論』が発表されると建築家や都市計画家がこれに注目した。そして、コミュニティセンターの配置や道路線形など、ハード面ばかりが注目された。特に日本ではこれが顕著だった。ニュータウン建設などのハード整備にとってわかりやすい手本となったのでしょうね。そういう時代だったのだろうと思います。

④1960年代：セツルメント運動から展開したコミュニティセンター運動が、『近隣住区論』の影響もあって全米に広がった1930年以降、各地でさまざまな実践が行われていました。そこでは、セツルメント運動の

『近隣住区論—新しいコミュニティ計画のために』クラレンス・A・ペリー、倉田和四生（訳）、鹿島出版会、1975

頃から行われていたように、法律、アート、デザイン、建築、保健、社会学などの専門家が関わり、住民との丁寧な対話を続けながら地域の課題を軽減させる努力をしていました。コミュニティセンターは、とても魅力的な場になっていたのだろうと想像します。ところが、これが形骸化していく。日本の公民館運動も同様だったかもしれません。当初は熱意を持った専門家たちが住民との対話を繰り返しながら活動していたのでしょうけど、数十年の間に形骸化してしまうことはしばしば見られることです。1940年代、1950年代のコミュニティセンター運動がどんな状態だったのかを知る文献は、いまのところ見つかりません。もう少し調べてみたいと思いますが、そのあたりについても浅海さんや木下さんに聞いてみたいとも思います。

いずれにしても、1960年代になってコミュニティ・デザインセンター運動が生まれてくる。このあたりの経緯がすごく気になります。コミュニティセンター運動からコミュニティ・デザインセンター運動への移り変わりはどう進んだのか。これは僕の想像ですが、コミュニティセンターが時代の要請によってコミュニティ・デザインセンターに変化したのではなく、形骸化したコミュニティセンターを横目に若者たちがコミュニティ・デザインセンターという別の拠点をつくっていったのではないか。そんな気がしています。

木下さんの『ワークショップ』には、1960年代の初頭にニューヨークで小さな建築家グループが、スラム街に研究所や仕事場を設けてコミュニティ・デザインサービスを始めた、と書かれています。これが「パブリックサービス・アーキテクチュア」という活動になり、さらに全米建築家協会や大学や地方自治体などの協力によってコミュニティ・デザインセンターへと発展した、とあります。このコミュニティ・デザインセンターでは、建築家や都市計画家、大学教員、学生たちがワークショップを開催していたそうです。まさにセツルメントハウスの様相ですね。あるいは、在りし日のコミュニティセンターの様相です。これはニューヨークでの展開ですが、この経緯にコミュニティセンターは登場しませんね。きっと、コミュニティ・デザインセンターは形骸化したコミュニティセンターへの対抗策として誕生したのではないかと思います。

一方、全米建築家協会のウェブサイトには、コミュニティ・デザインセンターが生まれる別の経路が紹介されています。公民権運動に携わったアフリカ系アメリカ人であるホイットニー・ヤング★が、1968年に全米建築家協会の大会に呼ばれて基調講演を行ったのがきっかけだというのです。ヤングは全米ソーシャルワーカー協会の会長を務めた人物でもあり、セツルメント運動やコミュニティセンター運動にも造詣が深い人でした。その彼が大会に集まった参加者に対して「建築家や都市計画家は金持ちの白人のためだけに仕事をするのではなく、人種的な弱者が暮らすまちの課題を改善することにも関わるべきだ」と提言したのです。この提言を受け、全米建築家協会に検討部会が設置され、「アメリコープ」の前身「VISTA」と協力して、全米にコミュニティ・デザインセンターを設立したようです。この流れを見ていても、コミュニティセンターは登場せず、建築家や都市計画家たちによって各地のコミュニティ・デザインセンターが生まれているように感じます。

1960年代に起こったもう1つの流れとして、コミュニティ・ディベロップメント・コーポレーションズ（CDCs）の系譜があると思われます。1961年にフォード財団がボストンでCDCsを設立しており、これがアメリカ初のものだと言われていますね。この動きがコミュニティセンター運動やコミュニティ・デザインセンターの動きとどういう関係にあったのかは気になるところです。

⑤1970年代以降：木下さんによると、1975年には全米で80ヶ所のコミュニティ・デザインセンターがあったそうですが、1980年代のアメリカの不況によってその数は減ったそうです。ウェブサイトを調べていると、1977年にはコミュニティ・デザイン協会（ACD）が設立されており、「コミュニティに貢献するプランナーやデザイナーを増やすための個人、団体、研究所などのネットワーク」として現在も活動を続けているようです。この協会にオンラインでヒアリングしてみると、さらにいろいろなことがわかるのかもしれませんね。

このあたりまでが、僕の把握している流れです。つまり、1980年代に減ってしまったコミュニティ・デザインセンターはその後どうなったのか？　一方で、コミュニティ・ディベロップメント・コーポレーションズはどうなったのか。1990年代、2000年代の流れが把握できていません。でも、林さんや浅海さんはそのあたりの動きを調べて帰国し、日本に「まちづくりセンター」や「まちづくりファンド」を設立することになるわけですよね。だからこそ、アメリカのどんな流れを参考にしたのかが知りたい。

●コミュニティとアソシエーション

もう1つ、饗庭さんの手紙で興味深かったのがコミュニティとアソシエーションの話題です。林さんの活動が、コミュニティを対象としたもののようでいて、実はアソシエーションを対象としたものであるという指摘、そして僕がやっている活動もコミュニティデザインと呼んでいるが実際はアソシエーションデザインだろうという指摘、いずれもそのとおりだなと思います。

林さんたちが設立した「玉川まちづくりハウス」の名称が「元気が出るハウス」から取ったものだというのは面白かったです。僕は「ハル・ハウス」などのセツルメントハウスから取った名称なのかな、と思っていました。少しマジメすぎましたね。「ハル・ハウス」ならコミュニティを対象としますが、「元気が出るハウス」ならアソシエーションが対象ですね。興味が近い人たちが集まるわけですから。

興味が近い人たちが集まるという意味では、林さんたちが展開した地域通貨「DEN」が、地域にある「ビゴの店」のパンと交換できる「パン本位制」を目指したというのもかなり興味深いです。「ビゴの店」のパンは美味しい。美味しいから地域通貨の魅力の源泉となり得る。美味しさとか楽しさは、アソシエーションの原動力であり、それがないと駆動しないものだと思います。その点、DENという地域通貨は人間の心がよくわかった人たちがつくったものだなぁという気がします。「ビゴの店」の本店は、饗庭さんと僕のゆかりの地である芦屋発祥ですから、その魅力はふたりとも実感していますよね。

また、パンは賞味期限があるから、ずっと貯め込んでおくことができない通貨になり得ます。地域通貨をパンに代えて、自分たちで食してもいいし、感謝の気持ちとして誰かにプレゼントしてもいい。地域経済の循環を促進するくらいの賞味期限を持つ「パン本位制」というのは面白い発想だと思いました。その話を読んで、鳥取県智頭町で天然酵母のパンをつくり続ける「タルマーリー」

の渡邉格★さんの『田舎のパン屋が見つけた「腐る経済」』を思い出しました。格さんは「貨幣は時間が経っても腐らない。土に還らない。そこに違和感がある」と言います。そう言えば格さんは千葉大学の園芸学科で地域通貨を研究していたそうですので、延藤さんたちの「ピーナッツ」についても知っていたかもしれませんね。いつか格さんに確認してみます。

　こうやって見ていくと、饗庭さんが指摘するように林さんは「つくらない都市プランナー」ですね。僕は一時期「つくらないデザイナー」と紹介されることがありましたが、林さんの後を追いかけてきたんだということがよくわかります。僕にとって、林さんの取り組みはどれも合点の行くものですし、すごく魅力的なものばかりなのです。饗庭さんが紹介してくれた「考えながら歩くまちづくりの提言」もまたすごく魅力的でした。詳しい内容が知りたいですね。図面らしきものは、活動のタイムラインのみ、というのが素晴らしい。それを読んだ人に「あなたも活動してみたら？」と呼びかけるような提言になっているんでしょうね。僕らのプロジェクトでも、そういう方法を採用することがあります。まずは住民のチームを組織化し、その人たちがまちで活動してみて、それをまとめて発信する。同時に、活動するに当たって課題になったことを乗り越えるための施策や事業を提案する。そのうえで市民全体に「あなたも活動しませんか？」って呼びかける。笠岡市の産業振興ビジョンを策定した時は、まさにそんなつくり方をしました。しかし、林さんたちはそれを半世紀前に町田市で実現させていたわけです。

　饗庭さんが提示してくれた、コミュニティ計画とアソシエーションデザインの関係はわかりやす

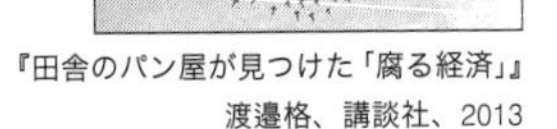

『田舎のパン屋が見つけた「腐る経済」』
渡邉格、講談社、2013

いですね。国土計画、都市計画、コミュニティ計画というスケールの序列が頭に入っていた人たちにとって、コミュニティ計画というのは概ね小学校区を対象とする計画という意識があった。都市計画とコミュニティ計画をつないでいた理論が近隣住区論だったとすれば、まさにペリーが主張した小学校区がコミュニティ計画の対象となるはずですから。小学校区が対象となるのであれば、そこを自治会や町内会、あるいはそれらの連合体に分けて考えていくのが自然な流れです。事実、『近隣住区論』の序文で、シェルビ・ハリソンは「ある意味で、すべての大都市は小さなコミュニティが集積したものである」と書いてますからね。そうやって地理的な広がりを規定しながらコミュニティ計画を進めてきた流れに対して、同じ興味を持つ人たちが自由につながるアソシエーションの活動は捉えどころのないものだったんだろうと思います。ただ、当時は「捉えどころのないアソシエーションの活動」を無理して捉える必要はなかった。取るに足らない活動に見えたからです。

ところが徐々に状況が変わってくる。当初はコミュニティ計画が主流でアソシエーションデザインは傍流だったのに、時代の流れとともにアソシエーションデザインの方が主流になっていった。

ここからは僕の想像ですが、この変化には通信手段の変化が影響していたのではないでしょうか。回覧板か町内会での話し合いが主だった時代は、地域コミュニティが主にならざるを得ないし、その中で活動するしかなかった。どんな活動でも町内会に秘密で行うのは難しかったし、「勝手な行動」は許されない雰囲気があったし、価値観もそれほど多様ではなかった。「こういうふうに生活すべき」という規範が何となく共有されていたし、興味の対象も似通っていた。だから同じような商品が大量に売れたし、流行を過ぎれば大量に廃棄された。情報は新聞か雑誌かラジオか映画という限られたチャンネルからしか入ってこない。だから、地域という地理的広がりの中で活動せざるを得ないし、価値観はそれほど多様になりえない。そんな時代だったわけです。

その後、人々は電話を手に入れた。電話によって、「こそこそ話」ができるようになった。町内会に内緒で集まる時刻や場所を相談できるようになったし、回覧板で回さなくても会合ができるようになった。また、テレビの登場によって多様な情報を得ることができるようになった。複数のチャンネルから選んで自分が好きな情報を得られるようになった。その結果、価値観が多様化した。こうなると、住民の趣味趣向を町内会が限定するわけにもいかなくなる。いちいち町内会に許可を得なくても、勝手にやりたいことをやればいいじゃないか。もちろん、それでも大規模な活動であれば地域コミュニティの了承が必要だっただろうが、小規模な市民活動は地域住民が勝手に行えるようになった。アソシエーションとしての活動が自由に行えるようになったわけです。

さらに核家族化、通勤という概念の登場によって、血縁型コミュニティが別々の場所に住み、「先祖代々」という話をする人が少なくなり、地域の監視の目が緩み、住む場所と働く場所が分かれ、地域コミュニティの価値が相対化されるようになる。すると、さらに自由にアソシエーションとしての活動を進めることができるようになる。

その先にインターネットがあるわけです。人々はさらに自分好みの情報を手に入れ、自ら発信し、ネット上で好みの合う人たちと集まるようになる。スマホでつながった人たちが、距離を意識せずに情報交換し続ける。地域コミュニティの意識はますます希薄になる。震災やウイルスの大流行などで定期的に地域コミュニティの大切さが思い出されるものの、平時はあまり意識しなくてもいいものになる。活動の多くは好きな人たちだけが集まるアソシエーション的なものになる。

僕がコミュニティデザインを始めたのは、そんな時代でした。それをアソシエーションデザインと呼ぶかどうかは、僕も少し悩みました。僕の博士論文の最初には、コミュニティとアソシエーションについての定義がずらりと並んでいます。社会学者たちの整理の中にも、すでにコミュニティという言葉がかなり多義的に使われています。それこそ「テーマコミュニティ」のような言葉です。それをアソシエーションと呼ばない人たちが多くなっている。確かに、ネット上に生まれた人のつながりもアソシエーションではなくコミュニティと呼ばれている。つまり「コミュニティ」が「同じ地域に住む人たちのつながり」だけを意味する言葉ではなくなっている。だから、僕が関わる仕事も「コミュニティデザイン」でいいんじゃないか。なにより、「アソシエーションデザイン」って発音しにくい。コミュニティの意味が多様化したなら、僕の仕事も「コミュニティデザイン」でいいんじゃないかなと思って、仕事の名前を尋ねられた時は「コミュニティデザイン」と答えるようにしたんです。

そしたら、コミュニティ計画の流派の人たちから指摘があった。「お前がやっているのはコミュニティ・デザインじゃない。アソシエーションを対象としているじゃないか」という指摘です。もっともなことですね。もう1つの指摘は「お前は物理的な空間の計画に関わっていない。市民と話し合って道路線形とか公園配置などを計画していない。具体的な空間のデザインに落とし込んでいない。それはコミュニティ・デザインじゃない」というものです。これまたもっともなことですね。デザインというのは、昔から物理的なものを設計する言葉として使われてきたので。僕もそういう教育を受けてきましたし、実際に物理的な空間ばかり設計していました。

ところが同時に「キャリアデザイン」とか「ファイナンシャルデザイン」という言葉が登場しつつあった。こういう言葉は物理的なものをデザインしているわけじゃないのにデザインという言葉を使っている。言葉は時代とともに変化しています。言葉の意味の変化を嫌う人がいることも理解できます。逆に、言葉の新しい意味に飛びつく人がいることも理解できます。僕はどちらかと言えば、新しいものに安易に飛びつく落ち着きのないタイプだと自覚しています。だから、コミュニティという言葉の意味がアソシエーションを含むものになっていると感じたら、広い意味でコミュニティという言葉を使いたくなる。デザインという言葉の意味が物理的なもの以外も対象とするようになってきたと感じたら、人々の活動を生み出すことにもデザインという言葉を使いたくなる。だから、自分の仕事を「コミュニティデザイン」と呼び続けたのです。地域コミュニティを対象にしていないし、物理空間を設計していないのに。

ただ、少しだけ気を使って、地域コミュニティを対象とした「コミュニティ・デザイン」や、物理的な空間を対象とした「コミュニティ・デザイン」と区別するために、「・」を取り払って「コミュニティデザイン」と記すことにしました。過去の文献を調べると、地域コミュニティの物理空間を対象とする場合は概ね「コミュニティ・デザイン」と表記されていたので。ところが、最近は対象に関わらず「コミュニティデザイン」と表記されるようになってきたので、「・」があるかどうかは僕だけが持つこだわりになってしまいました。

●コミュニティって定義しなくちゃいけないもの？

コミュニティとアソシエーションに関してもう1つ。コミュニティデザインという仕事を始めた当初、先輩たちから「お前はコミュニティをどう定義しているんだ？」と詰め寄られたものです。それはもう、何度も何度も。僕はそれに答えられない。「人それぞれじゃないですかね？」と言うのが精一杯。すると先輩は「コミュニティも定義できないのにコミュニティデザインなんて名乗っているのか」と呆れる。

それに対して、僕はなんだか違和感を覚えていたのです。なぜコミュニティを定義しなければコミュニティデザインができないのか。目の前で進んでいるワークショップでは、参加者のほとんどがコミュニティなど定義せずに楽しく話し合っている。僕自身も、コミュニティを定義しなくても生きて行けている。むしろ僕らが大切にしたいのは、誰と何をしながら生きていきたいと感じているのか。その時のつながりはどんなものなのか。そこに興味がある。それが町内会というつながりですという人がいるのは否定しない。しかし、そういう人はかなり少ない。人それぞれ、大切にしたいつながりは違う。そこから出発したい。だから、コミュニティを誰かが定義して、それをデザインするんだというところに集約させたくない。そういう実感と、先輩の言葉がなじまないのです。

しかし、歴史を紐解くと理由がわかってきました。国土計画、都市計画、コミュニティ計画というのがあって、コミュニティというのは概ね小学校区くらいの範囲を示す空間的な広がりなのだという概念があった。それを計画するのがコミュニティ計画であり、そこに存在する空間をデザインするのがコミュニティ・デザインなのだというわけです。

ところが、その先輩たちも悩み始めた。コミュニティ・デザインを進めようと思っているのに、アソシエーションの方に重きを置く住民が増えてきた。そういう人たちの意識を地理的空間に引き止める方法がわからない。人それぞれの価値観で勝手な活動をしている。もはや小学校区とか町内会のエリアを地域コミュニティだと定義し続けるのは難しい。もっと小さな活動団体があちこちに出現している。この時代におけるコミュニティをどう定義すればいいのか。そう考えている時に、山崎なる若者がコミュニティデザインなどと名乗っている。よし、いっちょコミュニティの定義を問うてみるか。そうやって近づいてきてくれたのでしょう。ところが僕の返答が気に入らない。「人それぞれなんじゃないすか？」などと寝ぼけたことを言っている。人それぞれなんて言われたら、それをどうやってデザインすればいいかわからないじゃないかと落胆するわけです。

ここに僕と先輩との手法の違いがあるんだろうと思います。先輩たちは、コミュニティを専門家として外部からデザインしようとしている。僕はむしろ住民が自分たちでデザインした方がいいと思っている。だから先輩たちは、デザインの対象を明確に定義しなければならないと思っているし、僕は住民が自分に都合のいいつながりをコミュニティだと思って動き出せばいいと思っている。これはどちらが正しいという話じゃないと思うのです。地域コミュニティの基盤としての空間が整っていなかった時代には、地理的な広がりとしてのコミュニティの物理的空間を充足することが大切だった。特に戦後から高度経済成長時代、都市に人口が集中する時代に、集まった人たちが快適に生活できる空間を整備しなければならなかった。だけど、僕がコミュニティデザインに携わるようになったのは人口減少時代。先輩たちが整備してくれた都市空間が存在しているのが前提なので、そこで誰とどう生きるかが重要だと考えるようになった。むしろ、超長寿化する社会において、自分は誰とどう生きていくのかを話し合ったり、活動を生み出したりして、充実した豊かな生活を実現させることが重要だと考えていたのです。

その視点を忘れないようにするために（物理的な空間をデザインする魅力に囚われすぎないように）、社名に「人生」とか「生活」という言葉である「Life」の頭文字を入れて「studio-L」としたのです。これは自分に対する戒めですね。空間の形に魅了されやすい自分の性格をよく知っているからこそ、「人口増加時代のように空間が足りていない時代を生きているのではない。人口減少時代で空間が余っていく時代を生きるのである。まずは人々の生活や人生がどうあるべきか、ということを起点にせよ。必要であればつながりを生み出し、活動を生み出し、さらに必要であれば空間を生み出せ。その時は存分に空間の形態にこだわればいいが、まずは人生や生活から発想するようにせよ」という戒めとして、社名に「L」を含めました。

だからこそ、この時代にどうしても空間を生み出す必要があれば、それはリノベーションであるべきだろうという気持ちもずっと持ち続けています。我々のプロジェクトでも空間を生み出しているものがたくさんありますが、そのほとんどがリノベーションです。多木浩二★さんのいう「生きられた家」という考え方が大切だと思っているからでしょうね。「生きられた家」は、居住者と家との関係を語っているように見えますが、その家が地域にあり続けてきたという意味では、地域コミュニティの日常生活に照らし合わせても「生きられた家」なのだと思います。それがいきなり解体され、全然違う家に建て直されることは、地域コミュニティを生きる人々とのつながりを断絶し、もう一度関係性を構築し直さねばならないことになりますからね。これが公共施設になればなおさらです。そこが「生きられた空間」だと認識するなら、なるべくリノベーションを施して空間を長く使いたいものです。多木さんの著書『生きられた家』の中には、コミュニティと家との関係は語られていませんが、僕は多木さんが提示した概念を援用して自分たちが空間を扱う際の指標の1つとさせてもらっています。

さて、以上のような遍歴を持つ僕だからこそ、饗庭さんの言うとおりアソシエーションデザインの前の時代に主流だったコミュニティ計画について、まずはしっかり学んでおきたいと思っています。アメリカの流れを知りたいと書きましたが、一方で日本における事例もいろいろ知りたい。特に、神戸市の真野地区は、いま僕が住んでいる芦屋市から近い。饗庭さんが関西に帰省する機会があれば、真野地区を一緒に歩いてみませんか？　でもまずは、その前に真野地区についてしっかり予習しておきたい。饗庭さん、真野地区について詳しく教えてくれませんか？

ご提案いただいたとおり、神戸市の真野地区を訪れて、現場でいろいろ感じてみたいと思います。

山崎亮

生きられた家 経験と象徴

多木浩二

『生きられた家—経験と象徴』
多木浩二、青土社、2012（初版は田畑書店、1976）

4

コミュニティ計画を突き詰めた神戸へ

8 知られざる真野地区のまちづくり

山崎さんへ

世の中はアソシエーションデザインが主流になっていきますが、真野地区ではずっと「まちづくり構想」を掲げたまちづくりが取り組まれ、現在でも続いています。1995年の阪神・淡路大震災からの復興においてもまちづくり構想が大きな役割を果たしました。そういう地区は日本の中にほとんどないのですが、真野は特別だよ、というまえに、そこには何らかの普遍的な意味があると思います。

真野地区のまちづくりを「コミュニティ計画」の視点から簡単にまとめておきましょうか。真野地区については研究者も多く、かつ節目節目で記録誌のようなものをまとめています。僕は直接研究したことがないので、主に以下の本から得た情報と、宮西悠司さんから伺ったお話がもとになります。

・延藤安弘・宮西悠司「内発的まちづくりによる地区再生過程」『大都市の衰退と再生』

・広原盛明「先進的まちづくり運動と町内会―神戸市丸山、真野、藤沢市辻堂南部の比較考察―」『町内会の研究』

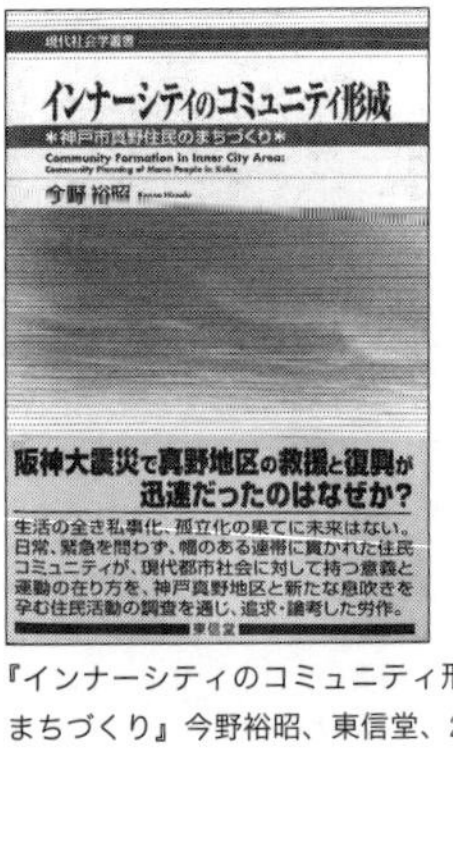

『インナーシティのコミュニティ形成―神戸市真野住民のまちづくり』今野裕昭、東信堂、2001（現代社会学叢書）

・今野裕昭『インナーシティのコミュニティ形成 神戸市真野住民のまちづくり』

・宮西悠司「コミュニティの再生：真野地区・住民主体のまちづくり」『建築設計資料集成　都市・地域I　プロジェクト編』

伝統的な「コミュニティ計画」は、山崎さん流のコミュニティデザインから遠いところにあるものだと思いますので、丁寧に説明をしておきます。めっちゃ固い話です。内田雄造さんの「コミュニティ計画」(68頁)にならって、空間と計画、手続き、組織の3つの視点から見ていきます。

●空間と計画

コミュニティ計画とは「広がりがある空間の全ての課題」を解決しようとするものです。テーマで結びつき、テーマにそった課題だけを解決しようとするアソシエーションと大きく違うところです。真野地区でどういう空間の広がりが設定されたのかと言うと、連合町会の2つ分、小学校区の大きさでした。真野地区のあるあたりの神戸の市街地は京都みたいに縦横のグリッドで道路が構成され、道路で囲まれた街区ごとに町丁目が振ってあります。真野地区は、東尻池3〜9丁目、浜添通1〜6丁目、苅藻通2〜7丁目で構成されており、それが真野小学校の校区です。地域の人たち、住民運動のリーダー、市役所にとってもわかりやすい区域取りだったと思いますし、これは意図していなかったと思いま

『町内会の研究』岩崎信彦（ほか編）、御茶の水書房、1989

『大都市の衰退と再生』吉岡健次・崎山耕作（編）、東京大学出版会、1981

すが、小学校区を1つの住区とする近隣住区論にピタリとはまります。

ではその空間にはどういう課題があったのか。公害に対する運動があったことからわかるように、ここは小規模な工場と住宅が混在する「住工混在」の問題を抱えていました。住工混在の問題は、離れたところに工業団地をつくって工場を移転させ、跡地には住宅や公園がつくられていくことが多かったのですが、真野地区の場合は移転せずに地区内で共存する方法がとられます。なぜならば、工場で働いている人は、地区の住民でもあるからです。工業団地をつくって移転させる方法は、例えば1964年に横浜市が「6大事業」を掲げて金沢区に市内の工場が移転する工業団地をつくったように、上から目線の、受け取り方によっては暴力的な都市計画です。真野地区のコミュニティ計画はその方法に対抗するように登場し、地区の中で住工を共存させようとしたわけです。

住宅と工場は地区の中でモザイク状に入り組んでいました。そのまま共存するわけにはいかないので、地区を南北にわけ、北側の工場を南側へ、南側の住宅を北側へ、とパズルを解くように入れ替えることを目指したのです。

また、木造の古い小さな住宅が密集しており、道路もしっかりと整備されていないため、災害リスクが高いことも問題でした。一見、グリッドで

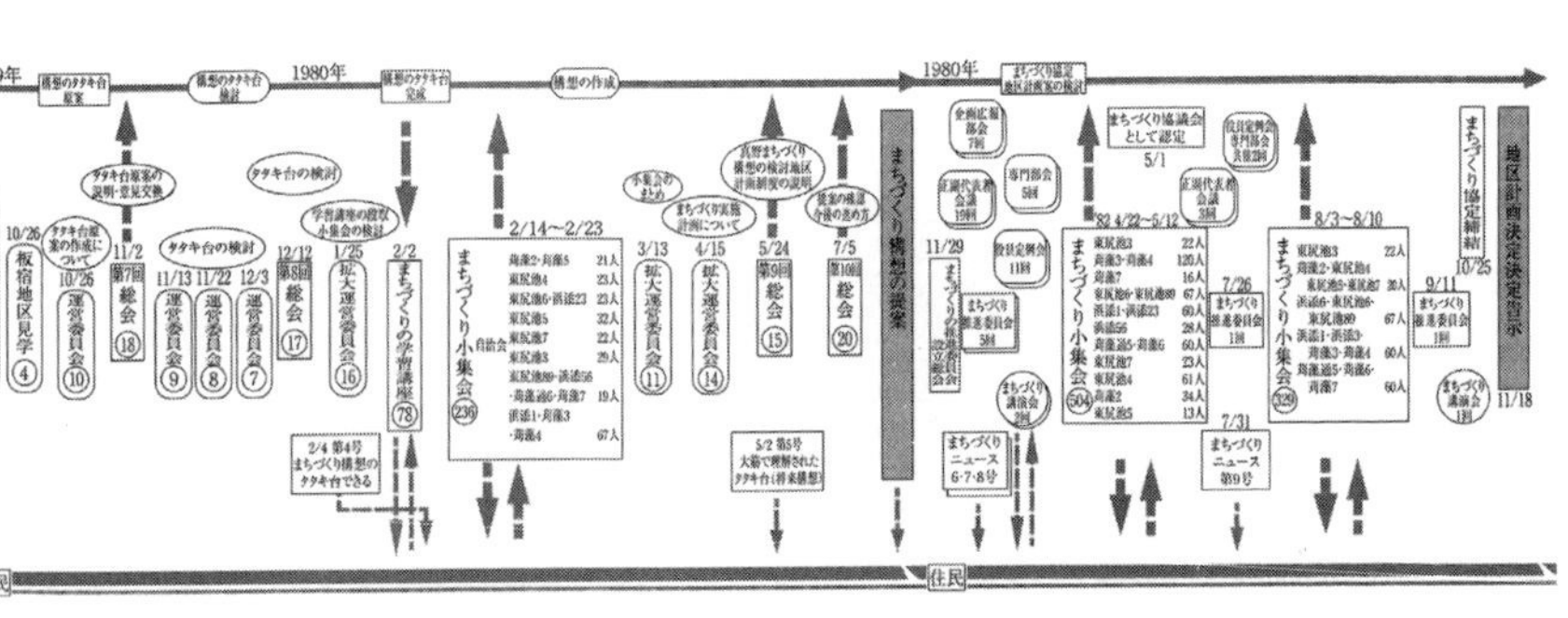

道路がしっかり入っているように見えますが幅は狭く、また街区の一辺が長いので、街区の内側にある建物は道路に接していません。災害のリスクは建物が新陳代謝することで下がりますが、建築基準法では道路に接していないと建物を建てられないので、それもできない状況でした。

こうした問題に対して、威勢よく地区を全面的に再開発しようとする方法があります。政府が全面的に買収するなり、地区の住民が組合をつくって土地区画整理事業をするなりして、地区からいったん全ての建物をなくし、北側に住宅団地を、南側に工業団地をつくり、そこに再び入居してもらうという方法です。しかし、真野地区でとられたのは、全面的な大手術ではなく、部分的な修復の積み重ねで市街地を変えていく方法でした。川名さんは神戸市に最初はやや強めの手術を提案されたそうですが、結局は後に「修復型まちづくり」と呼ばれるこの方法に落ち着きました。

構想に書き込まれているものを見ておきましょう。北側に住宅を、南側に工場をという方針は説明した通りです。道路については、地区を切り裂くように道路を整備するのではなく、「大通り」と書かれている道路を少し拡幅すること、街区の内部には「緑道」を入れていくことが提案されています、住宅については、長屋の共同建替、公共住宅の建設などが提案されています。「自分たちで共同住宅の建設」とあるのは、コーポラティブ

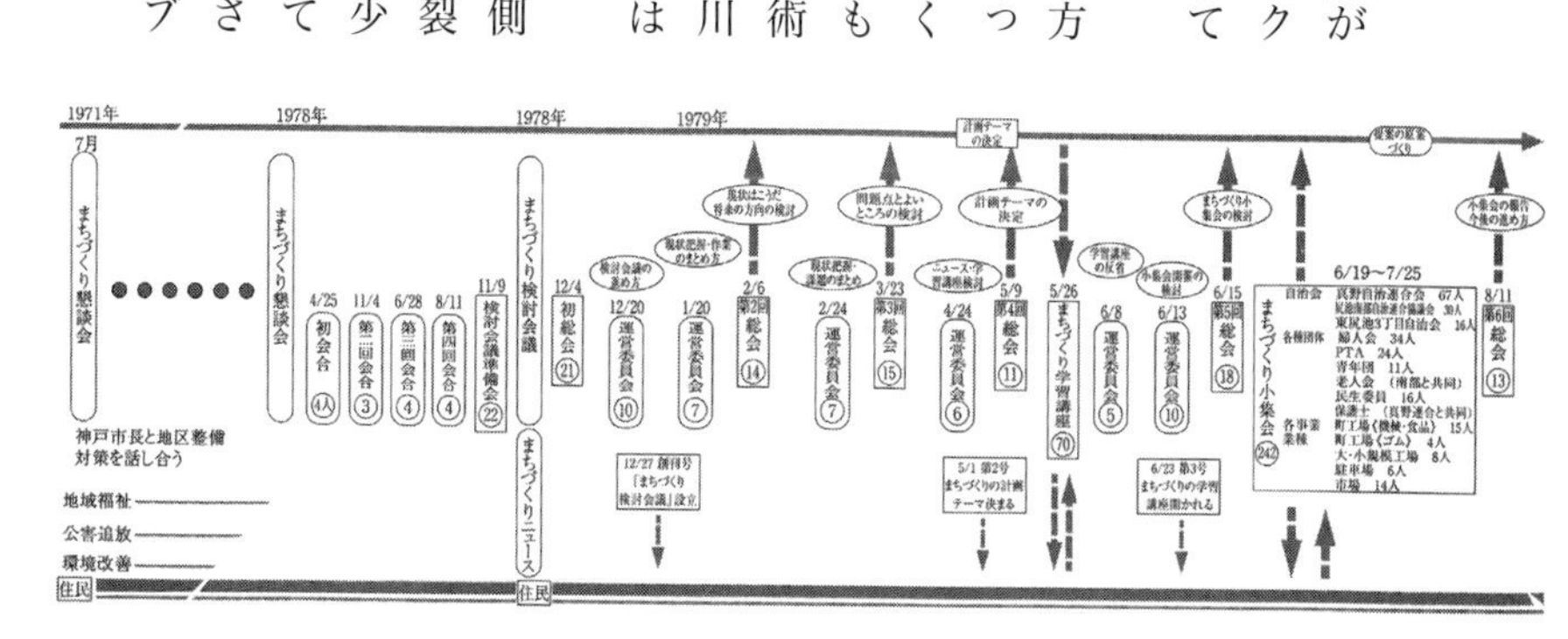

真野地区年表「まちづくり計画策定の流れ（1）（1971 年 7 月〜 1979 年 8 月）、（2）（1979 年 9 月〜 1980 年 7 月）」（出典：『建築設計資料集成―地域・都市〈1〉プロジェクト編』日本建築学会、2003、p.134）

住宅の提案です。これは宮西さんが提案したそうですが、当時はリアリティがなかった。しかし1995年の震災後に実現します。「書いておくと、実現するもんやなあ」と宮西さんが言っておられたのを覚えております。

●手続き

ではこの計画はどのように市と関係をつくったのでしょうか。ワークショップでつくり上げた公園の整備計画案が、庁内の会議で似ても似つかぬものに変えられてしまったとか、議会で拒否されてしまったとか、ワークショップあるある問題ですよね。提案をした人たちに正統性や代表性があるのか、というアソシエーションにつきまとう問題です。真野地区の場合はコミュニティを根拠としています。自治会、町会の代表で組成された会議で計画の検討が進められたので、「ワークショップあるある問題」とは程遠いのではないかと思いますが、やはり苦労と工夫があります。

自治会や町会のメンバーを集めて1978年に「真野地区まちづくり検討会議」がつくられます。これはコミュニティ組織ではなく、組織化されていない「会議」だと思います。そして検討会議で

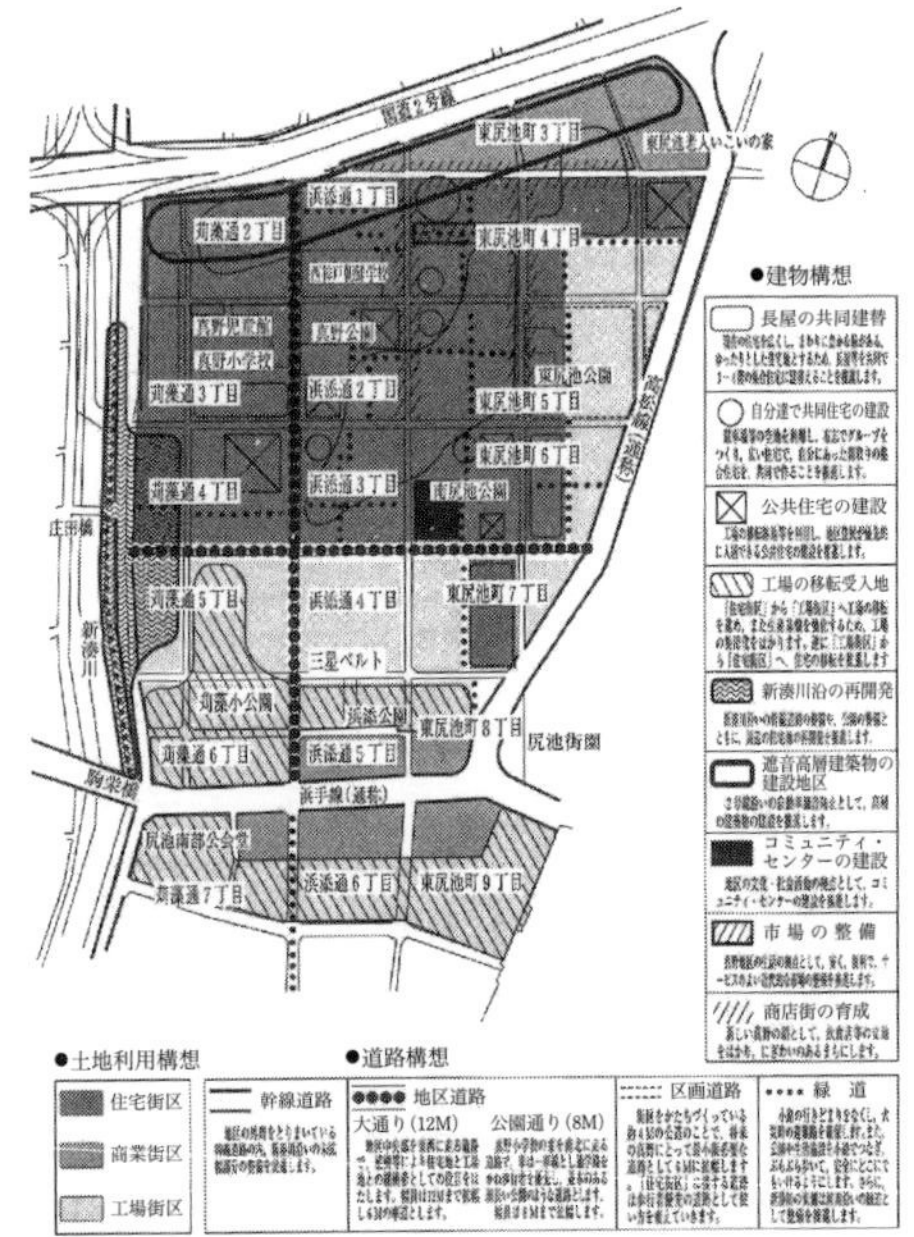

真野地区まちづくり構想
（出典：『建築設計資料集成―地域・都市〈1〉プロジェクト編』日本建築学会、2003、p.135）

2年間、30回もの会議や集会をひらいて構想は煮詰められていきます。これは内容を深める意味と、正統性を高める手続きとしての側面もあります。一般的には町会や自治会の役員が市議会の議員のように選挙で選ばれることはあまりありません。そして町会や自治会の役員が政府から任命されるわけでもありません。つまり町会や自治会の代表性や正統性はやや曖昧なのですが、検討会議を中心とした住民参加によって代表性や正統性を補強していこうということだと思います。

こうした代表性や正統性が十分に獲得された計画を、政府が「地区を代表した計画だ」と認めることで正統なものとして受け取ることができるようになるわけです。神戸市は1981年に真野地区を意識して「神戸市まちづくり条例」を制定します。これは地区から提案された都市計画のうち、地区計画として決定できるものは地区計画とする、という手続きを定めた条例です。1982年にまちづくり推進会がまちづくり条例に基づくまちづくり協議会として認定され、市長とまちづくりに関する協定を締結します。そして、土地の用途と壁面の位置について制限する地区計画も決定しています。協議会として認めることは組織に代表性や正統性を付与することにつながり、そこから提出されたコミュニティ計画が、政府が決める都市計画へと転換されたわけですね。

ここまで書くと、おそらく山崎さんは「大変な手続きだなあ」と思われたんじゃないかと思います。都市計画法をとってみても1968年の改正で初めて住民参加の手続きが整備された時代ですので、政府と住民の関係づくりは手探りでした。ぽっと出の組織には真似ができないように、かなり丁寧な手続きをしないと提案ができないように慎重に線を引いたのだと思います。

少し脱線すると、その後こういった手続きは、どんどん軽くなっていきます。今は、NPOなどのアソシエーションが提案できる政策提案制度を備えた自治体はたくさんありますし、世田谷のまちづくりファンドのように、公開審査会で短時間で意思決定され、アソシエーションに予算がつく取り組みも増えました。とはいえ、政策提案したのに門前払いを食らう、政府がうやむやにしてしまう問題はいくらでもあります。コミュニティデザインに常につきまとう普遍的な問題ですよね。

●組織

では正統性、代表性のある計画を政府が受け取ったあとはどうなるのでしょうか。もし計画に書かれていることが、全て税を使って実現されることであれば、つまり純然たる行政計画への提案であれば、政府がそれを受け取り、あとは政府がそれを取捨選択して実行していく局面に入っていきます。土地利用規制や道路や公園の整備のように、都市計画法に基づく「都市計画」はそういうものです。しかし真野地区街づくり構想の場合、そこに住民が実現することも、政府と住民が協力して実現することも随分と書き込まれていました。特に住宅に関すること、先述の長屋の共同建替やコーポラティブ住宅もそうですし、北側の工場と南側の住宅を入れ替えていく、なんていうことも、政府の力だけでは実現できず、住民の協力が必要です。

また、構想には熟度が低いことも多く書き込まれています。例えば長屋の共同建替も、図で場所が特定されているわけではなく、「このあたりでやれれば……」という曖昧な示し方がされていると思います。住宅の建替は土地や建物の権利者がそれぞれの権利を調整しないと熟度があがってきません。「検討会議」はそういった権利の調整が行われる場ではなく、そこでは地区の「総論」としての方針が決められただけなので、「各論」はまた別に場を設けて調整しなくてはなりません。

　つまり、政府に構想を提案したからと言って実現するわけではなく、住民の側にもやることが沢山残された。構想を実現するためには新しい場をどんどん生成していかないといけない。こうした必要性から、真野地区では「まちづくり検討会議」が「まちづくり推進会」と名前を変え継続して残ることになります。仮設的な会議っぽかったものが、組織っぽくなったということですね。ワークショップで仮に集まった人たちがワークショップを重ねるうちに意気投合して、その後にNPOをつくってしまうことがありますが、そういう会議↓組織への変化がこのあたりで起きたのです。

　ではその組織がいかなる権力を持つのかが次の問題として出てきます。都市計画は土地の権利を制限するものですから、その会議が「その家の建て方はおかしい」と注意をしたり、違反するものには罰を与えることができるのか、という問題です。あるいは、道路や公園は税を財源としますが、税の「使い道」をその組織が決めることができるのか、という問題、さらにはコミュニティ組織が税を徴収することができるのか、という問題です。本当に長い間議論されている問題で、もっとコミュニティ組織に権力を持たせるべきだっていう人もいれば、いやいやそれは難しいんじゃないか、という人もいます。

　僕の見解は「まちによってバラバラでいいんじゃない」という身もふたもないものです。市町村ごとにローカルルールがあり、それが地区ごとのローカルルールとあいまって、実際の権力は構成されていると考えているので、仕事をする時は、現場に入るたびに権力の構成を読み取り、それに沿うように計画を組み立て、時にはその権力の構成を少し整える、ということを行っています。

●システム化

　このように、「計画をつくる」「行政に提案をする」「組織をつくって実現する」の仕組みが真野地区で考え出されました。神戸市内を見回すと、真野地区だけが突出して市街地の課題を抱えていたわけではありません。神戸市はこの方法を、他の地区でも使えるようにしようと市で独自に法律をつくります。先にも述べた「神戸市まちづくり条例」です。この条例によって、神戸市のコミュニティ＝地区を根拠としたコミュニティデザインがシステム化され、地区ごとの取り組みが展開され、１９９５年以降の災害復興でも使われます。震災前のまちづくり協議会は12組織でしたが、震災後には１００組織が復興まちづくりに取り組みました。伝統的な「コミュニティ計画」の考え方に則った優れたシステムだったと評価できると思います。

　一方で、他の都市でこのシステムをつくれたのは世田谷区くらいですから、全ての都市が真似できる簡易なシステムではありませんでした。そして何度も述べるように、このコミュ

震災後の神戸市灘区におけるまちづくり協議会位置図（出典:『建築設計資料集成―地域・都市〈1〉プロジェクト編』日本建築学会、2003、p.140）

ニティデザインの仕組みは流行らず、替わってアソシエーションデザインが台頭してきます。

　真野地区と神戸のシステムは、コミュニティデザインの現代史を辿る中では外せない超重要事例ではありますが、その後の流れは細っていってしまいつつある。僕が言うところのアソシエーションデザインの立役者でもある山崎さんから、何が学べ、何が学べないか、何が真似でき、何が真似できないか、是非とも伺ってみたいところです。

　では、誰にお話を伺いにいくか。真野地区に関わる専門家の中心にいらっしゃるのは宮西悠司さんですが、先に述べた通り広原盛明さん、延藤安弘さんといった、僕が第1世代と呼んだ方々、そして、延藤安弘さんのお弟子さんでもある第2世代の乾亨さんも地区に伴走するように関わっておられます。さらに、神戸市の「システム化」には、神戸に根ざしたプランナーである第1世代の小林郁雄さん、そして神戸市の職員の垂水英司★さんが関わっておられます。

　そこで、まずは第2世代の乾さんにお話しを伺って、長い真野のまちづくりを俯瞰したいと思います。乾さんには師匠でもある延藤安弘さんのお話も伺いたいですね。そして次に小林郁雄さんと真野地区も含めた神戸のまちづくりの現場を歩き、神戸市全体のまちづくりをふり返りましょう。

9 地縁型コミュニティを考える

饗庭さんへ

真野地区の取り組みを説明してもらったおかげで、コミュニティ計画がどういうものなのかがよくわかりました。そして、従来の手続きがどういうもので、真野地区ではそれをどうアレンジしてきたのかもわかりました。

従来のとてもとても硬い都市計画の進め方から、真野地区は柔軟性のあるものへと進化させたのですね。ところが、それでさえもまだ硬かった。というか、すでに全国ではコミュニティ全体を対象とした計画に根気よく付き合おうという住民の数はそれほど多くない状態になっていた、ということでしょうね。その後は、自分が興味を持つ対象に集まる「アソシエーション」デザインが主流になる。言い換えれば「テーマ型コミュニティデザイン」ですね。そして僕は、それを縮めて「コミュニティデザイン」と呼んでいる。

「コミュニティデザイン」という言葉を聞いて、都市計画の先輩世代たちが「真野地区みたいなことをやっているのか？」と言う理由がよくわかりました。その言葉の裏には、「若いのにあんなに丁寧な仕事をしているのか」という気持ちと、「全国に展開しなかった真野地区の方式を本当にお前はできているのか」という気持ちがあったのでしょう。ところが僕の仕事は全然違う。実例を聞いてみると「そんなのコミュニティデザインじゃない」ということになるわけです。

ところが、僕より若い世代の方々としゃべっていると、そんな反応がまったく出ない。つまり、真野地区の実践が共有されていないのでしょうね。むしろ、興味がある人たちが集まって動き出すことがコミュニティデザインだと思っている。真野地区のように「地縁型コミュニティデザイン」をじっくりやっている地域はほとんどないのが現在の状況でしょうね。

●興味の時代のコミュニティ

その理由を考えてみると、以前も指摘したとおり生活における興味の対象が広がりすぎている点を挙げることができると思います。スマホの中には大量の「テーマ型コミュニティ」の情報があって、自分が好きな情報にアクセスし、オンラインで仲間になることができる。web3の時代には、自律分散型組織であるDAO（ダオ）がオンラインでも地域でも続々と生まれ、スマートコントラクトと独自トークンを使ってつながりながら実践的な活動を展開するようになるでしょう。でも、こんな話に興味を持たない人もいる。「DAO？　なんじゃそりゃ？」という人が地域にはたくさんいる。同じ町内会のおじいちゃんやおばあちゃんに非代替トークンの話をしても理解してもらえない。そんな時代に真野地区のようなコミュニティデザインを展開するのは難しくなるでしょうね。それは高齢者側にとって難しいだけでなく、同じ興味を持つ人たち同士が集まって活動するのが当たり前だと思っている若い世代にとっても難しいことなのです。

考えてみれば、studio-Lでは総合計画や総合戦略をつくるお手伝いをしたことはありますが、都市計画マスタープランとか地区計画をお手伝いしたことはありません。総合計画などは、それぞれテーマが設定されていて、教育、福祉、産業、環境などテーマごとの部会をつくり、そこで話し合った内容を計画に反映させることができます。でも、地区計画は地区の物理計画にずっと付き合い続ける忍耐力がある人や、それが楽しいと思える人しか話し合いに参加し続けるのは難しいものですよね。そして、その地区に住む人全員を対象とする内容であれば、趣味趣向や理解度などがバラバラな人たちが丁寧に対話を繰り返し続けなければならない。これはワークショップの参加者にとって大変なことです。実際、これに付き合い続けることができる人は、年を追うごとに限られてくるのではないかと思います。地区全体で話し合うとはいえ、実際に話し合っているのは地区住民の1割以下で、他の9割の人は回覧板が回ってくれば内容を読んだり読まなかったりして次の人に回す。そうなってしまうのではないかと思います。なぜなら、僕たちの生活には他に魅力的な情報がどんどん入り込んでくるからです。そう考えると、地区全体の計画だとはいえ、「地区全体の空間計画をつくるのが好きな人」だけが集まっていることになるので、実のところテーマ型コミュニティ的な状態になっていると言えるのかもしれません。対象は地区全体なのですが、それに興味を持つアソシエーションが話をしているというわけです。ぜひ、そのあたりを現在の真野地区を観ることで確認してみたいですね。

●興味から始まる地域づくり

また、逆の流れも気になります。つまり、興味がある人たちだけが集まって話し合っていたにも関わらず、そういう人たちが集まって働いたり暮らしたりしているうちに、地区全体の雰囲気が変わっていくというコミュニティデザインです。秋田県秋田市で活動しているシービジョンズ代表の東海林諭宣★さんは、亀の町という地区の中に自分が行きたいと思える店をじわじわ増やしています。そこには価値観に共感した若者たちが集まり、少しずつ店が増えています。その地区に引っ越してくる人も増えています。しかし、この取組みは、亀の町の自治会や町会のメンバーが集まってつくった組織で話し合って進められたわけではありません。

同じく秋田県の五城目町で地元の酒造メーカー「福禄寿」のオーナー渡邉康衛さんや「学びは遊び」をキーワードに事業化する丑田俊輔★さんたちが進めている地域づくりも同様ですね。子育て世代が集まりつつある五城目町の取り組みは、自治会や役場が議会の承認を経て進めているものではありません。しかし、面白い取り組みがじわじわ増えていくにつれて、自治会や役場も協力するようになってきています。秋田市で活動する東海林さんもよく五城目町を訪れています。福島県郡山市でも興味深い拠点が増えていますが、その中心にいる「ヘルベチカデザイン」の佐藤哲也★さんと東海林さんも仲良しで、よく行き来しているようです。

たまたま秋田市の東海林さんを思い浮かべ、そこに連なる別の地区のアソシエーションを連想してみました。しかし、こうした動きはいま、全国各地に見られます。北海道から沖縄まで、本当に全国各地でじわじわ進んでいます。そして、興味が同じ人たちが集まって始めた活動が、地縁の方々の意識を少しずつ変えて、地元の自治会や役場ともつながり始めています。それを見ていると、テーマ型、アソシエーション型のコミュニティデザインから地縁型コミュニティのあり方を変えていく方法もありそうだな、と感じます。次の本をつくるとしたら、全国各地で生まれつつあるこの種のコミュニティデザインの現場を巡って、そのプロセスをヒアリングする旅をしましょうか。

●真野地区のまちづくりから学びたいこと

かつての真野地区の取り組みは新しかった。全面改善型のまちづくりではなく、部分改善を繰り返しながら徐々に完成形を目指そうとした点が斬新でした。そして、そのために地元の自治会や町会のメンバーが参加する検討会議をつくり、そこで決めたことを役所とともに進めるという公式な手順を確立した。その中には住民が自ら進める空間整備も含まれていた。真野地区内で住宅を建て替える際には、そのルールを守ることが求められた。思いつきで住民が勝手な活動をしているのではなく、公式な手続きを経て進めているのだということが重視されたわけです。

一方、秋田の東海林さんに代表されるような地域づくりは、公式な手続きを経て進めているわけではない。むしろ、公式な手続きが求められるような地区を避けて、気の合う仲間が物件を購入し、それぞれが目指したいまちに貢献するような店をつくっていく。そんな個人が地区でつながり、ビジョンを緩やかに共有しながら活動していると、元々住んでいた人たちの一部がそれに賛同し、地元の自治体もいろいろ相談しに来るようになる。そんな進め方もあるようです。

どちらの進め方が正解かは地域の実情や時代によるでしょう。僕が気になるのは、真野地区のような進め方をしてきた地域に、東海林さんのような人は入り込めるのかどうか、という点です。もう少し踏み込んで言えば、かつてまちづくりの雄だった真野地区は、これからどういうまちへと変容していくことになるのか。その時、僕らは真野地区から何を学ぶべきなのか。そんなことが気になります。

そんな視点で、真野地区のまちづくりに詳しい乾さんに話を聞き、その後には実際に真野地区を歩いてみましょう。そうそう、乾さんとお話できるなら、延藤さんのことも聞いてみたいですね。コミュニティデザインの先駆者として林さんがやられてきたこともすごく刺激になるんですが、一方で延藤さんの立ち振舞いにもすごく興味があります。延藤さんって、もともと建築とか都市計画とか、いわゆる工学部的な勉強や実務をされてきたのに、まちづくりに関わるようになってからは徐々に物腰柔らかな語り口になっていったような気がします。専門知識をあえて隠しながら、住民の方々と同じ目線で話をしたり、悩んだりしていたように見えます。そのあたりを延藤さんの近くで学んでいた乾さんに聞いてみたいです。

山崎亮

2020 年 7 月 11 日、学芸出版社にて
乾亨さんにインタビュー。

パイオニア訪問記2｜乾 亨さん

1953年福岡市生まれ。立命館大学名誉教授。1979年京都大学大学院建築学研究科修了、㈱京都建築事務所入社。1994年熊本大学大学院自然科学研究科博士課程修了。学術博士。1995年立命館大学助教授を経て1998年同教授、2019年より現職。著書に『マンションを故郷にしたユーコート物語』（延藤安弘との共編著）『神戸市真野地区に学ぶこれからの「地域自治」』

乾亨さんは1953年生まれ、京都大学で延藤安弘さんに師事した後、大学の西山夘三研究室のメンバーが創設した「京都建築事務所」に入り、そこでユーコートの設計に携わります。ユーコートは日本のコーポラティブ住宅の歴史の中での重要事例で、それまではどちらかと言うと経済的な側面が強調されていたコーポラティブ住宅に、ともに生活をつくることの価値を持ち込んだものです。延藤さんはその後に熊本大学に移り、もう1つの重要事例である「もやい住宅Mポート」を手掛けられるのですが、乾さんは、設計事務所に勤めながら、延藤さんのもとで、ユーコートを題材とした博士論文を書いて熊本大学に提出し、その後立命館大学の教員になります。博士論文「集住環境計画における「参加」に関する研究：相互浸透的プロセスによる「価値づくり」の計画」は、住まいづくりへの参加という分野を切り開いた論文でした。1995年の阪神・淡路大震災後に住民主体のまちづくりで知られる真野地区に関わられ、今日までそのまちづくりに伴走されています。

延藤安弘と乾亨

饗庭　乾さんは真野地区とはどういうふうに関わってこられたのでしょう？　延藤安弘さんと一緒に入られたのですか？

乾　延藤さんは1979年頃から真野に関わっていました。僕自身は興味はあったので話は聞いていたけれど、関わっていませんでした。その後、立命館大学で教職に就く直前の1995年に阪神・淡路大震災が起こりました。その時が真野とコンタクトをとった最初です。宮西悠司*さんのもとで、ボランティアとして建物の安全調査・被災度調査をしました。他の多くの地区は「全壊」「半壊」と建物の損壊の具合を調査していたのですが、真野の場合は「その家に住み続けられるかを判定する」調査でした。

コーポラティブ住宅の先駆例Uコート（1986～90年頃）（撮影：奥井信明、提供：京の家創り会）

他の地域では、専門家が建物調査に行っても「危ない」と指摘して終わりでした。ところが、真野にはまちづくりの受け皿である住民組織「真野地区まちづくり推進会」がすでにあった。だから調査をして、それを地域に返すことができるし、どうやって修理をしようかという話が始められる。トイレ1つ50万とか、とんでもないぼったくり業者が横行していたので、修理を請け負う体制もつくりました。真野の復興対策本部が修理を受けつけ、僕ら専門家が間にはいって修理業者とつなぎます。これは大きな勉強になり、コミュニティや地域組織は大事だと実感しました。

饗庭　乾さんも延藤さんも、真野に関わる一方で、先駆的なコーポラティブ住宅であるユーコートにも関わられます。かたやコミュニティやまちづくり、かたや参加型の住宅づくりですが、それらはお２人がいらっしゃった京都大学の西山夘三★研究室の系譜からどのように生まれたのでしょうか？

乾　西山先生の研究室は３つに分かれていきますが、西山先生の持っていたいろんな領域が分解したんだと僕らは言っています。都市政策は三村浩史★先生、住宅経済・計画論は巽和夫★先生、文化論を上田篤★先生が引き継いだ。延藤さんは西山先生に憧れて、北大から京大の院に来て、その後、巽先生の助手になります。でも、僕はその先生方からは習っていたような、習っていないような感じです。というのも、1970年代初頭ですから、僕らは基本的に大学に行っていませんからね。精神的薫陶はうけたものの、大学時代に系統だって建築を学んだことはないんです。

教育を受けたと言えるのは、修士課程に進んだ時からです。巽研に入ったのですが、実質は延藤研に入ったようなものでした。当時の延藤さんは、住宅性能の主客対応評価法（PES）の研究をすすめており、建築の価値は性能だけではなく、住み手・使い手自身の評価とのマッチングが必要だと考えていました。住み手の思いに応えることが建築でできるなら、僕にも何とか建築ができるかもしれないと思い、そこからは建築が面白くなりました。

コーポラティブ住宅と出会ったのは卒業後です。大きな制度政策からアプローチするのではなく、人と人の単位、500分の１くらいのスケールで考える「まちづくり」の仕事をしたい。それなら建築の技術的な裏付けがいると考え、京都建築事務所にいくことになりました。そこで、コーポラティブ方式の住まいづくりに出会い、「新しい京都の町家を集まって創る会（京の家創り会）」という組織をいくつかの設計事務所の仲間たちとつくり、延藤さんに代表をお願いしました。これはよく言えば市民活動型で、かなり理念先行的な活動でした。そこからユーコートが生まれていく。ユーコートは48世帯、ある種のコミュニティでした。施主にはそれぞれに思いがあって、それがまちづくりにつながっていく。そこで500分の1、100分の1、1分の１で考えることができました（『マンションをふるさとにしたユーコート物語』乾・延藤編著、昭和堂、2012）。

饗庭　延藤さんはそれまではイギリスを中心とした住宅政策

の研究者でした。小さな住宅群が都市をつくる、ということを提案した『計画的小集団開発』を発表したのは1979年のことです。一方で、『こんな家に住みたいナ—絵本による住宅と都市』を発表したのは1983年。2つの本の振れ幅が大きく、この頃に大きく変わった印象があります。

乾　ユーコートで変わったんじゃないかな。PESのようなガチガチのシステムをつくらなくても、住民同士でごちゃごちゃ言いながらつくった方がうまくいく。「外的な制度やシステムなんか要らへんやん」という実感があったんじゃないかと。僕自身もそう思ったから。その後の延藤さんは、制度で物事を動かすイメージでものごとを語ったことがないんだけど、それがこの頃から色濃くなったんだと思います。だから客観性を重視する学術的研究から、想いを描く絵本の方に行ったんじゃないかな。行き始めると突き詰めるから。

延藤先生と乾先生（2015年頃）

饗庭　真野地区にもそういう関わり方だったのでしょうか。

乾　真野との関りはユーコートより前、まちづくり構想策定の頃ですが、延藤さんはハードの話はしていないと思います。延藤さん自身の真野での役割は、真野のまちづくりがどうできあがっていったのか、その意味を読み解く役割。仕組みを描いたのが宮西さん、と理解しています。延藤さんは「まちづくり幻燈会」と称して、スライドを多用してまちづくりの物語を語る伝道師になるのですが、真野まちづくりを語るときの「住民が寄り添って高齢者を支える」という語り口は、この頃の実感が基になっているのだと思います。

1980年の「真野まちづくり構想」は、真野の中でも「なんで？」と思っている人が意外と多いです。真野のまちづくりはまず福祉、高齢者、鍵っ子対策、そして公害反対等に取り組む地域活動なんです。「真野地区まちづくり推進会」のいうハード整備を伴う「まちづくり」は新しい取り組みだったんです。だから、僕が通うようになった震災後でも、「俺は地域活動はしているけどまちづくりはしていない」と語る人もいました。

饗庭　延藤さんはその後に熊本、千葉、名古屋と拠点を移して、それぞれの場所でまちづくりや住宅づくりを仕掛けていきます。

乾　延藤さん自身がまわりに与える影響力はすごいです。熊本では「もやいの会」、千葉では「BORN センター」、名古屋では「まちの縁側はぐくみ隊」で人が集まり、台湾でも住民参加の住宅地づくりがうまくいく。後半生は論文など見ると、研究者という括りでは語れなくなりましたが、そういう運動家的側面はずっと強かった。

真野への関わりが1978年頃、同時にコーポラティブ方式の勉強も始めていたから、どちらが先とはいわないけど、その頃から延藤さんの語り口が変わり始めました。でも大きく

提案　真野まちづくり構想　昭和55年7月5日　真野地区まちづくり検討会議

● 検討会議で1年半にわたり検討してきた「まちづくり構想」と「まちづくりの進め方」を皆さんへ提案します。
● 「まちづくり構想」は、20年後の真野の将来をえがいた「将来像」と、将来をめざし、出来るところから段階的にまちづくりを進める、第一歩としての「第一期まちづくり実施計画」から構成されています。

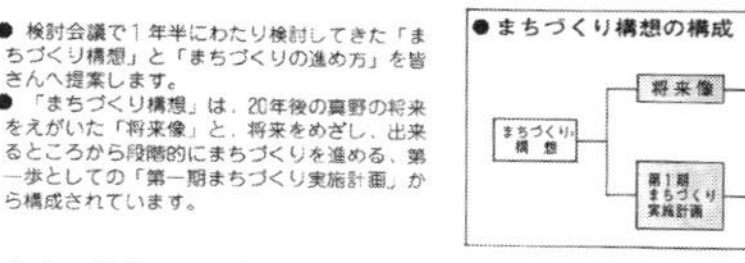

まちづくりの3目標

1 人口の定着

まちの活気を維持する人口9,000人を定着させていく。さらに、現在老人層が多いとか年令の片寄りつつあるのを、いきいきした"まち"をつくるため、バランスのとれた人口構成をめざします。

2 住宅と工場が共存・共栄

真野地区の良さは、働く場が、手近にあり、住むのに便利な下町的なところにあります。
そのため住宅と工場を適度に分離し、調和のあるまちにします。将来も住宅と工場の面積比率は同率とします。

3 うるおいある住環境

真野がはぐくんできた人と人とのつながりを大切にしながら、戦前の長屋にかわる良質の住宅―3～4階の共同住宅―を整備し安全でうるおいのある住空間の確保をめざします。

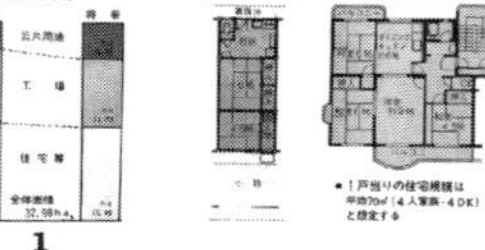

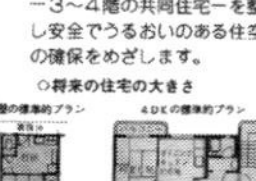

1

真野のまちづくり構想（出典：神戸市資料、提供：小林郁雄）

延藤安弘氏の主な著作（所蔵：山崎亮）

『計画的小集団開発―これからのいえづくり・まちづくり』学芸出版社、1979

『こんな家に住みたいナ―絵本にみる住宅と都市』晶文社、1983

『集まって住むことは楽しいナ―住宅でまちをつくる』鹿島出版会、1987

『コーポラティブ・ハウジング』神谷宏治ほかとの共著、鹿島出版社、1988

『まちづくり読本―こんな町に住みたいナ』晶文社、1990

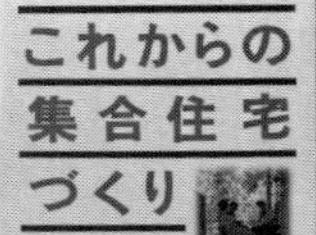
『これからの集合住宅づくり』晶文社、1995

『ハウジングは鍋ものように―集住体デザイン』丸善出版、1996

『何をめざして生きるんや―人が変わればまちが変わる』プレジデント社、2001

『「まち育て」を育む―対話と協働のデザイン』東京大学出版会、2001

『人と縁をはぐくむまち育て―まちづくりをアートする』萌文社、2005

『おもろい町人（まちんちゅ）―住まう遊ぶつながる変わる』まち育て、太郎次郎社エディタス、2006

『私からはじまるまち育て―〈つながり〉のデザイン10の極意』風媒社、2006

『まち再生の術語集』岩波書店、2013

変わったのは、85年に熊本に行ってからでしょうね。熊本ののびやかな開放性が影響したのかもしれません。「もやいの会」も、熊本の人のオープンな雰囲気の中で花開いたんじゃないかな。

以前はロジカルに出来事のつながりを語っていたのが、冒頭から「素敵でしょ」と、イメージでもって話をするようになっていきました。正直に言うと、「話が美しすぎる」という印象です。否定している訳ではないんです。延藤さん自身は背景にある問題もわかっていてなお、希望の物語を語っているんです。ものごとの美しい部分を発見する力が高いんです。他の人には、もちろん僕にも、真似できない類まれな力です。ただ、地域で差し迫った課題に向き合っている人たちは、その話を聞いてもどうしていいかわからないということもあったかもしれません。それは97年に千葉大に行かれたあたりからの変化だったと思います。延藤さんの語りのなかで、絵本のウエイトが高くなっていったこともあるけど、想像でしかありませんが、ホーリズム、つまり全体で見ようよ、という話にシフトしていったことにもよるのかもしれません。哲学用語をよく使うようになったのもその頃です。

2003年に「まちの縁側はぐくみ隊」を立ち上げた頃には、全体として、美しいイメージを伝えよう、ということが増えた。その頃延藤さんの周りにいた人たちには、延藤さんの発想・発言の基層にある、幅広い知識、分析力、論理性までは伝わっていないかもしれない、ということが気になっていました。ただ2010年代になって、名古屋市の長者町で木質化計画のように、まちづくりの現場でまちの歴史を見て将来を考えるようになってからは、また質が変わったと思っています。

山崎　延藤さんの変化、とても共感します。むしろ、住民の方々と対話する中で、意識して感性的な言葉を使うようにしたんじゃないでしょうか。僕もそうでしたから、油断すると理性的にしゃべってしまうのです。理屈っぽくなる。ひけらかすつもりはないのですが、専門用語がついつい出てきてしまう。そうすると「専門家」だと認識される。そうなってしまうと、住民は自分たちでなんとかしようと思わず、目の前にいる専門家から「答え」を引き出そうとする。でも、それではまちのことが進まない。あとは、知識や分析や論理を使って語っても、説得しかできなくて納得してくれない場合が多い。理解はしてくれるんだけど共感してもらっている気がしない。そんなことを試行錯誤している間に、語る言葉や表情、身振り手振りが変わっていく。少なくとも、僕はそんなことを感じながら、徐々に知識や分析や論理を隠すようになりました。まぁ、僕の場合はそもそもそんなに持ち合わせていなかったので隠すのも簡単でしたが。

コミュニティとアソシエーション

饗庭　乾さんは95年の震災後に真野地区に入られたということですね。最初にどういった印象を持たれたのですか？

乾　延藤さんに騙されたって思いました（笑）。延藤さんが話す真野は美しいんですよ。延藤さんからは、真野の人たちがこぞって関わっているように聞いていたのですが、行ってみると人が居ない。実際、震災復興で宮西さんを手伝いながら、「宮西さん、まちの人の姿が見えへん」と言うと、宮西さんが辛そうな顔をする。それまで「5000人を相手にしているんだ」と豪語されてましたからね。最初は、「なんかちゃうやん、まちの人がやらずに何が住民参加なんだ」と思っていました。でもそのうち「これが地域レベルの住民参加なんだ」とわかりました。がんばっているのは一部の人たちで、みんなが動いているわけではないが、勝手にしているわけでもない。「しゃあないね、ええんちゃう」という感じで、なんとはなしの許容という状態です。むしろ「そのすごさの方を評価すべきなんだ」と。理想主義的に「みんなが仲間だ」というのは違う、それが真野で学んだ大事なことの１つです。

山崎　地縁型コミュニティで地区の計画を決めて実行している、と聞くと、地区住民全員が参加しているように思えます。でも、実際には限られた人の参加になることが多いでしょうね。住民の方々もいろいろ勉強しなきゃならないし、対話を繰り返さなきゃならない。多くの時間を費やす必要がある。それでもやろう！　って思える人は、地区住民の１割くらいなんじゃないか、というのが僕の印象です。それって、ある種のアソシエーションなのかな、と思う時もあります。

乾　その通りですね。もう１つは、価値づくりの問題です。価値をつくり出す主体は誰なのか、という話は延藤さんとよく議論しました。価値は専門家から出てくるのではなく、暮らしを担う連中の中にある。住民の人たちがいい加減に見えていたとしても、その中にしかない。かといって、野放図に放っていて何かが進むわけでもない。それがワークショップの話につながります。専門家が住民と同じ立ち位置でわちゃわちゃと話をした時に、ものごとが変わっていく。それはユーコートでも実感していたから、真野でもそれがつながりました。

　参加という話をアクティブに捉えすぎたよね、という話です。コーポラティブや世田谷のワークショップって、「参加」がとてもアクティブに現れてくるんだけど、真野ではそうではなかった。じつは、真野の多くの人は、「まちづくり推進会」を知らないんです。おばあちゃんが知っているのは、民生・児童委員や自治会長さんや近所の人です。でも、そういう人たちが推進会につながるから、おばあちゃんたちの「想い」がまとまって、うまくいく。だから、真野は住民主体のまちづくりと言われるんです。

真野の共同建替の現場（提供：乾亨）

饗庭　まちづくり推進会は外向け、行政向けの顔であり、地域では民生委員さんや自治会ということですね。それも含めて、真野は組織デザインが巧みだと思いますが、それは初期のリーダーの毛利芳蔵さんの手腕ですか？

乾　また聞きになってしまうけれど、かつては地区の南と北で大きな対立がありました。北は保守的な農村系の名士が住むところ、南は完全に労働者のまち。自治会の連合体も、北部の真野連合会と、毛利さんが会長をしていた南部の尻池南部自治連絡協議会にわかれていました。両者のあいだに神戸市が入ることで、「真野地区まちづくり推進会」ができたんです。ただ、真野地区という一小学校区全体でまちづくりに取り組んでいく図式は、たぶんもともと毛利さんの中にあったと思います。

　もともと神戸市では、町自治会や自治連合会よりも婦人会の方が行政との関係が強いのですが、真野のまちづくりは町自治会を基盤にしています。真野は尻池南部を中心に、1965年以降、自治会組織が地域を運営し住民を守る活動に取り組んできました。公害反対に取り組んだりボランティアを組織して高齢者を支えたり、鍵っ子の面倒を見るとかね。その性格や活動が、本来神戸市の位置づけでは都市計画のためだけの仕組みのはずだった「まちづくり協議会」つまり「真野地区まちづくり推進会」にも継承されたんですね。その時に、オール真野を意識して結成されたのが真野同志会です。真野同志会は1980年、推進会結成とあわせて、「これからのまちづくりは年寄りだけには任せておけない」ということで、岡幸雄さんたちが中心になって当時の若手が立ち上げたのです。ちなみに、岡さんは北部の真野連合で、推進会の清水光久*さんは南の人です。そのあたりで一体

真野の三大行事の１つ「ふれあい寒もちつき」（提供：乾亨）

になっていきました。

饗庭　小学校区のまとまりにはこだわったのでしょうか？

乾　毛利さんは、自治会単位、さらにはそれを細分化した組単位での議論を大事にしました。住民から離反しない、動きやすい仕組みをつくろうとしたんでしょう。当時の共産党の組織のつくり方の「細胞」に似ていますが、かって経験してきた組合運動の形を地域の運動に応用したのではないかと、僕は思っています。だから、あんまり範囲を広げるとできない。真野という物理的境界がはっきりあって、みんなが帰属意識を持てるまとまりでの運動だったと思います。

真野の人たちは、「世の中の人みんなを幸せにしよう」というのではなく、「わがまちの仲間で支えあおう、助けあおう」と思って活動しています。エゴイズムではないけど、うちのまちがよければよいという面もあ

ります。だから、まちづくりをよそのまちに輸出していません。聞いてみないとわからないですが、毛利さんには政治家になろうという気もなかったと思います。やみくもにサイズを広げて、ものごとを上からコントロールしようという話ではなかった、そこはわかっていたんじゃないかと思います。

饗庭　コミュニティとアソシエーションに分けると、真野のまちづくりはコミュニティを拠りどころとしていますよね。

乾　その辺は、あまり分けても仕方がないと思っています。今やコミュニティも昔と同じようには定義できなくなっている。どちらもどちらかを含んでいて、対立軸で捉えている限りは現実の話は説明できません。現実は双方がまじり合っているし、しかも当人たちにすれば、まったく関係ない話ですから。真野の事務局で言うと、彼らはアソシエーション的なセンスの持ち主です。でもつながりは地縁的です。そういう意味ではコミュニティベースドです。

饗庭　この本では、林泰義さんにもインタビューをしているのですが、林さんが関わられた世田谷を見ていると、コミュニティを根拠としたまちづくりから、アソシエーションを根拠にしたまちづくりへと変わっていきます。真野にもそういう変化があったということでしょうか？

乾　林さんのベースにしている世田谷の地域組織と、僕が学んだ京都や真野の地域組織のあり方や受け止められ方、特に行政との関係は大きく違います。地域をよくしようと思ったときに、既存の地域組織でなく市民グループに着目したのが世田谷。課題は多いけど、地域組織にどうがんばってもらうかを考えるのが京都や神戸ではないかと思っています。

コミュニティ政策学会で名和田是彦さんと、コミュニティに関わる人のコミュニティの理解には個人的な体験が底の底にあるよね、と話したことがあります。僕は博多のどまん中生まれですから、博多山笠の祭りを経験したりしていて、体感的にそれを知っている。林さんは根っからの東京の人で、地域組織に対しては、一度解体して、もう一回、志のある人が集まって市民組織を立ち上げたほうがいいじゃん、と考えていたかもしれない。僕らにしたら「それは難しい」、むしろ、地域にすでに型ができあがっているんだから、それを使わない手はない、と考えるんです。

この差をつくづく感じたのは、神戸と世田谷のまちづくり条例の変化です。どちらも1980年頃に同じような条例をつくったんだけど、世田谷は1995年の改定で、課題に応じて、まちづくり協議会だけでなく他の市民団体とも連携できる形をとることで、地域代表としての権限を、まちづくり協議会に付与することをやめています。神戸はそれをずっと残した。この差は大きいです。世田谷にとっては、確固たる組織をつくってしまうと弊害があったんだろうと思います。大きく見ると、東京から横浜までは同じような感覚ではないでしょうか。神戸の場合は、なんだかんだ言って、ベースには地域組織を基盤とする協議会を残さないと動かないという感覚があるんだと思います。

ただ、これからの日本がどこに向かうのかとなると、政府の公共政策がだめになってきた時の地域のセーフティネットとしては、NPOや市民活動では掬いきれないものがあるはずだから、まちづくり協議会型でなければいけないだろうと思います。今、もう一度、制度や仕組みを考えなきゃいけないなと思い始めています。

参加と参画

饗庭　まちづくり協議会に、もう一度権限を戻していこうということですか？

乾　僕ももともとは、延藤流に、人と人とがともに価値創造するプロセスのことを「参加」だと捉えていたのですが、法学や行政学など、制度論からアプローチする人は、政策決定に関わるという意味で「参加」を考えている。その違いを知らずに曖昧に「参加」という言葉を使っていると混乱してしまう。僕はその違いに気付いた時初めて、「参加」と「参画」の２つの言葉が使われるようになったこの意味がわかったんです。

世田谷モデルは、ワークショップのように、住民参加による価値創造プロセスに重点があり、施設デザインにしろまちづくり計画にしろ、最終的な決定は、住民の想いを受け止めて行政が行います。このモデルは、行政が公共としての役目をはたしている時は、行政と住民のパートナーシップの在り方としては有効だったかもしれませんが、今やそんな話はなくなりつつあります。自治体に余裕がなくなり、暮らし、健康、幸せ、子ども、みたいな福祉的な課題は地域に投げてしまっています。もちろん、そのような公共政策の切り捨てには抵抗しなければなりませんが、とはいえ、残念なことですが、行政とのパートナーシップの在り方としては、もはや世田谷モデルは難しいのではないでしょうか？

　真野の場合、住民の中に価値創造プロセスがあると同時に、決定権限も実践力も地域にあります。真野まちづくりの合言葉のように「地域の者は地域で守る・地域のことは地域で決める」なのです。そこがちょっと違うのです。だから、真野では「住民参加のまちづくり」といわず「住民主体のまちづくり」と言います。地域を守り運営するのは住民であり、行政はそのサポートをするという立ち位置です。住民自治ですね。まさに今の時代に求められていることではないでしょうか。

饗庭　真野を真似するのは難しいという話もよく聞きます。

乾　たしかに、真野が真野になったことには特殊な状況があったのだと思います。貧しく、公害に傷めつけられ、そして優れたリーダーがいた。だけど今、ほとんどのまちが真野のように大変な状況になっているのではないですか？　地域包括ケアなんて、「もはや公共サービスでは支えられないので、地域で高齢者のケアをしてください」といわれているようなものです。みんな自覚していませんが、本当はかつての真野と同じように、多くの地域が大変な状況になりつつあるわけなので、実は同じようにしなければならなくなるし、できるはずだと思っています。地域の課題に対して自分たちでなんとかしなくちゃならんよね、といった時、真野みたいな感覚は否応なく出てくる。そういう意味で今日的な意味はあると思います。

山崎　確かに「地域包括ケア」は医療や福祉というテーマ型コミュニティを超えて、健康で楽しい暮らしを地縁型コミュニティへと広げたいという意思によって生まれた概念ですね。ところが、医療関係者も福祉関係者も、どう進めればいいのかわからない。真野地区での実践の歴史は、これからの地域包括ケアの広げ方にヒントを与えてくれるかもしれません。ありがとうございました。

〈参考文献〉

・真野まちづくりにおける「住民主体」、自治の仕組みなどについては、『神戸市真野地区に学ぶこれからの「地域自治」〜地域のことは地域で決める、地域の者は地域で守る』（乾亨・東信堂・2023年3月）に詳しい。

5

コミュニティ計画が描いたもの

10 コミュニティ計画をめぐる3つの論点

山崎さんへ

乾さんのお話を伺いながら、論点が深まってきました。

真野地区のコミュニティ計画を解説した手紙で、僕はコミュニティ計画を「空間と計画」「組織」「手続き」の3つと、それらが組み合わさった「システム」にわけて説明をしました。その枠組みに無理やりあわせながら、論点ごとに感想を整理していきたいと思います。

●空間と計画の問題

延藤さんの「振れ幅」の話は、地域や住民に空間（ハード）の問題意識からアプローチするか、「素敵でしょ」っていう感性からアプローチするのか、の違いですね。延藤さんは、数あるハードの中でも、道路などのインフラ施設ではなく、住民がイメージしやすい住宅からのアプローチを持っていたにも関わらず、それを使わず「素敵でしょ」へと振れていった。山崎さんは「素敵でしょ」に共感されていましたが、僕はまだそのアプローチができないこともあり、そのアプローチで入った時に、よい「空間と計画」につなげていく方法がいまいちつかめていない。コーポラティブ住宅や、公園や広場の計画だったら「素敵でしょ」を動力にすることができるようにも思うのですが、じゃあ他のものはどうなんだろう。もう少しこだわって、コミュニティデザインにおける空間からのアプローチの系譜を簡単に整理しておきたいと思います。

●組織の問題

2つ目は、コミュニティの代表選手である真野地区であっても、アソシエーション的だったというお話です。乾さんは「その2つを分けても仕方ない」ということでした。たとえ真野地区まちづくり推進会が「アソシエーション的コミュニティ組織」であったとしても、じゃあ地区を持たないアソシエーションとはどう違うのか、「アソシエーション的コミュニティ組織」において「地区」ってどういう意味を持つのか、っていう問題は残りますよね。「地区」にこだわって、組織の問題を深めておきたいと思います。

●手続きの問題

3つ目は乾さんが「参加と参画の違い」とお話をされた、住民参加の手続きとして見た時の、真野地区のまちづくり推進会の特性です。世田谷区の街づくり条例では街づくり協議会への全権委譲をやめてしまったということは、僕の言葉で言い換えると、街づくり協議会を「組織」ではなく「手続き」や「会議」として見做すということです。組織の場合は都市計画への「参画」で、手続きの場合は都市計画への「参加」ですね。乾さんはあらためて「組織」の「参画」が重要だ、とお話しされました。このことについて最後に考えたいと思います。

●小集団開発——空間と計画の問題

地区の正統なプランナーは、現在に至るまで関わっている宮西悠司さんですが、まちづくりを始めた頃から真野地区には、広原盛明さん、延藤安弘さんといった複数の専門家が関わります。お三方ともそれぞれ大学では建築を学んだ空間の専門家ですが、それぞれに独自のアプローチを持っています。このうち延藤さんのアプローチから、その後のまちづくりの流れにつながるものを考えてみます。

乾さんがおっしゃっていたように、延藤さんはアプローチの変化が大きかった人なので、時期ごとにわけた方がわかりやすいのですが、京都大学の頃の延藤さんは「住宅政策」の人でした。イギリスの住宅政策の研究を基礎に、人々にどうよりよい住宅を供給していくか、ということがテーマでした。『計画的小集団開発』（115頁）が1979年に出版されています。計画的小集団開発とは「小数の地権者等の共同による住居群の開発を、生活・管理・街区形成・景観形成の諸側面から、必要にして可能な最適小集団単位ですすめ、住宅供給・環境形成の連動をはかる住宅地整備の手法」というものですが、この頃に都市の内部で問題になっていた小規模な住宅の開発を、スラムの再生産と見るのではなく、その開発のエネルギーをまちづくりに転換していこう、というものでした。この頃は、良好な住宅地を開発するとなると、大規模な土地に一団の良好な団地をつくるという方法しかなかったのですが、それには限界があるので、1つ1つの個別的な開発を整えていこうという現実的なアイデアでした。住宅問題から都市計画へと視座を広げていった西山夘三の流れを汲むアイデアだと思います。

僕は延藤さんはこのアイデアを実現するために真野に関わったのだと思っていましたが、乾さんによると、そういうことではなかったそうです。当時の延藤さんにどういう転向があったのか、今となっては辿ることができないのですが、1つ1つの住宅を建てる時の一人ひとりの意思決定に介入し、小集団をつくって地区を改善していくというアイデアが試されることはなかった。むしろ、住民組織の集団的な意思決定を根拠にして、地区の土地利用計画をつくることが選択されたことが重要だと思っています。

真野地区で選択されなかった、都市を構成する1つ1つの単位である建物の群を丁寧に設計していく、という主題は、日本の戦後の都市計画や建築の世界で幾度も登場します。国土・都市・コミュニティの3つのスケールの話をしましたが、その下にある一番小さなスケールを建築だとすると、建築とコミュニティの間にあるスケールのあり方、という主題です。それは、町並み、建築群、団地、街区、小集団といろいろな言葉で語られます。大谷幸夫★さんの麹町計画（159頁）も、大高正人★さんの坂出人工土地も、槇文彦★さんの代官山ヒルサイドテラスも、このスケールに対する普遍的な答えを出そうとしたものだと思いますし、建築基準法の一団地認定や後の総合設計制度などは、このスケールを制御するための法です。『計画的小集団開発』もその系譜です。戦後の復興は、とりあえずあり合わせの木材で最低限の建物を平屋でつくった、ということが多数だったわけで、その次の高度経済成長以降の建設のウェーブ、国民にお金が行き渡り、それを使って高質な、燃えにくい、壊れにくい、硬い、複数階の建物に建替えていくタイミングの主題だったのだと思います。

でも結局、真野ではそれができなかった。ゴリゴリの都市計画の立場から真野を語る時には「住環境整備」という言葉が使われます。質の悪い、高密度な住環境をどう改善していくか、という都市計画の1つの分野なのですが、その分野における、阪神・淡路大震災が起きるまでの真野地区の評価は、「なかなか環境整備が進まないね」という評価で一致していました。住環境整備の立場からすると、住宅がもっと安全なものに建替わっていてほしい、狭小な住宅が集合化してほしい、群としての調和がとれた町並みが出現してほしかった、ということなのですが、そういったことはおきませんでした。「計画的小集団開発アプローチ」が不発だった、ということですね。

僕の恩師の佐藤滋さんは、真野地区の取り組みを「第1世代」とよび、第2世代のやり方を模索します。埼玉県上尾市の駅に近い仲町愛宕地区の住環境整備です。ちょうど僕が研究室に入った時に取り組まれていたのですが、そこでは「地区」というまとまりでの意思決定を重視せず、1人ひとりの土地の所有者の意思決定を丁寧に編み上げ、2〜3の隣り合った敷地をまとめて共同建替えし、それを連鎖させていくことで住環境を整備する方法が取られていました。その成果は『住み続けるための新まちづくり手法』にまとめられています。同じ頃、関西の門真市では間野博★さんが中心になって、「カルチェ・ダムール」という共同建替えのプロジェクトが実現しています。

これらも「まちづくり」で「コミュニティデザイン」なのだと思いますが、市民参加、住民参加というよりは、地権者参加とよぶべきもので、土地の権利を粘り強く調整していくものです。日本の都市計画の歴史を辿る

『住み続けるための新まちづくり手法』
佐藤滋・新まちづくり研究会（編）、鹿島出版会、1995

と、１９２０年代から土地区画整理事業が、１９７０年代からは市街地再開発事業が行われています。どちらも地権者の権利を丁寧に調整する方法を持つもので、世界的に見ても、とんでもなく民主的な方法がとられています。上尾でとられた地権者参加の方法は、つまるところ、こういった日本のお家芸のような地権者参加の方法の系譜につらなるものです。

震災までの真野では、このようなアプローチがとられませんでした。共同建替えが進まないこともあり、神戸市はインナー長屋改善制度という住宅の個別建替えの規制緩和の仕組みもつくりますが、個別建替えも進みません。地区の意思形成から地権者の意思形成にはつながらず、住環境整備が進まなかったのですが、結局震災が起きてしまったことで、強制的な取り壊し、予期せぬ住環境整備が進みます。復興の過程で長屋が共同で再建された東尻池コートという集合住宅は、乾さんが設計に加わった真野の震災復興のマイルストーンの１つですが、そこに暮らしていた住民の権利を丁寧に調整することによってつくり出された、地権者参加の方法の賜物です。きっと延藤さんにとって「計画的小集団開発」の、15年

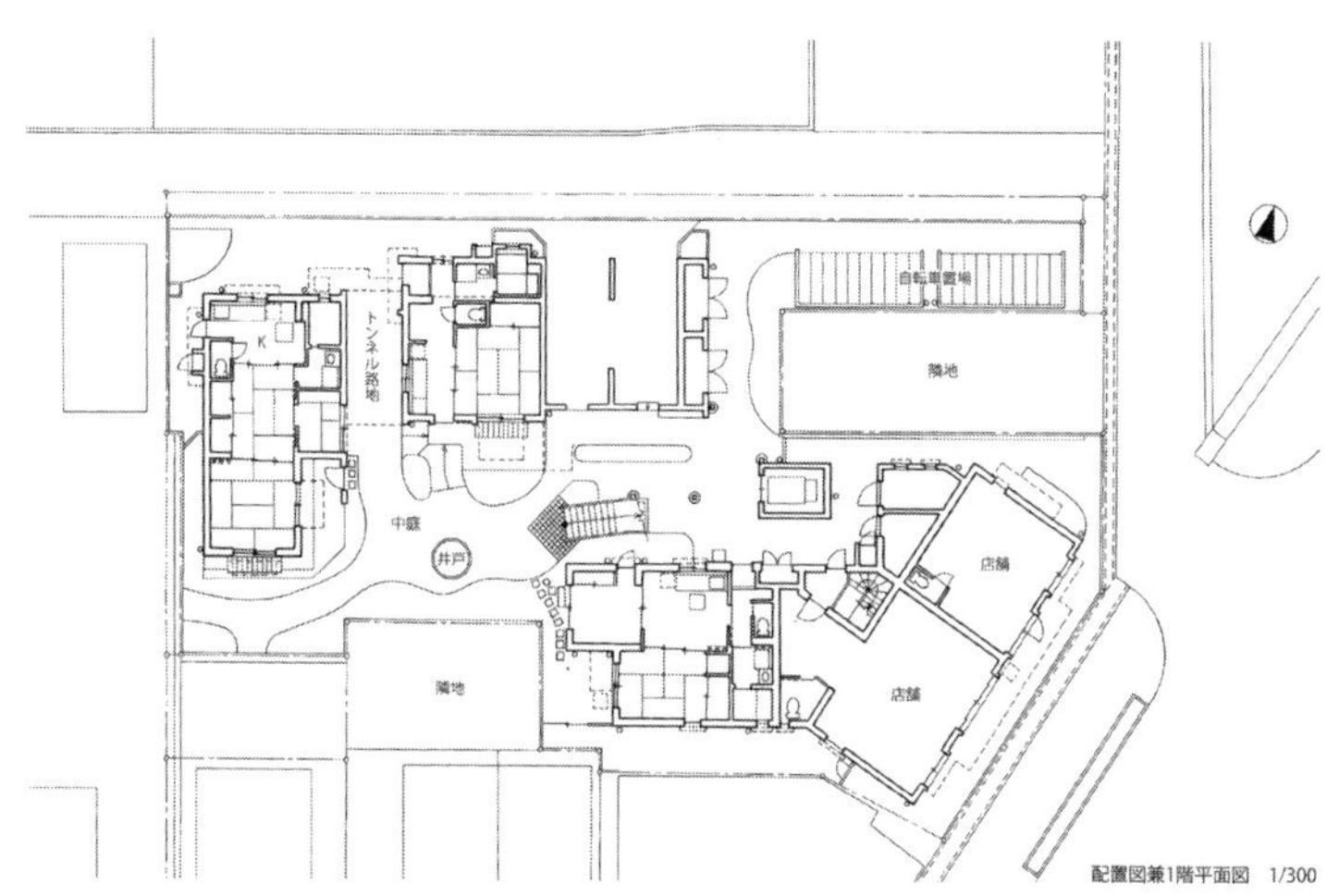

地権者参加でつくられた東尻池コート配置図兼一階平面図（出典：『集合住宅〈建築設計テキスト〉』建築設計テキスト／建築設計テキスト編集委員会編、彰国社、2008、p.50）

越しの答え合わせだったんじゃないかなと想像します。

でもこの「建築とコミュニティの間にあるスケール」に住民を巻き込んでいく、そこに新たな価値を創出していこう、という流れは、日本の中で変わってしまったかもしれないですね。2000年代以降になると、このスケールを開発する時は、そこに超高層を建て、足下に広場的なものをつくる、という方法が一般的になってしまいます。現実的な話をすると、例えば45階建のビルと40階建のビルは、人が歩いている地上から見ると、ほとんど違いがわからない。もっと言えば、5階と7階だってたいして違わないかもしれない。その高さの違いについて住民が価値観をぶつけ合うことにはあまり意味がなく、もうちょっと目線の高さにあるものを議論することに意味があるんじゃないか、ということになってくる。ヤン・ゲール★の『人間の街』が2010年代に入って脚光を浴びたり、プレイスメイキングやタクティカルアーバニズムが指向するのもそのレベルの議論ですよね。街区や団地や小集団の全体像を俯瞰する目を使わず、地上近くでブリコラージュ的に進め、そこで新しい価値を生み出していこう、2000年代はよくも悪くもそう割り切っていった時代だったのかもしれません。そしてそこには延藤さんの「素敵でしょ」がとてもよく効くんじゃないかと思います。

『人間の街：公共空間のデザイン』ヤン・ゲール、北原理雄（訳）、鹿島出版会、2014

●「地区」と中動――組織の問題

真野地区が最初から人口9000人くらい、40 haのサイズだったわけではなく、小さな町会から広がっていったことがまず重要だと思います。「地区」という言葉はまちづくりの単位として使われるのですが、真野地区に少し先行して神戸の丸山地区、名古屋の栄東地区でまちづくり運動がありました。丸山地区は人口2万人で238ha、栄東地区は人口2万3000人で165haです。人口は真野地区の倍、面積は5倍くらいはあるわけですが、まちづくり運動がたどり着いたこういったサイズは、以後の「地区」の1つの規範になっていったのだと思います。

真野地区が抱えていた公害や地域福祉といった課題に対して、今であれば既存の町会に入り、そこから課題解決の取り組みを広げていこう、とはならないですよね。自分が何かをやろうと考えた時に、町会に入って、そこの人たちを説得し、リーダーシップを獲得していくのではなく、何人かの仲間でNPOを立ち上げる方がはるかに簡単だからです。

でも真野の毛利芳蔵さんは前者の道を選んでいる。そしてこの「町会」から「地区」へと広げていく時に、コミュニティデザインのイノベーションが起きたとも言えます。事務局や同志会といった方法も、地区に広げたからこそ必要になった方法です。ではなぜそこで地区というまとまりが目指されたのか、南部と北部の気風がちがうところを、なぜまとめようとしたのか。さらに言えば、なぜもっと広げていかなかったのか、という疑問が次に浮かんできます。

乾さんの説明では、そこに地形的なまとまりがあったこと、小学校区という広がりの中の組織があったこと、神戸市が入ってきたことが理由じゃないかということでした。僕は、小学校区くらいの、人口1万人くらいの広がりが、住民にとっても、行政にとっても、体感的にちょうどよかったということではないかと思っています。これは近隣住区の広がりなので、つまりは近隣住区が、遠く離れた日本人にもぴったりきたということかもしれません。それは舶来の概念ではなく、例えば京都では「学区」という単位で、ある時期の小学校区と地域自治組織がぴったり重ね合わされていますよね。

この「体感的にちょうどいい」とは、どういうことなのでしょうか。僕は能動と受動と中動という言葉を使って考えていることがあります。中動（態）という言葉は、森田亜紀さんの『芸術の中動態』、國分功一郎さんの『中動態の世界―意志と責任の考古学』で脚光を浴びた言葉ですが、青井哲人★さんがわかりやすい定義をしているので、引用しておきましょう。

対象に外から行為を及ぼそうとする時の動詞は能動態、反対に外から作用を受けている時の動詞は受動態になりますよね。「中動態」は、これらのどちらとも違って、主語が他者との関係の中で自分の状態を変えていく時の動詞の活用です。わかりやすい例としては、説得する／説得される、のいずれでもなく、納得する（他者の作用を契機に自分の考え方が変わるのを自ら経験する）、という感じです。（青井哲人・連勇太朗「リサーチとデザイン――ネットワークの海で建築（家）の主体性と政治性を問う」10+1website、２０２０）

例えば社会を変えたいと思った時に、問題意識を共有できる人がアソシエーションをつくって、機能的、機動的に課題解決にあたるやり方はありますよね。ワークショップを重ねて、熱量＝能動性をあげ、熱気を持ったグループを組成していくやり方です。僕はそれを「能動からエネルギーを得る」と呼んでいます。一方で人々を受動的に動かすやり方もあります。皆が熱狂する規範を生成して、それに皆を従わせるやり方です。大昔の建築家はそういうのを狙ってましたよね。それは「受動からエネルギーを得る」です。飛躍した例えですが、サッカーやラグビーのワールドカップを思い出せば、そこに物凄い熱量が発生していることがわかります。僕だってサッカースタジアムにいくと、日本人的な何かがくすぐられて、大声で君が代を歌っちゃいますから、受動も気持ちがよく、そこに力を注ぎ込むのも悪いことではない。まちづくりでもこの「受動からのエネルギー」が使われることがあり、例えば防災まちづくりは、「地域が危ない」という危機感で結びつくもので、能動的な一部のリーダーが、周辺の多くの人たちを訓練などに巻き込んでいく、受動的なまちづくりですよね。

乾さんがおっしゃっていた、真野へ最初に期待した、地域の人たちがいきいきとまちづくりの目標に向かって活動している状態は、きっとこの能動性への期待か、受動性への期待だと思います。しかし、たとえ真野地区であっても、それが大震災という未曾有のイベントを経験した直後であっても、そういう状態ではなかった。その時に地区の人たちが到達していた状態が「中動」だと思うんですね。能動からも受動からも抜けた状態で、でもまちの人たちが「納得」して、地味だけどいろいろなことが積み重ねられている状態。たぶんそこにも「中動からのエネルギー」があるんじゃ

『芸術の中動態』
森田亜紀、萌書房、2013

『中動態の世界―意志と責任の考古学』
國分功一郎、医学書院、2017（シリーズケアをひらく）

ないかと考えていて、そのエネルギーをどうやったら生み出せるのかを、ここのところ考えています。

この「中動由来のエネルギー」を引き出す条件を考えた時に、「地区の広がり」の意味がある、その「体感的なちょうどよさ」が、エネルギーを引き出す源泉になっているのかなと思います。「納得する」には何が必要か。青井さんの定義によると、そのためには自分以外の他者が必要ですが、さらには直接対話が可能な他者と、直接対話ができないものの同じ空間に確かに存在する、特定多数の他者の存在が必要です。その特定多数の他者を定義する時に、「地区の広がり」の意味があったのではないかと考えています。

●内発的まちづくり

中動由来のエネルギーを引き出す「地区の広がり」について、もう少し深めて考えたいと思います。例えば真新しく開発されたばかりのニュータウンの「地区」と真野地区を比べたら、前者からはまったく「エネルギー」が引き出せないように思います。「広がり」だけに意味があるのではないということですよね。そのことを、この頃真野地区を語る時に使われていた「内発的」という言葉を手掛かりに考えていきたいと思います。

真野のまちづくり構想がまとめられたあとの1981年に宮西さんと延藤さんが、「内発的まちづくりによる地区再生過程」という文章を発表しています。「内発的」さらには「内発的発展」という言葉を僕もなんとなく知った気になっていたのですが、あらためてこの言葉がどうやって使われていたのかを調べてみました。「内発的発展論の再検討」という論文をまとめた松本貴文さん（下関市立大学論集61⑵、２０１７）によると、この言葉（endogenous develop-ment）が最初に使われたのは国連経済特別総会におけるダグ・ハマーショルド財団による『なにをなすべきか』という報告書だそうです。１９７５年のことなので、ちょうど真野がまちづくりを検討していた頃ですね。そして同じ頃に、日本では鶴見和子★さんと宮本憲一★さんがこの言葉を発展させていったそうです。

宮西さんと延藤さんが示した「内発的まちづくり」の定義は、

> 地域住民の生活と経営の向上のための地区環境をつくりかえる目標像（まちづくり計画）を、住民の自発意志により策定すること、そして、それを実現していくために、関係権利者同士、あるいは地元と自治体のよき協同関係（パートナーシップ）を形成・発展させていくプロセス。（中略）それは地域に内在する住民エネルギーに依拠した「ものづくり」と「生活づくり」の統合であり、加えて、それらを促し、あるいはそれらによってはぐくまれるコミュニティ形成としての「仲間づくり」によって支えられる。（内発的まちづくりによる地区再生過程―神戸市真野地区のケーススタディ―」『大都市の衰退と再生』東京大学出版会、１９８１）

というものです。真野のまちづくりの実践の時期と、鶴見さん、宮本さんの議論の時期は並行していますから、この定義は鶴見さんや宮本さんから直接的な影響を受けたわけではなく、同時代的な問題関心のもと、真野地区での実践の中から編み出されたものということでしょう。

僕が内発的まちづくりの定義の中で、特に重要だと思ったのは、「生活と経営」という2つが明記されていることです（なお、「ものづくり」とあるのは、ハードな空間整備のことを指しているので、いわゆるものづくり産業ではありません）。真野は住宅と小工場が混在した地区でした。まちづくり運動は公害を大きな動機としていましたが、「工場を追い出せ」というふうには運動は展開しませんでした。それは地区住民の多くが工場の経営者や労働者でもあったからです。そのため目指されたのは、地区の中での住宅と工場の共存、具体的には地区の北側に住宅を集め、南側に工場を集めるという、きめ細かな土地利用のコントロールでした。鶴見さんや宮本さんの「内発的発展」も、工業化や開発、発展を否定するものではなかったわけですが、真野でも同じでした。

そしてその論理を成立させる時に、「地区」という単位が意味を持つわけです。もし「地区」という単位がなかったとしたら、時に対立する生活と経営をまとめて議論し、「地区の中でそれをうまく配置する」アイデアを検討することができません。「自分の家の隣には工場はいらない」と全員が考えてしまい、工場を遠くに追いやるアイデアしか検討されなかったでしょう。そうではなく「自分の家の隣には工場はいらないが、地区には工場が必要」と考えられるようになることが「地区」という単位の意味です。裏を返せば、物理的に生活と経営が共存できる空間的な最小単位が「地区」だったのかもしれません。

そして「中動由来のエネルギー」は、そこに真野地区らしい「生活と経営」があること、そして、それを皆がよりよいものにしていこう、と考えていることを源泉にしているのではないでしょうか。ニュータウンには「生活」はあっても「経営」はありません。もちろん「生活」からもエネルギーは取り出せると思いますが、それが「経営」と相克することで、より大きな、長持ちするエネルギーが生み出されたのではないかと思います。

とはいえ今となっては真野地区にも建売住宅ができベッドタウン化しつつある、生活と経営が切り離されつつある、ということですから、その中動由来のエネルギーは、だんだんとなくなってきているのかもしれません。

●手続き化の問題

最後に手続きの話を考えておきたいと思います。僕は東京にいて、世田谷区の街づくり協議会の「手続き化」を横から見てきました。これは卯月盛夫さんから聞いた話ですが、地域の街づくり協議会としっかり付き合うとなると、行政のマンパワーが不足していた、という現実的な話はあったそうです。街づくり協議会を地域に立ち上げる時は、その街づくりが内発的なものであったとしても、どうしても行政や専門家がそこに入り、最初のエンパワメントをしなくてはならない。それはコミュニティデザインでも同じことをやっていますよね。そしてそれがたくさんになると、あちこちに現場が増え、行政職員の土日がなくなっていく、リソースがどんどん不足することになる。その一方で都市の課題はどんどん多様化し、増えていくので必要性は増える一方。そんなことから「手続き化」が進んだということです。

この変化を僕は、かつてのコミュニティ計画は「よい計画」「よい組織」「よい手続き」の3つの意味を持たされていた、この3つが「and」でつながっていたことが、「or」になったという変化だと積極的に捉えています。この3つがandでつながってしまうと、素晴らしい組織が、公正な手続きでつくった、素晴らしい計画だけが正解になってしまう。もちろんそれができれば素晴らしいのですが、住民にせよ、市民にせよ、もうちょっといい加減でいいんじゃないか。さらには、例えばすぐにやらなくてはいけない問題がある時に、素晴らしい組織が手続きや計画をすっとばして迅速に課題解決に動くようなことがあってもいいんじゃないか。1人の市民がつくった素晴らしい提案が手続きさえすれば実現するようなことがあってもいいんじゃないか、ということです。少数の「正解」を実現するのではなく、ちょっと不完全だけど「正解に近いもの」をたくさん実現した方が、都市はよくなるんじゃないかということですね。

世田谷区が経験したこの「手続き化」の変化は、そういう変化としても捉えられると思います。そしてその変化は、2000年代、2010年代のコミュニティデザインの盛り上がりにもつながっている。かつてのコミュニティ計画の尺度から見ると正解とは言えないかもしれないが、「正解に近いもの」がたくさん、あちこちで出てくることによって、都市はよいものになっていきましたよね。

饗庭伸

11 実践のなかの能動態・中動態・受動態

饗庭さんへ

乾さんや真野地区からの学びを、歴史的な経緯や概念的な整理の中に位置づけてくれてありがとうございます！

とても刺激的な内容ですね。読んでいるうちに、いろいろと思いつくことがありました。

まちづくりに「能動態」「中動態」「受動態」を当てはめた論考、興味深いです。そのうえで、「中動態」のまちづくりを進めるのに丁度いいサイズが「地区」であり「小学校区」であり「人口1万人くらい」だということですね。すると、能動態のまちづくりを進めやすいスケールとしては、もう少し小さなものになりますかね？　逆にもっと大きなスケールで能動態のまちづくりを進めるのは難しそうな印象です。

とはいえ、能動態のまちづくりを進める場合、「地区より小さなスケールが適切だから町内会で進めよう」と短絡的に考えることもできない。そう考えることができた時代もあったのでしょうね。教育機能や福祉機能や職場機能や公益機能をすべて含んだ町内会だった時代は、ほとんどすべての住民が町内会に加入していて、そこでは能動態のまちづくりが実現可能だったように思えます。戦前までの町内会のイメージですね。戦後はＧＨＱの規制があって町内会が解散させられ、任意団体としての自治会などが生まれましたが、そこからは福祉機能や教育機能や職場機能などが引き抜かれてしまった。いわゆる「SCAPIN」ですね。社会福祉協議会やＰＴＡなどが組織され、町内会に何もかも任せることの危険性が共有された。そうなってからの町内会に、能動態のまちづくりを進める推進力は期待できない。さらには、住宅と職場が離れてしまい、女性の社会進出も叫ばれ、ネット上に興味型のコミュニティが組織化されるようになり、町内会や自治会はますます若者の参加を見込むことが難しくなった。この状態で、能動態のまちづくりを町内会から始めようと思うのは難しいでしょうね。

では、能動態のまちづくりはどんな集まりから始めるのがいいのでしょうか？　１つはアソシエーションなのでしょうね。地域内のアソシエーションが最初に思い浮かびますが、地域外からの知見や支援もうまく取り入れたい。他に、能動態のまちづくりを進めるための主体となりそうなまとまりってあるのでしょうか？　企業とか？

中動態のまちづくりは、真野の場合だと町内会スケールを超えた「地区」が適切だった。そのために、まずは町内会スケールで能動的に動き出し、それを地区スケールに拡大させて中動的な動きへと定着させていった。かつてならこういう方法が可能だったのでしょう。しかし、饗庭さんが指摘したとおり、そこには「生活と経営」の両者が含まれていたからこその中動だったわけです。単にスケールの問題だけではなく、生活していきたいし、経営もしていきたい。その両者のせめぎあいの中で中動的に地区を考えるようになる。しかし、多くの地区は生活と経営が分離されていますね。長い通勤時間を使って「経営」の場まで行っている。すると自宅がある地区には「生活」しか残されないことになる。このあたり、今後はどうなるでしょうね？　中動態のまちづくりを進めようとする時、我々はどこから手をつければいいのでしょうか？　そこに興味があります。コロナ禍を経て、在宅で仕事をする人が増えたことなどは少し可能性を感じさせてくれる出来事です。

受動態のまちづくりは、地区よりも大きなスケールを扱わねばならない時に使いがちな手法でしょうね。最も基本的なのは、危機意識を煽るやり方。対象地域全体に関係するような、大きな危機が襲ってくるぞ！　備えよ！　と煽りながら連帯を構築する。このタイプは、危機意識が共有できなくなると霧散する可能性がありますよね。後には何が残るのだろう？　いや、僕が知りたいのは、受動態のまちづくりを地区スケールやもっと小さなスケールに適応する必要ってあるのかどうか、という点ですね。危機意識を煽る方法は、短期的に人を団結させたり動かしたりすることはできるのだろうと思うのですが、それって小さなスケールのまちづくりに適用すべき方法なのかがわからないのです。それをやった後に何かが残るのであれば、その後のまちづくりが進めやすくなるのかもしれませんが、どうもそうは思えない。受動態のまちづくりは、スケールが大きな地域を対象としなければならない時に、仕方なく採用する方法なのかな、という気がしています（あるいは意図せず大きな不幸や不安が訪れた時に勝手に生まれる手法）。

実際には、能動態＝小規模スケール、中動態＝中規模スケール、受動態＝大規模スケールと、一対一対応しているわけではないでしょうね。初動期＝受動態、中盤期＝能動態、終盤＝中動態というような、時間と対応している場合もあるでしょうし。各地の事例をそういう2軸で整理してみると面白いかもしれませんね。

内発的発展は僕らも常に意識している考え方です。これは能動態のまちづくりに近い気がします。内発的発展論の中に、受動態のまちづくりが果たす役割はあるのでしょうか？　あるいは、内発的発展は最終的に中動態を目指しているのか。そんな雰囲気もありますよね。南方熊楠とか曼荼羅とかの考え方を援用する鶴見和子さんの頭の中には、内発的発展というのが単なる能動だけではなく、中動のようなものも含まれているように感じます（鶴見和子『内発的発展論の展開』筑摩書房、1997）。また、その中に果たす受動の部分的役割も内在された概念のように感じますね。南方が柿の木から菌類を発見したのは、南方の能動によるものなのか、菌類による受動なのか、あるいは双方が納得？　した中動なのか。内発的発展という言葉は、極めて能動をイメージさせる言葉ではありますが、鶴見さんたちの議論を読んでいるとその中にはもう少し複雑な要素が絡み合っているようにも見えます。これって、まちづくりでも同じようなことが言えそうですよね。ある事例の中に、能動的な側面もあれば受動的な側面もあり、中動的な状態もある。そんなふうに整理して、「そうですよね」と満足するのもいいけど、僕としてはそれぞれの状態をまちづくりのどんな段階に適応すればいいのかが知りたい。「お、いまは受動が必要だ！」とか「この人の能動性を打ち消した方が中動が生まれる」とか。そのタイミングとか判断の指標を身に着けたいな、という気がしています。いや、すでにそれらを使いながら、現場現場で参加者に叱られたり褒められたりしながら、ワークショップをなんとか進めていっているのかもしれません。僕らの進め方をビデオ撮影して、「ほら、いま受動を否定して参加者を鼓舞した！」「この時、異なる方向性を持つ能動を組合せて中動を実現させようとしたけど、結局両者ともに受動に戻っているね」とか、分析してみたいものです。

さて、そろそろ次の目的地を定めたいところです。真野地区の話が続きましたが、もう少し神戸にこだわっておきたいですね。神戸のまちづくりと言えば、僕が学生時代からコープランの小林郁雄さんの名前が聞こえていました。小林さんにもお話が聞いてみたいです。神戸のまちづくりの話はもちろんですが、小林さんが影響を受けたであろう水谷頴介さんの話も聞いてみたい。僕は水谷さんにお会いしたことがないのですが、写真で見る水谷さんはどことなく脳科学者の茂木健一郎さんに似ていて勝手に親近感を抱いています。建築家の安藤忠雄★さんにも影響を与えているようですし、関西で都市計画やまちづくりを考える際に外すことができないのが水谷さんなのではないかと思っています。ぜひ、小林さんにそのあたりを聞いてみましょう。

神戸の下町、真野の街歩き当日。小林郁雄さんとともに（2020年8月31日）

パイオニア訪問記 3 | 小林郁雄さん

1944年名古屋市生まれ。大阪市立大学大学院工学研究科修了。㈱都市・計画・設計研究所（UR）神戸事務所長等を経て、現在まちづくり株式会社コー・プラン アドバイザー、阪神大震災復興市民まちづくり支援ネットワーク世話人、非認証NPOきんもくせい代表。

小林郁雄さんは1944年生まれ、住民参加の西のメッカでもある神戸で活躍されている都市計画プランナーの草分けです。

神戸にはまちづくりを語る上で重要な人たちが多いのですが、小林さんの師匠にあたるのが1935年生まれの水谷頴介さんですね。水谷さんの薫陶を受けた人たちが都市計画の事務所を立ち上げ、神戸のまちづくりはそのプランナーのネットワークに支えられていました。震災後には恐ろしいほどの数の「復興まちづくり」のプロジェクトが動くのですが、それをやりきることができたのも、市役所とそのネットワークの力によるものです。小林さんのお仕事はポートアイランド・ハーバーランドなどの埋立地・水際地区の都市計画、密集した市街地の住環境整備、地区まちづくり、景観計画まで多岐に渡るのですが、どれも「小林郁雄の仕事」というふうには色がついていない。兵庫県立大学や神戸山手大学の先生も務められたのですが、「偉い先生がいらっしゃった」みたいな圧もオーラもなく、気がついたら「いい流れに乗せられている」というような、そんなお仕事をされる方です。僕自身もあまり目立たないように現場に入り、そして現場がうまく流れるような関係をつくっていくことが大事だと思っているのですが、そのありように影響を受けた専門家の1人が小林さんでもありました。

真野地区と当日歩いた経路（©Google Map）
苅藻駅から真野地区の東尻池コート周辺、駒ヶ林エリア（スタヂオ・カタリストのある密集地）から、駒ヶ林駅（はっぴーの家ろっけん、ベトナム料理屋、商店街）、野田北部地区（カトリックたかとり教会、区画整理されたエリア、公園）へ

神戸の下町を歩く

小林さんとお目にかかったのは2020年の夏のこと、地下鉄海岸線の苅藻駅で待ち合わせをし、神戸の下町を案内してもらったあとにお話を伺いました。

最初に訪れた真野地区ではまちづくり推進会の清水光久さんにお話を伺ったり、乾さんのインタビューに出てきた東尻池コートなどの真野の名所を巡りました。とはいえ、解説がないとわからないくらいに震災のあとが目立たなくなり、新しい建売住宅も建ち並びつつあるなど、拍子抜けするほど普通のまちになった真野を体感することになりました。

真野地区の密集地（撮影：山崎亮）

そこから歩いて、駒ヶ林という密集市街地にある松原永季*さん（1965年生まれ）の事務所「スタヂオ・カタリスト」へ。コミュニティカフェを併設しているという素敵な場所で、自

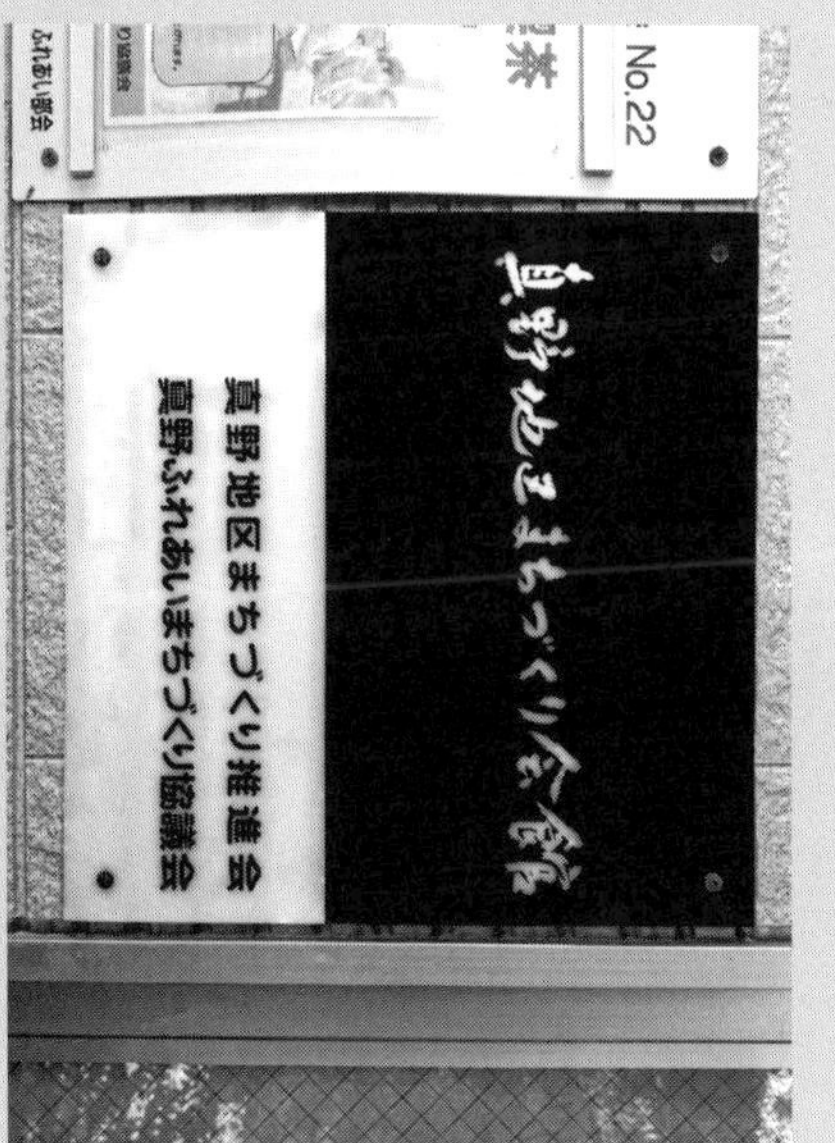

真野地区まちづくり会館（撮影：山崎亮）

分たちの現場に事務所をつくってしまった、というコミュニティデザイナーの王道的展開。そこで小林さんたちの下の世代の神戸のプランナー事情をお伺いしました。

駒ヶ林から震災復興事業がようやく完成した新長田駅に向かう途中に、「はっぴーの家ろっけん」へと寄り道。松原さんよりぐっと若い世代の首藤義敬*さん（1985 年生まれ)が主宰するごちゃまぜの住宅。小林さんも初見とのこと。神戸の下町のごちゃまぜ感がそのまま引き写されたような住宅に感心し、ベトナムからの移民の人がやっているベトナム料理レストランで昼食。力技でピカピカにまとめた新長田駅前の再開発事業と「はっぴーの家ろっけん」の違いを考えながら、さらに歩いて野田北部地区へ向かいます。

整備された野田北部地区（鷹取東商店街）（撮影：山崎亮）

野田北部地区は震災後に饗庭も手伝いに入っていたところで、まちづくり協議会がいち早く地域の意向をまとめて区画整理事業を終えた復興のトップランナーでした。震災後にボランティアの拠点になっていたカトリックたかとり教会には、坂茂さんの「ペーパードーム（紙の集会所・教会)」がつくられたあと、新しい本設の教会がつくられ、今やすっかり NGO が雑居する拠点（たかとりコミュニティセンター TCC）になっています。しかしそこから一歩外に出ると、区画整理が終わって 20 年も経ち、やはりここも拍子抜けするような普通のまちが広がっていました。もちろんその風景は、復興まちづくりを通じて住民が目指した風景ということです。

そんな 1 日を経て、元町にあるこうべまちづくり会館でじっくりとお話を伺いました。

水谷頴介と小林郁雄

饗庭　小林さんは大学生の頃から水谷頴介さんのところで働いておられたんですよね。そこではどういうお仕事をされていたのでしょうか？

小林　仕事の半分くらいは水谷さんの原稿を完成させる仕事でした。テキストでも図でも、水谷さんは地図や図版に丸や三角のイメージをフリーハンドで書くのが好きで、私の仕事はそれを図面に書くことでした。埋立地計画の仕事が多く、ポートアイランドをはじめとした埋立地のマスタープランをけっこうつくりました。あわせて、板宿や真野などの密集市街地、既成市街地、同和地区の整備、再開発の基本構想、区画整理の調査などをやっていました。70年代当時は、あまり「まちづくり」は念頭になく、自分たちの商売は都市計画だと思っていました。普通のまちで普通に運営や維持管理、環境改善につきあっていくと、それはもう都市計画とか都市開発事業というほどのことでもなく、要するにまちの今ある姿を皆で相談しながら取り組んでいくことになるわけで、それがまちづくりというものかなと思います。

水谷さんも都市計画とはそういうものだと考えていたんじゃないかな。ことさらに話したことはないけれどね。

神戸市のまちづくりの系譜

饗庭　神戸市はいつ頃から「まちづくり」を標榜するようになったのですか？

小林　まちづくりって色々な意味で使われますが、意味が決定的になったのは1980年の都市計画法改正で地区計画制度ができ、1981年にそれを受けた神戸市のまちづくり条例ができてからだと思います。

その前の神戸市は1965年に「総合計画」をつくり、70年代に密集市街地を対象にした「コミュニティリニューアルプログラムC.R.P.」のレポートをつくっています。大阪万博後の70年代は建設事業や埋立事業をいっ

水谷頴介（出典：不明）

ぱいやっていたのですが、一方で都市計画まちづくりの基礎研究みたいなこともしています。まちづくり条例ができるまでに色々な研究が蓄積され、それが神戸市の底力になり、80 年代のまちづくりに転換できたんじゃないかと思います。

流れを簡単に整理すると、神戸市の総合計画部局、都市計画部局、企画部局、住宅部局が皆違うことをやっていました。総合計画部局では 1973 年から 76 年にかけて「これからの住区構想策定のために コミュニティカルテ」をつくっています。小地域ごとの人口や就業者、建物の機能や配置をカルテにして、区ごとにまとめたものです。固定資産税台帳から土地建物データを集計し、それと人口密度を重ねていくと、どこにどんなまちがあるかがわかります。

それを参考にして、1978 年には都市

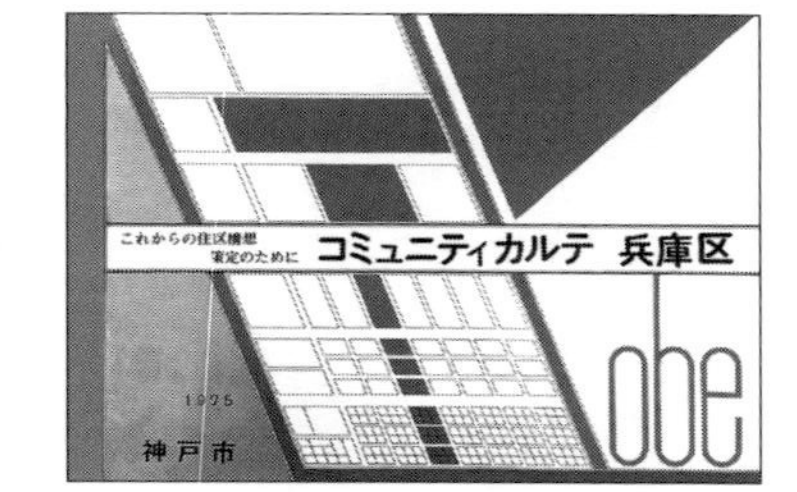

『コミュニティカルテ』
（出典：神戸市資料、1975、提供：小林郁雄）

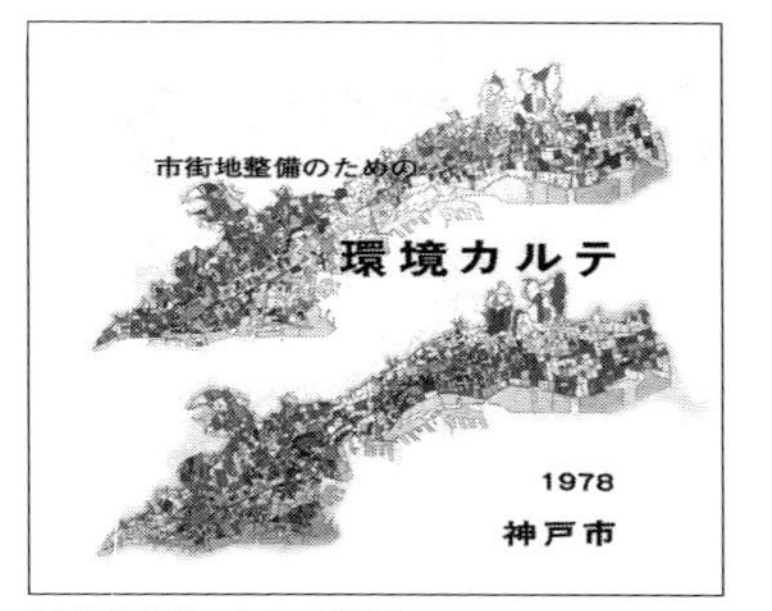

『市街地整備のための環境カルテ』
（出典：神戸市資料、1978、提供：小林郁雄）

計画部局が『市街地整備のための 環境カルテ』をつくっています。後に 80 年代のまちづくり条例や景観条例に結実する動きですね。

企画部局は、1972 年に『SOFT PLAN（ソフトプラン）』というものをつくり、それをもう少しちゃんとしたのが 1974 年の『まち住区素描』です。そこに住んでいる人がいて、そこの歴史、文化などまちを構成しているものがあるから、その背景をもとに考えようというものです。人口 5000 ～ 1 万人くらいの単位で分けて、総合計画部局のコミュニティカルテと都市計画部局の環境カルテをつなぐものをつくろうとしたんです。公共サービスをまちとしてどう提供できるか、それぞれのまちごとの歴史や風土ごとに違うからモデル地区を選んでまとめています。

饗庭　「コミュニティカルテ」は、川名さんが持ち込んだ方法で、作業は宮西悠司さんですよね。確か高知と神戸でほぼ同時につくり始め、先に出たのが神戸だった、と聞いたことがあります。真野地区のまちづくりはそれまでの地区の住民運動ありきで始まったと思いますが、都市計画部局としての関わりを、環境カルテを通じてつくっていったということでしょうか？

『ソフトプラン』
（出典：神戸市資料、1972、提供：小林郁雄）

『まち住区素描』
（出典：神戸市資料、1974、提供：小林郁雄）

小林　環境カルテでは、どこを整備するかをはっきりさせるために、住宅過密、住工混在、公園率、商店街の状況、長屋率、道路率、老朽度、高齢者率などを重ね合わせて診断しました。それが大変で、神戸既成市街地地図を１枚塗るのに１ヶ月くらいかかり、１つ間違うと全部やり変えです。僕はこの環境カルテで技術士をとりました。重ね合わせると真野のあたりが危ないところとして出てきて、住環境整備の対象となりました。後にそのあたりが震災で大変なことになったのですが、震災の20年前には危ないエリアがわかっていたということです。

すごいのは、この環境カルテの簡略版が区役所に置いてあって、誰でも持っていけたことです。神戸市は「これから何とかしなきゃいけないところはある、でも市役所で全部はできないから、住民の人たちがみんなでやらなきゃいけない」という考え方でした。環境カルテで健康診断をし、健康を維持するためにはこういうこと、少し病気だとこういう治療、あかんかったら手術をするといったことを示します。そして治療や投薬で済むところは自分たちでやりましょう、それがまちづくり、住民参加だと言っていたんです。まだまちづくり条例がない頃にこういうことを言い始め、実際に市民に環境カルテを配ったのです。

実はその後、85年にも同じ調査をしました。ただこれは印刷もせず、市民版もつくらなかったのです。なぜかと言うと、78年の環境カルテをつくっても「結局、何も変わってないやんけ、そんなもんつくってどうすんねん」と担当者がいうわけですよ。それではもったいないということで、住宅部局がそのデータを使って『住環境整備マニュアル』を91年に出しました。

まち住区の考え方

山崎　その中で、近隣住区やまち住区という考え方はどう発達したのですか？　日本で「近隣住区」が訳出されたのは1975年のことです。1929年に刊行された原著『近隣住区論』が、なぜこの頃に訳出されたのか不思議に思っていたのですが、訳者の都市社会学者の倉田和四生さんの「あとがき」を読むと、1970年頃より神戸市内のコミュニティの調査を行った際に、1965年の神戸市の総合計画に取り入れられていた近隣住区論に興味を持ったときっかけが述べられています。翻訳作業は倉田さんが音頭を取り、神戸市の職員でつくられていたコミュニティ研究会において下訳作業が行われたそうです。

『住環境整備マニュアル』
（出典：神戸市資料、1991、提供：小林郁雄）

小林　1965年の総合計画には近隣住区が出ています。その単位で教育施設を中心に施設を整備し、シビルミニマムを達成しようという話が中心でした。そして75年の第2次総合計画に「まち住区計画」が出てきます。近隣住区だけではまちができないから、近隣住区と都市全体の間に「まち住区」という単位をおいて、もう少しまとまった単位で考えようとしたものです。まちの歴史や自然環境とか抜きに、まちのことは考えられないでしょう。最低限に必要なもの（＝シビルミニマム）を整備するためではなく、「コミュニティマキシマム」といってその地域のために何をすればよいか、何がそのまちを特徴づけるものかをコミュニティ単位で考えようということです。僕と神戸市の担当者が話していて決まった言葉です。

でも役にたたない考え方でした。近隣住区は住区ごとに小学校を整備したりできるけれど、まち住区では何をしたらよいかわからない。だから1995年の第4次神戸市基本計画あたりから、「生活文化圏」という名前の構想に変わっていきました。

ちなみに、まち住区がいつのまにかどこかに行ってしまったので、それを理論化しようと考えたのが水谷さんでした。1986年に水谷さんが入院し、病院にいる時に「町住区と市街地再構成計画の研究」という博士論文を書き始めたんです。1992年位に書き終え年末に公聴会をしてますが、1993年には亡くなってしまいます。ただ彼の「町住区」の概念は難しくてよくわからないんですよ。説明を聞く前に亡くなっているからね。

でもこの「町住区みたいなもの」が、連綿として大震災の時に生きてくるわけです。まちをこうしようというものを漠然とでも持っていた方が動けるんですよ。何もないところでは動けない。皆がこうなるといいな、ということくらいは相談していたら話が早いわけです。震災後には、やっぱりつくっておくべきだな、という話になりました。個々ではなく、みんながこんなまちにしたらいいねという方針があれば、地震の時にその方針に沿うことができる。まちづくり協議会はそういうことができるチャンスですよね。

山崎　水谷さんはSD選書から『地域・環境・計画』という著書を発刊していますね。大学院生の時に読みました。水谷さんが35歳前後の時に書いた論考をまとめた書籍でしたが、最後の方にコミュニティデザイン的な話が登場しているのが印象的でした。例えば「今後、わが国においても、こういった方向が展開されてくる中で、地区計画そのものの評価と合わせて、その地区計画を行政側と地元側の間に立って密度高く組み立てていくプロセスにおける計画技術とコミュニティプランナーの役割が重要になってくるだろう」（p.223）と書かれています。それに続いて、都市のアクティビティやプログラムが大切だと書かれていたり、住民が主体的に都市経営に参加する方法が模索されるべきだと書かれていたりします。だから僕の印象は、水谷さんってハードの話をしていても常にソフトを考えていて、住民とのコミュニケーションも気にされている人だなぁというものでした。でも、実際の仕事を見ていると、バブル経済へと向かう時期でもあったのか、求められるのは大規模なハードの計画が多かったのではないかという気がします。

小林　2000年くらいまで日本は10年の空白と言われるように、ほぼ15年くらいのラグがあり、アメリカやイギリスの民活型、市民レベルの対策に遅れをとるんです。そういう仕組みをつくる時期を日本は飛ばしてしまい、低所得者向けの賃貸住宅を誰もつくらない。空き家の問題もかなりそうですよね。地域の人たちがなんとかしなきゃいけないというマインドはなかなかできません。よほど地域の人の地域への関与の密度が高くならないと。それが多分欧米はかなり進んでいる気がします。バブルの頃から後のことは勉強できていないですけど。イギリスがオリンピックをイースト・エンドで開催したのもそういった背景があると思うんだけど、そういうことを日本では聞かない。

山崎　新自由主義的な経済思想が強くなっていった時代でしたね。社会主義や共産主義に幻滅し始めた時代でもあり、計画経済ではうまくいかないということをハイエクなどが主張し始める。このあたりについては僕も共感するところなのです。国の偉い人とか頭のいい人が計画的に安定した経済を実現させられると考えていること自体がおこがましいし、そんな計画はうまくいくはずがない。それよりも、個々の市民や国民の関係性の中から必要な仕事を生み出し、商品やサービスを交換し、少しでも安定した経済を見つけようとする努力が必要でしょう。市民参加もその延長に考えられるものだとは思います。こんなふうに言うと、コミュニティデザインはコミュニタリアニズムに近い思想じゃないかと思っている人に驚かれたりするのですが、専門家や役人がすべて計画し尽くすことができるわけないという点で言えば、ハイエクの新自由主義的な考え方には賛同します。ただし、新自由主義経済の流れに乗ってレーガンやサッチャーの民営化路線が活発化し、日本でも中曽根政権から小泉政権にいたるまで、民営化して経済成長を続け、それによって税収を高めて公共事業を増やしていこうという発想は、これまた税収を通じて国の役人が、民営化を通じて大企業が、国や地域のことを計画的になんとかしようという流れになっていく。これでは変形した計画経済じゃないか、と思うようになりました。社会主義や共産主義でも市民参加は重視されないけど、新自由主義的資本主義でも市民参加は重視されない。だから、そのいずれでもない市民参加の方法を見つける必要がある。そんな時、神戸では阪神・淡路大震災が発災したわけです。日本中からボランティアが駆けつけて活躍した。被災後の復興計画に市民が参加した。僕は学生時代にそれを経験し、被災後だけでなく日常的に市民参加が行われ、人々が協力し、自分たちのまちを自分たちでつくっていくことができないのだろうか、と考えるようになりました。

住環境整備のまちづくり

饗庭　カルテをつくり、近隣住区やまち住区をつかって計画の仕組みを検討しつつ、真野地区では具体的な住環境の整備に住民参加で取り組みますよね。

小林　神戸市の最初のまちづくり協議会は 1971 年の頃に板宿地区でつくられた、都市計画協議会です（「住民参加の論理と心理　神戸市須磨区板宿地区の事例」1978　神戸市都市計画局編）。都市計画道路を通すことになって反対運動が起こり、そこに協議会ができて住民参加のまちづくりになるんです。水谷さんが呼ばれて、板宿地区の未来像構想をつくり、街区ごとに現況と計画目標をまとめ、区画整理をするとどういう姿になるか、人口はこうなって、こういうまちになるよということを現在のまちと将来のまちの絵を描いて説明しました。300 分の 1 の模型もつくり、こういうまちになって、3 階建て 4 階建ての家が建っていくんですよとか、学校もちゃんと配置した案でした。都市計画のハードに関することでまちの人たちとの対話したのは、これが最初でした。とても大変なことなんだけど、そのあと上沢、浜山、西須磨（大震災直前、計画着手前に反対で中止に）などの区画整理事業にもつながっていきます。ちなみに板宿ではこれがスタートになって、区画整理事業が行われ、都市計画道路が通るところも路線を変更調整したので、まちが全部残って、市場も残っているんです。

　その後に始まった真野地区は修復型なので、区画整理事業ではありません。区画整理事業は年間 10 億円をかけて 10 年で全面的にばっとやってしまいますが、真野地区は年間 1 億で 100 年かけてやるみたいなわけで、かかるお金はどちらも同じです。コルビュジエとジェイコブスの違いみたいなもんです。

全面的にまちを変える市街地再開発事業はいくつか構想・計画をやりましたが、僕も水谷さんもほとんど疑問に思っていました。密集市街地であっても、基本は改善型（修復型）の方がよい。それは大谷幸夫さんたちとの『麹町地区マスタープラン作成に関する報告書』の影響が大きいです。水谷ゼミナールのメンバーは皆これを教え込まれています。コルビュジエの高層案をパタッと倒して3階建て低層でつくったらいい、高層化して隣棟間隔を開けるなら低層化して隣接して建てるのと同じやということです。再開発よりもちまちまとつくっていく方がよいと考えていました。丹下健三の「東京計画1960-80」の頃ですが、『麹町計画』は61年によく提案したと思います。

民間活力とまちづくり

饗庭　神戸市のまちづくりのスタイルはその後どう変わっていったのでしょうか？

小林　都市計画部局では1978年に環境カルテをつくり、真野地区をあぶりだして修復型のまちづくりに取り組みました

板宿地区都市計画 協議会ニュース　第7号　昭和50年10月

こんな町にしてみたい 板宿の未来像構想まとまる

板宿の未来像を考える研究グループ

板宿地区都市計画協議会

板宿地区の未来像模型（縮尺1/300）

住民参加の町づくりを目指して

協議会会長　桝田　登

板宿の未来像を考える研究グループ

目的

構成

小委員会開催の報告

地元側委員の交替

市側委員の異動

発行：板宿地区都市計画協議会事務局　電話：331－2711
神戸市都市計画局区画整理部板宿都市改造課内

『板宿地区の未来像構想』（出典：神戸市資料、1975、提供：小林郁雄）

が、80年代に流れが変わっていきます。住民参加で進めるよりは、行政が土地を買い上げて一気に進めた方が早いという話になってしまうんです。そして80年代後半にはバブル経済の力を活用して、色々な公共事業を老朽化した市街地に打ち込み、民間の力を誘発して市街地を再生していこうと考えるようになります。1989年に「神戸市インナーシティ総合整備基本計画　インナー神戸新生プラン21」を発表し、その尖兵が地下鉄海岸線の整備でした。阪急電車の沿線開発のように新しい電車路線を入れて駅前に住宅中心の再開発を進めていこうとした訳です。

　しかしバブルがはじけた1992年位に計画がポシャり、地下鉄海岸線そのものの整備も進まなくなるんです。結局どうしようか、市民参加でちまちまやるのかと言うてるうちに、1995年の大震災が起こり一変するわけです。実は真野地区での「震災後のまちづくりの成果」とされているところの多くは、用地を1980年代に行政が買い上げていたところです。震災によって真野地区再生は、ちょうど何とかなったということですね。

饗庭　1993年頃に神戸に伺ったことがあるのですが、その頃の神戸は「いきいき下町推進協議会」をつくったりして、柔らかいネットワーク組織をつくって民間の力を取り入れようとしていたのかなと思っていました。でもその後の震災で、公共事業側に揺り戻しがあったようにも思います。もし震災がなかったら区画整理事業などをやらずに、民間の力で修復型のまちづくりに取り組んでいたのかもしれないですよね。

小林　僕は震災前は住宅部局

『麹町地区マスタープラン作成に関する報告書』（日本住宅公団東京支所市街地住宅部、東京大学工学部高山研究室、1961、提供：小林郁雄）

と住環境整備に取り組んでいました。建築基準法とセットで、住宅が集まった時の環境整備をどうするかを考えていました。その時に一番大きいのは、住宅マーケットの存在ですが、それが野放しでした。大阪や東京のような経済原則だけでは動かない、神戸のような個人の大工や設計事務所があるところで一緒になって住環境をつくって維持運営していこうと考えた（HOPE計画などで）のが「いきいき下町推進協議会」でした。地場の住宅産業の担い手と同じテーブルで話をしましょうというものです。しかし神戸の住宅産業は始末が悪く、全国ネットのプレファブメーカーを地方自治体ではコントロールできない、集団ではなく一戸ずつ建てるので、よほどの環境悪化につながらない限りは1つずつのデザインがコントロールできない、というところで震災でした。

だから震災のあとの戸建てのデザインをどこまでコントロールするかは至難の技でした。結局どうにもなっていません。一斉に皆が家を建てる時ですから、街並み誘導型地区計画や環境整備を行うチャンスでもあったわけですが、うまくいかなかった。震災後は色々な地区の調査から町並みの均質化が報告されています。プレファブメーカーだって全部独り占めしようというわけではないので、神戸、大阪あたりの建築家がもう少しがんばったらどうにかなったかもしれません。「全住宅建築家はもうちょっと何かせーよ」と書いたこともあります（「全住宅建築家に告ぐ―新たな住宅モデルを提示せよ」『新建築・住宅特集』1995年5月号 jt-file）。

震災後の神戸市は、区画整理と再開発で手一杯で、それに対して僕らは神戸のまちの構想について何も言わないのはどういうこっちゃと、批判したんです。もう少し全体を見て、新しい道路はどうする、公園をどうするといった議論をやるべきだと。でも都市計画部局も、また住宅部局も復興住宅、仮設住宅で手一杯でした。住宅局長の垂水英司さんだけが唯一、被災市街地全体の筋書きを考えていましたね。

まちづくりを支える専門家のネットワーク

饗庭　神戸のまちづくりは、それぞれの地区が「コミュニティプランナー」とでも呼ぶべき、専門家に支えられていました。こういった専門家の組織はどのようにつくられていったのでしょうか？

小林　神戸の閉鎖的なネットワークでもあるんです。私の「まちづくり株式会社コー・プラン」という会社がそういうところです。都市計画の事務所って、年寄りがいても困る。40歳を過ぎたら皆が辞めて独立しろ！　です。25歳から10年間くらいは修行して、その後5年間で個別に仕事ができるようになる。その後の20年間の仕事を所長が探してくるなんて至難のわざだから、そこから先は個々に仕事をしろということです。僕が居たUR(ウル＝株式会社都市・計画・設計研究所）は30人くらい常勤がいたのですが、そうなると誰かが人事管理をしなきゃいけなくなるんですよ。誰もそんなことする気ないので、じゃあ5人くらい引き連れて分散しよう、小規模分散型の事務所の連合にしようという話になったんです。そして そのネットワークをつないでおくための事務所としてつくったのがコー・プランです。特に1人でやっているような事務所が役所の仕事をするのに、いちいち指名願いとか契約とか面倒な手続きをしたくないじゃないですか。コー・プランはそれらの事務所をつないで、手続をやるわけです。皆は株主としてコー・プランに参加しています。あとは水谷ゼミナールという集まりを2ヶ月に一度ほど開いて、近況を共有していました。

『阪神大震災復興市民まちづくり』
阪神大震災復興市民まちづくり支援ネットワーク事務局編、
学芸出版社、1995

同じことを震災の時にやったのが「阪神大震災復興市民まちづくり支援ネットワーク」です。皆も行政も何をしたらよいかわからへんから、事業を動かしながら考える場でもありました。本当はネットワークの運営に復興事業費を使いたかったのですが、やろうとした時に週刊誌の『プレイボーイ』が、癒着だなんだと事実と違うことを書くから（短期集中連載地震列島ニッポン「神戸・半年目の真実 第1章災害直後に決定していた復興山分けプランの実態」鎌田慧『週刊プレイボーイ』1995年8・1 No. 31)、これはまずいなということで、できなかった。もう少しちゃんとしておけばよかったなと思いますね。

山崎　コミュニティプランナーというような、当時は新しい職能を生み出した場合、その人たちがどういう仕事をするのか、何を成果とするのか、どんな手法を共有するのかなども重要な論点になりますが、どんな組織で仕事をするのかということもすごく重要なことだと思います。新しい職能が、その特徴を減じないように動き回ることができるような働き方とはどういうものなのか。組織のあり方とはどういうものなのか。そのことを考える時、コー・プランのような新しい組織形態が生まれてきたというのはとても興味深いなあと思いました。僕がstudio-L の組織形態を考えた時も、コミュニティデザイナーが動き回りやすいようにするためにはどうすればいいのかということを念頭に置いていたので、関西の先輩チームであるコー・プランもそういう発生の仕方だったと聞いて勇気づけられました。

6

まちづくり事務所の経営について考える

12 コミュニティ計画の方言

山崎さんへ

乾さんからは、コミュニティ計画の「空間と計画」「組織」「手続き」の3つを掘り下げてお話しいただけましたが、小林さんからはそれらが組み合わさった「システム」のお話、神戸市においてそれがどう構想され、どう変化していったのかを伺うことができました。特に成就しなかった「まち住区」は、僕の言葉で言い換えると、まさしく中動を支える計画概念だったのかもしれません。難解と言われている水谷さんの「町住区」を、中動という概念を使って読み直してみたくなりました。

でも神戸のまちづくりの中で「まち住区」は80年代後半の民間活力を重視する流れの中で消えてしまったようになり、バブル崩壊後に復権するかと思いきや、震災によって神戸のまちづくりが急激に公共事業を中心にしたものに揺り戻ってしまったということでした。復興まちづくりにおいては公共事業への「参画」ではなく「参加」が重視され、それぞれの地区において、真野地区にはあった内発的な力が涵養されたり、発現することなく、住民たちは猛スピードで展開する公共事業に巻き込まれていく。真野地区では「生活と経営」が重視されていましたが、復興まちづくりは仮設住宅や復興住宅といった「生活」の復興を重視するものでもありました。相対的に「経営」の視点が弱くなり、2つの関係が崩れたまま復興事業がおこなわれてしまう。そんなことになってしまったのだと思います。

とはいえ、神戸のまちづくりのシステムがあったからこそ、神戸の人たちの「生活」は復興したのだと思います。小林さんのお話を踏まえ、そのシステムはどのように成立していたのかを考えておきたいと思います。

●神戸・阪神間の空間システム

今回歩いた神戸のあたりの地形、海と急な山に挟まれた平らなところにグリッド状に整理された街区があり、時折そこに漁村集落由来の複雑な形をした街区がまざりこんでいる、それをタテ方向には小さな河川が、ヨコ方向には鉄道が区切っていくという地形は、僕の原風景でもある神戸から阪神間にかけての特有の風景なんだと思います。

山崎さんとの間にしか成立しない地元ネタで申し訳ないのですが、少し話を続けると、仮に小さな河川の軸をタテ軸と、鉄道の軸をヨコ軸とすると、タテヨコの軸の組み合わせで阪神間から神戸にかけての「まちの多様性」を説明できるんじゃないかと考えたことがあります。タテ軸は例えば夙川や芦屋川や新湊川であり、ヨコ軸は例えば阪神電車やJRや阪急電車です。多様性の成分には、景観、階層、生業などがあると思うのですが、まちによって持っている成分が少しずつ違う。軸をヨコに移動したり、タテに移動したりすることで成分が変わり、違ったまちが顔を出す。その軸の組み合わせで、阪神間から神戸のまちの多様性が説明できるんじゃないかというアイデアです。小林さんとのまち歩きは、自分の原風景を構成している成分を1つ1つ確認しながら歩くという楽しいものでした。

●普通さの復興

1995年に震災があった時に、僕は野田北部地区（150頁地図）の支援に入っていました。その時に今回と同じコースを逆に歩いて真野地区を見に行ったことがあります。火災で焼け落ちた壮絶な風景の中を歩くわけですが、野田北部も全てが焼け落ちていたわけではありませんし、真野は、これは小学校の教科書にも載った有名な話ですが、延焼をバケツリレーで食い止めたまちなので、建物が密集している中にところどころ虫に食われたように焼けたところがあったり、崩れた住宅があったりしたという風景でした。その時も無意識に自分の原風景とのギャップを確認しながら歩いていたのですが、タテヨコの軸の違いを意識したうえで自分の原風景の成分を増やしたり減らしたりすると、被害にあまりあっていない場所については、自分の地元と地続きの風景として理解できる。しかし大被害にあったところとはギャップがありすぎて、地続きであるかどうかの理解ができない。いまは経験を積んだので「まちはこういうふうに復興する」ということがわかっているのですが、当時はそこにどのように風景ができ上がってくるのか、その風景にある「当たり前の暮らし」がどのように再生されるのかがわかりませんでした。「こんな都市に復興せよ」という派手な提案が都市計画家や建築家からだされたりもしていましたが、それらは僕の疑問に答えてくれるものでもありませんでした。

今回はそれから25年後のまち歩きでした。実はこれまでも何度か同じところを歩いているのですが、歩くたびに「まちはこうやって復興するんだ」という答え合わせをしている気分になります。それがどういう答えかと言うと、「暮らしと仕事を送っている人がごちゃごちゃと住んでいる普通の状態に戻っていくけれども、それぞれが違うまちになっていく」というものです。区画整理で道路や公園ができ、そこに建物が新しく建ったわけで、物質としては元のまちと同じものではないのですが、それぞれのまちが持っている「普通さ」の質は震災前の「普通さ」の延長にある、その「普通さ」の質がまちによってはっきり違ってくると言えばいいでしょうか。内発的発展のところで検討した「生活と経営」の違い、ということです。先ほどの「まちの成分」という話をすると、野田北部は野田北部の、真野は真野の固有の成分比で「生活と経営」が復興し、その後にやはり固有の成分比で新陳代謝をしているということです。

●まちの座標感覚

25年目の真野地区を歩いて面白いなと思ったのは、その「普通さ」の中に、カフェを併設した都市計画事務所や、NGOのオフィスがあり、ベトナム料理のレストランが開業し、「はっぴーの家ろっけん」のようなプロジェクトが生まれているということでした。それらが「普通さ」や「まちの成分」を壊さないように生まれ、当たり前の空間として存在している、そして「まちの成分」をしっかり引き継いでいる。それがまちごとに成分が少しずつ違う、神戸の多様さにつながっている。最初の僕の発言に戻ると、その多様さは、2つの軸で阪神間から神戸にかけての「まちの成分」を説明できる、という都市構造の「わかりやすさ」から、神戸において特に卓越して生み出されているのかもしれません。

　都市構造がわかりやすい、ということは、普通の人たちが「自分が仕事と暮らしを立てるのはこのまちだな」ということを自覚しやすい、ということです。はっぴーの家ろっけんの首藤義敬さんも、「郊外に行ったけど、そこでは子育てができないからこっちに戻ってきた」というようなことを繰り返し言っていましたよね。まちで暮らす人たちが、座標感覚を失わないで、適切な場所で自分たちの仕事や暮らしを立てやすいまち、それが神戸や阪神間であり、この都市構造のわかりやすさが、震災後に100を超えるまちづくり協議会が立ち上がり、住民が話し合いながら曲がりなりにも「自分たちのまちの復興」をやり遂げられたことの背景にあるのかもしれません。

●神戸のコミュニティ計画

　コミュニティ計画の話題に戻ると、この都市構造が「まち住区」というアイデアにつながっているんじゃないかなと思います。神戸で発達したコミュニティ計画は、近隣住区論の影響を受けていたとはいえ、現実とまったくかけ離れた理想主義的なものとして、空から降ってくるように実践されたのではなく、都市構造にあわせて生まれるべくして生まれ、実践されるべくして実践されたものだったのかもしれません。

　小林さんのインタビューにあったとおり、神戸のコミュニティ計画のルーツは、1970年代の2つのカルテにありました。当時の作業にあたったプランナーが、僕と同じように2つの軸で神戸の「まち」を捉えていたのかはわかりませんが、神戸の「まち」が多様であり、それを、ただ「多様である」という無責任な言葉で止めておくのではなく、「どのように多様であるか」を説明しようとした作業だったのだと思います。ＧＩＳも、GoogleMapもない当時の作業は、まさしく基礎研究とでも言える地味なものだったと思いますが（この作業は、イアン・マクハーグの作業にもちょっと共通しますよね）、いくつかのデータを重ね合わせたところにまちの姿が現れてきた時、そしてそれがプランナーが漠然と捉えていた神戸の多様さを説明できるものだったりしたら、興奮したんじゃないかなと思います。

残念なことに、その作業が「まち住区」という計画概念までは結びつかなかったわけですが、その作業が開発プラットフォームのようになって、まちづくり条例や景観条例が生まれたということですし、板宿、丸山、真野といったまちづくりの動きを都市政策の中に位置付けることができた。神戸のまちの都市構造と、そのわかりやすさと、コミュニティ計画という方法が、ぴったりと嵌ったということかもしれません。

でもこのことは、結局のところ神戸スタイルのコミュニティ計画が、それほど全国に広がらなかった原因なのかもしれません。神戸の地形があってこそ生まれたし、それが行政職員の、プランナーの、そして住民の無意識の前提としてあったからこそ使われたシステムではないか、ということです。コミュニティ計画は、都市計画の新しい共通言語のように考えられていたのですが、実は神戸においてでしか広がらなかった、方言のようなものだったのかもしれません。だとしたら他の都市でどのように方言が発達していったのか。80年代以降に発達していく、「ワークショップ」の流れにつなげて見ていきましょうか。

饗庭伸

13 UR（ウル）の経営スタイルから学ぶこと

饗庭さんへ

阪神間のコミュニティ計画が、計画論の「方言」のようなものだったという話は面白いですね。

その方言を日常的に使っていた人間には、それが方言だと気づかなかったのかもしれません。違和感なく「コミュニティ」という言葉を使っていたら、阪神間以外の地域で「左翼的だ」と揶揄されることが多かったのもそのあたりに関係しているのかもしれません。その頃の僕は「左翼」って何かがよくわかっていなかったのですが。

僕も饗庭さんも兵庫県西宮市で若い頃を過ごした共通点があります。だから「コミュニティ」って普通に存在する言葉であり、概念だったのでしょうね。今回の発見は、小林さんの話を通じて、水谷頴介さんやその弟子の方々がまちづくりを展開していたことと、そこで模索された方言的なコミュニティ計画によるまちづくりの現場で我々が育ったこと、という点でした。そのあたりについては無意識でしたが、確実に影響を受けていたんだなぁと感じました。

ちなみに先日、水谷さんがお住まいだったご自宅を訪問してきました。息子の水谷元さんが案内してくれたのですが、そこには多くの絵画作品がありました。特にたくさんコレクションされていたのが、西宮市で活躍した津高和一さんの作品。抽象絵画の作家ですが、水谷さんは積極的に津高さんを応援していたようなのです。津高さんは、1980～85年にかけて、年に一度、西宮市の夙川公園で「テント美術館」を出現させて、90mに及ぶテントの細長い空間の中で、さまざまな作家の作品を展示しました。また、屋外でも作品展示やパフォーマンス、シンポジウムなどを開催しています。公共空間の使いこなし方として、画期的な活動だったと感じていますし、僕はこうした活動の影響を受けながらコミュニティデザインの手法について試行錯誤してきたんだなぁと感じます。その「架空通信テント美術館展」の発起人の中に、水谷頴介さんの名前も入っています。津高さんとの関係、阪神間での活動などが垣間見られる出来事です。なお、津高さんは残念ながら阪神・淡路大震災によって83歳で亡くなってしまいました。

1995年の阪神・淡路大震災の時、僕は緑地計画工学を学ぶ大学生でしたが、神戸市のJR住吉駅南側の地区が被災状況調査の対象地で、あのあたりを歩き回ったことを覚えています。その後の復興まちづくりにおいて、水谷さんの弟子の方々が阪神間各所で活躍されていたことも覚えています。小林さんが中心になって設立したコー・プランの名前は当時からよく耳にしていましたが、独立した個人や事務所を束ねる役割として設立された事務所だったとは知りませんでした。小規模分散型だけど、コー・プランを通じてネットワークを形成していたんですね。

小林さんのお話にもありましたが、かつては都市計画を専門に仕事をする事務所がほとんど存在

高津和一さんの作品

（水谷頴介さんのコレクションより）

しなかった。だから、役所は大学の研究室に仕事を依頼することが多かったようですね。水谷さんの研究室も都市計画に関わる仕事を請けていたけど、徐々に「民間に発注するように」という世間の風潮が高まり、水谷さんの教え子たちを中心にしてＵＲ（ウル）という都市計画事務所が設立された。１９６９年のことですね。東京では翌年、土田旭★さんたちが都市環境研究所を設立されていますので、そういう時代だったのでしょう。

小林さんは、その頃からウルで働いていたので、初期の状況にも詳しい。徐々に仕事が増え、所員も増えたけど、誰も事務所経営的なことをやりたがらない。労務管理とか、興味がない人たちが集まっていたのでしょうね。だから意図的にウルを分裂させた。１９８０年代になって、水谷さん自身がウルを抜けて自分の事務所をつくり、小林さんも１９８６年にウルを抜けてコー・プランを設立していますね。ウルのメンバーだった後藤祐介★さんも自身の事務所を設立している。こうして、ウルの本体に残る人と、そこから抜けて数人で事務所をつくる人たちとが阪神間で活躍し始める。小林さんがつくったコー・プランという会社は、ウル関係者が株主となる協働会社で、大きな仕事を受注して株主たちが協働しながら仕事をこなしていくための会社だった。こういう方法は斬新だっただろうと思います。僕はコミュニティデザイン事務所であるstudio-Lを設立しましたが、これは個人事業主の集合体でして、その意味ではコー・プランのあり方にとても似ているなぁという気がしました。

ただし、バラバラの事務所になりつつ、コー・プランを通じて仕事を協働する方法は、ともすると仕事を受注する窓口としてコー・プランを利用する人たちの集まりになってしまう危険性がある。

だからきっと、小林さんたちは「水谷ゼミナール」を並走させたんでしょうね。水谷さんの生前から続けられているという水谷ゼミナールは、水谷さんの弟子だと自認する人たちが何を考えてどんなことに取り組んでいるのかを報告し合う場だったそうなので、ここで水谷さんから引き継いだ都市計画の哲学のようなものを確認し合っていたのだろうと思います。2ヶ月に一度集まっていたそうなので、かなりの頻度ですよね。

studio-Lも個人事業主の集合体なので、ともすると考え方がバラバラになってしまいがちです。幸いなことに、2005年に設立した事務所なのでインターネットの技術が高まり、アプリが充実した時代に事務所の経営を考えることができました。それもあって2ヶ月に一度、全員で集まって自分たちの哲学を確認し合わなくても、ゆるやかにネットを通じて考え方をやりとりすることができました。年に一度、「合宿」と称して2日間や3日間はずっと同じ時間を過ごし、自分たちが携わってきたプロジェクトについて意見交換しています。ただし、これもうちのメンバーたちが「やりたい」と言わない限りは開催されません。3年ほど、合宿が開催されなかった時期もありました。それでも、フェイスブックのグループで日々の情報を交換していますし、必要であればZOOMでオンライン会議を実施しますから、業務を推進する上で求められる情報のやりとりに困ることはありません。

ただし、雑談の時間があまり生まれないんですよね。オンライン会議は必要な時刻に参加し、打合せが終わると去っていく。事務所で同じ空間にいれば、他の人との会話が聞こえてきたり、まだ固まっていないアイデアを語ってみて他のメンバーたちの反応を見るというようなことができない。

僕が今、何を考えているのかを日常的にスタッフに伝えることもできない。オンラインにて業務は滞りなく進んでいるので、コロナ渦中でも表面的には問題ないように見えるのですが、これを続けていると哲学が共有されなくなったり、新しいことに挑戦するための「やる気」のようなものが減じてしまうんじゃないかと心配になりました。

そこで、２０２０年8月末からYouTubeで情報を発信することにしました。いま自分が考えていることを台本なしでしゃべるだけの動画です。一応、動画なので話をしている僕の顔や身振りが映っていますが、基本的にはラジオのようなものです。作業用動画として、仕事をしながら聞いておいてもらえればいいと思っています。YouTubeですから、誰でも視聴していただけるものですが、僕が最初に想定した視聴者はstudio-Lの仲間たちです。彼らは好きな場所に住み、好きな時間帯に仕事をしています。僕も年に数回しか事務所へ行かない。だからなかなか顔を合わせる機会がないのです。合わせるとすれば、ワークショップの現場くらいでしょうか。しかし、コロナ渦中ではワークショップもオンラインになりがちなのです。そうなると、僕がいま何を考えているのかが伝えにくくなる。そこで、「今日考えたこと」を毎日撮影して、YouTubeで公開することにしたのです。「きっと、毎日会社へ来る社長だったら、お昼休みとかにこういう話をするだろうな」と思うようなことを撮影して、毎日配信しています。でも、studio-Lのスタッフに「あなたたちのために配信しているんだから、毎日ちゃんと観なさい」と伝えたことはありません。それをしてしまうと、「お昼休みにボヤく社長の話」という雰囲気がなくなってしまいそうなので。聞きたければ聞けばいいし、忙しければ無視してくれればいい。それくらいの話題にしたいなと思っています。

ということで、スタッフが個人事業主としてそれぞれコミュニティデザインの現場に向き合っていることと、studio-Lとして持っておきたい考え方を共有することとのバランスを考えることは大切だと思っています。それは、油断するとバラバラになってしまうような働き方を選んだからこそ考えておかねばならないことなのでしょうね。その点で、コー・プラン（協働のプラットフォーム）と水谷ゼミナール（価値観の共有の場）という両方が用意されていたことに共感しました。

その他、水谷さんが芦屋に住んでいて、兵庫県立芦屋高校出身だったという点にも運命を感じています。僕もいま、たまたま西宮市の西隣の芦屋市に住んでいて、近所にある芦屋高校で授業をしたりしているので。また、現在のウルの代表である平井仁★さんは、僕が大学時代に学んだ緑地計画工学研究室の先輩ですので、これまた運命的なものを感じます。今後、水谷さんやウルについて、いろいろ学んでみたいと思います。東京発のメディアからはあまり発信されない情報かもしれませんが、コミュニティデザインに関して言うと阪神間はネタの宝庫ですね。

山崎亮

14 NPO法制定の時代、80年代のワークショップ

山崎さんへ

studio-Lの経営の話、とても面白いですね。

僕が学生だった90年代は、東京では計画技術研究所、都市計画設計研究所、都市環境研究所、首都圏総合計画研究所といったコンサルタント事務所が、新しいことをたくさんやっていました。これらの事務所を引っ張っておられたのは林さんをはじめとする1930年代後半から40年代頃生まれの世代の方々で、大学にポスドクなどで残っていた人たちが、大学の研究室で受けていた調査研究や計画づくりの仕事を持って外に飛び出してつくった、今で言うところの「大学発ベンチャー」だったわけです。これらのコンサルタント事務所が、専門家として行政と住民の間に立つような形でまちづくりの現場を支えていることが多くありました。僕はこのうち早稲田の卒業生が多かった首都圏総合計画研究所の人たちに教えてもらうことが多かったのですが、最初は財団法人を目指していたそうで、吉阪隆正さん、川名吉エ門さん、佐藤竺★さんといった錚々たる学者が理事に名を連ねていました。『まちつくり研究』という雑誌を出していたこともあり、民設の、住民側に立つシンクタンク、という印象がありました。吉阪さんは「まちつくり」と濁らないんですよ。

思い出すのは、NPO法制定の機運が盛り上がっていた1994年頃のことです。この頃に高見

澤邦郎さんが「まちづくり中間セクターの実態と非営利まちづくり組織への展望」というレポートを書かれているのですが、まちづくりにおいても、NPOという新しいタイプの組織モデルがインパクトを与えるのではないか、という議論が盛んに行われていました。あるシンポジウムで「非営利で行政と住民の間に立つ専門家は成立するか」という議論になり、その時にどなたかが、「今のまちづくりのコンサルタントが、大学から飛び出した時に株式会社を名乗るのではなく、最初からNPOを名乗っていればよかったんだよ」と発言されたのを聞いて、なるほどな、と思ったことがあります。非営利ということは、無給のボランティアということではなく、食べていくだけの人件費だけをしっかりと稼げばよい。コンサルタント事務所は設備投資をするわけではなく、人件費以外は稼がなくてもよいということですから、もし彼らが独立する1970年頃にNPO法人の仕組みがあれば、最初から株式会社ではなくNPOを選んだかもしれませんね。そして、その頃に首都圏総合計画研究所の大戸徹★さんにインタビューをしたことがあるのですが、バブル経済期にたくさんの仕事をこなすようになり、皆が忙しくなって一緒に雑誌をつくったりするような余裕がなくなってしまった、というようなことを仰っておられました。そういった問題をクリアするためにstudio-LがYouTubeを使っているというのは、なんとも面白い話ですね。

さて、世田谷の林さんから始まり、神戸の小林さんに至るまで、コミュニティ計画の現代史を遡っていくような旅をしてきました。これより前のことは生身の証言を聞くことができないので、ここ

『まちつくり研究　特集：地区計画』
首都圏総合計画研究所、1982.12〈冬季号、16〉

で回れ右をして、林さんから始まり、現代にまでつながる「ワークショップ」の流れを追っていくことにしましょうか。林さんご自身は1970年代の町田の「冒険男爵」の方法から学ぶことが多かったということですが（36頁）、飯豊町の「椿講（1980）」など、いくつかの流れがあり、80年代、90年代を通じてワークショップがまちづくりの現場に浸透していきます。

なぜワークショップが浸透していったのか、まずあまり本質的でない話をしておくと、80年代はオイルショック後の低成長期から抜けて、後にバブル経済期と呼ばれることになる好景気に入った時期です。その中心にあった不動産開発の中で、空間のデザインに高質なものを追求するようになりました。当時の建築思潮として大流行したのは「ポストモダン」ですよね。機能的な無駄のないモダニズムの建築に対して、機能性という価値観だけでない、さまざまな価値観を導入して建築をデザインしていくというものです。建築としては、1981年の名護市庁舎（象設計集団）、1986年のつくばセンタービル（磯崎新）、1987年のヤマトインターナショナル（原広司＋アトリエ・ファイ）などが有名ですが、こうしたポストモダンを探る作業の1つに、市民が参加して空間をデザインする試みがあったのだと思います。市民が参加してあれこれ注文をつけると、設計にも時間がかかりますし、複雑なデザインを実現するために建築費は高くなってしまいます。そういったことが成立した背景には、80年代の好景気があったわけで、ワークショップはその中で発達していきました。

次に本質的な話を。ここまで追いかけてきた、「コミュニティ計画」をどうつくるかという試行錯誤の流れの中に「ワークショップ」をおいてみると、それはコミュニケーションの方法の革命だったのだと思います。１９７０年代のコミュニティ計画をつくる時に、まず開発されたのは「コミュニティカルテ」という方法でした（１５４頁）。住民にとって身近な地区のデータを視覚化し、それを介してプランナーと住民がコミュニケーションを組み立てていく、ということを期待したわけですが、いざ蓋をあけてみると、「公園が少ない」というカルテの記述に対しては住民は「公園を増やしてほしい」、「交通事故が多い」というカルテの記述に対しては住民は「交通事故を減らして欲しい」ということしか言わないわけです。カルテは誰に対しても正確な情報を伝えるものなので、そこからは曖昧な表現が排除され、情報は数字や地図を使って正確に表現されます。そのことは素晴らしいことだと思うのですが、正確であるがゆえに、解釈の余地を排除し、住民から「まちを解釈する力」のようなものを奪ってしまうことにつながったわけです。

まちづくりの現場において、どうコミュニケーションを豊かにしていくのか、「数字や地図」ではなく「言葉や絵」によるコミュニケーションをどう組み立てていくか、その時に導入されたのがワークショップだったわけです。

ワークショップという手法の発信地となったのが、80年代、90年代の世田谷でした。神戸と世田谷はまちづくり界の東西の横綱のような感じがあったのですが、乾さんもお話されていた通り、ワークショップについては世田谷が10年は先行していました。僕も関西人なのでなんとなくわかるのですが、ワークショップの場で生み出される会話は、なんだかリズム感が悪い。自分の言葉や会話の方法と少しずれた位相で「会話をさせられている」感じがするわけです。その「ずれた感じ」にこそ、ワークショップの本質があるのだとは思いますが、関西人からするとどうも馴染めない。東京はそもそもいろいろな方言を持った人たちが集まって、ちょっと無理をして標準語という共通語を喋っている場所ですから、東京ではすんなりと導入されたということなんだと思います。

そして世田谷の中心にあったのは、1992年に設立された「世田谷まちづくりセンター」でした。まちづくりセンターが中心となって、いくつかの参加のデザインのプロジェクトが実践され、そしてその方法をまとめた『参加のデザイン道具箱』（201頁参照）という書籍が刊行されます。この道具箱が、全国のあちこちのまちづくりの現場で、ワークショップのバイブルとして、首っ引きで使われることになっていきます。

このあたりのことを聞くために、世田谷まちづくりセンターの創立時からのスタッフだった浅海義治さんにお話を伺いにいくことにしましょうか。

饗庭伸

15 ＮＰＯ価格――studio-L設立時に考えたこと

饗庭さんへ

１９９５年前後に「まちづくりのコンサルタントが、最初から株式会社ではなくＮＰＯを名乗っていればよかったんだ」という声があったという話、とても興味深いです。なぜなら、その20年後にstudio-Lを設立した僕は、株式会社かＮＰＯ法人か迷ったうえで、株式会社にした経験があるからです。きっと、その20年間でＮＰＯ法人としてまちづくりに関わる人が増えたんでしょうね。その結果、僕から見るとまちづくりコンサルタントの方々が、独特の「ＮＰＯ価格」で仕事を請けているような気がしたのです。「ボランティア価格」とも呼ばれていました。そして、まちづくりに携わろうとする若手たちが、「先輩たちがまちづくりの単価を下げてしまった」と嘆いていたのも耳にしました。それは、まちづくりコンサルタントの方々だけの責任ではなかったようで、発注する側も「ＮＰＯなら低価格でやってくれるよね。ボランティアも動員しながらやるわけでしょ」という気持ちでいたことも影響していたようです。

僕はその「ＮＰＯ価格」という言葉に引っかかっていました。２００５年にstudio-Lを設立し、1年後の２００６年に法人化させるにあたって、どんな法人格が適切かを検討しました。ちょうど、２００６年の5月に会社法ができて、持分会社（合名会社・合資会社・合同会社）か株式会社かを選ぶことができるようになっていました。また、NPO法人という選択肢もありました。NPO法人にすれば、公益的な仕事をしていると認識してもらえるので、役所からの仕事を請けやすくなるだろうという予感はありました。まだ何の実績もない僕にとって、それはとても魅力的なことです。特定非営利活動の種類に「まちづくり」も入っていることから、コミュニティデザインを標榜する事務所としてNPO法人を選びたくなる気持ちはよくわかります。ただし、僕はそれ以前から「NPO価格」という言葉を聞かされてきたので、コミュニティデザインという分野を広げていこうと思う時に、まちづくりコンサルタントの先輩方と同じ道を進んでしまうと、将来的に僕が若手から「コミュニティデザインの単価を下げてしまった」と言われてしまいかねないと思ったんです。それなら、最初は受注できないかもしれないけれども、NPO法人ではなく持分会社か株式会社で勝負した方がいいのではないか、と考えました。そのうえで、しかるべき対価をしっかりと伝えていくことにしようと思ったのです。そのためには、しっかりとした

studio-L 設立当初の事務所（2006）。ホームセンターで買ったスチールラックをつなぎ合わせた本棚。とにかく安い内装だった

仕事を積み重ねていかねばならない。そうでなければ、NPO価格の法人に発注してしまえばいいわけですからね。

ということで、「丁寧な仕事をするぞ！」という決意とともに、studio-Lは営利企業という形態を選択しました。その場合、持分会社と株式会社を選ばねばならないわけですが、独立当初は1人でしたし、「所有と経営の分離」を旨とした株式会社も、1人で立ち上げて、株主になり、取締役にもなるということであれば、オーナー会社だから所有と経営は融合することになる。それなら持分会社にする必要もないなと考えて、株式会社を選びました。さらに、株式会社だけど株主は自分しかいないわけだから、僕が配当を拒否すれば非営利株式会社として経営することができる。利益が出たら、それを公益事業（弊社ではそれを非営利業務と呼んでいます）に使うことができる。それならNPOではなくNPC（ノンプロフィットカンパニー）としてコミュニティデザインのプロジェクトに携わればいいじゃないか、と考えました。当時の文章などを読み直すと、何度もNPCという言葉を使っています。

現在の studio-L メンバー（2024.5）。メンバーは 20 人

そんな経緯で、僕はオーナー会社のNPCとして「株式会社studio-L」を2006年8月に設立しました。会社法ができた2ヶ月後のことでした。同じ頃に設立された会社には、持分会社からスタートするものも多くありましたが、僕は古典的な株式会社を非営利組織として経営するという道を選びました。それから約20年間、なるべくコミュニティデザインに携わる人が正当な対価を得られるようにと心がけてきました。「studio-Lさんに頼むと高いんでしょー?」と嫌味を言われながら、「はい、それなりに予算を用意していただかねばなりません」と返答しつつ。いまの若手がコミュニティデザインに携わることで、僕ほど貧乏しなくてもいい状態になっていれば嬉しく思います。

饗庭さんが整理してくれたとおり、ポストモダン建築は1980年代の好景気に支えられ、その中で住民参加の手法も広がるようになった。続く1990年代は東京と神戸でワークショップの手法が実践的に開発された時期でしたが、世の中の景気という点ではあまりよくなかった。そして2000年代、景気が悪いだけでなく多くの地域で人口減少が本格化していて、「人口が減るのに公共施設を増やす意味はない」という機運が高まっていました。思えば、そんな時代に起業したstudio-Lが、「単価を下げない」などと息巻いていたのは生意気な態度だったでしょうね。どおりで全然仕事がなかったわけです。

2005年に大阪で起業した僕にとって、1990年代に拡大したワークショップの手法はとても参考になりました。特に、世田谷まちづくりセンターがまとめた『参加のデザイン道具箱』シリーズは全4巻を何度も読みました。そして、世田谷まちづくりセンターの存在に憧れました。当然、創立当時からのスタッフだった浅海さんも憧れの対象でした。

一方で、アメリカから輸入されたワークショップの方法がどうも日本人の性格に合わないと感じることや、饗庭さんのご指摘どおり東京で流布されたワークショップのプログラムが関西ではウケないと感じることなどがありました。だから、海外の書籍を翻訳して伝えられるアイスブレイクやワークショップやチームビルディングの手法を日本版に変更させる必要があったし、それをやってくれていた世田谷まちづくりセンターの手法を関西版に変更させる必要がありました。えらく手間のかかることをしていたような気がしますが、結果的には全国各地でワークショップをさせてもらう時、欧米版でも東京版でもないプログラムをその都度開発する癖が付いたのはよかったなと感じています。かなり手間のかかる、面倒くさいことを繰り返しているので、「コミュニティデザインは華やかな仕事だ」と期待して弊社に合流される人たちからは落胆されまくるのですが。「別の地域のワークショップで使った道具をそのまま使った方が効率的じゃないですか」などというスタッフもいたりするのですが、残念ながら上記のような理由によって弊社ではその方法が禁止されています。だから手間がかかる。時間を要する。コミュニティデザインの単価は本当に上がっているのか？　と疑いたくなるくらいです。

そんなことがあったので、欧米版のワークショップを東京版に翻訳されていた憧れの浅海さんに会ってみたいという気持ちはずっとありました。また、世田谷まちづくりセンターの人材育成や財源確保、経営やまちづくりの単価についての考え方について教えてもらいたいと思っていました。そもそも、僕が独立する前に勤めていたＳＥＮ環境計画室という設計事務所の代表が浅海さんと知り合いだったそうで、所内でよく「浅海」という名前が出ていました。さらに、事務所の仕事でアメリカのカリフォルニア州にあるバークレー市へ行った際、MIGというランドスケープデザイン事務所を紹介されて共同代表のスーザン・ゴルツマン★という方と会った時にも「日本にはアサノウミがいるでしょう。ぜひ会いなさい」と言われました。

だから、浅海さんとはずっとお会いしたかったのです。ところがなかなか会う機会がない。ということで、今回の企画を利用して、ぜひともお会いして、話をお聞きしたいと思っています。20年越しの想いを果たすべく。

山崎亮

2020年10月14日、都内にて、
浅海義治さんにインタビュー

パイオニア訪問記4 浅海義治さん

1956年生まれ。カリフォルニア大学バークレー校大学院修士。マレーシア・セランゴール州、アメリカ・バークレー市で民間コンサルの仕事経験を経て、世田谷区、富山県氷見市、練馬区で参加のまちづくりに従事。プロジェクトに北沢川緑道せせらぎ再生、桜丘すみれば自然庭園、地域共生のいえ制度など

浅海義治さんは1956年生まれ、高野ランドスケーププランニング（以降：高野ランドスケープ）でランドスケープデザイナーとしてのキャリアを積まれたあと、カリフォルニア大学バークレー校の環境デザイン学部（Environmental Desig School）に留学されました。そこでランディ・ヘスター、アラン・ジェイコブス*、ダニエル・アイソファノ*といった錚々たるプランナーの教育を受け、そのままアイソファノの事務所であるMIGで経験を積みます。そして1991年の世田谷まちづくりセンターの設立とともに、そこのスタッフとなり、センターを中心にさまざまな住民参加のプロジェクトに取り組みます。まちづくりセンターではワークショップの技術をまとめた『参加のデザイン道具箱』を刊行し、研修プログラムを通じて、世田谷区のみならず全国にその技術を発信していきました。2016年には、参加のまちづくりの専門性が求められていた富山県氷見市の都市・まちづくり政策監に就任し、そのあとには、練馬区のみどりのまちづくりセンターの所長も務められました。

アメリカで考えられた住民参加の方法を日本の現場にあうように改良しながら伝播していった、まさに「まちづくりの専門家」の第一人者で、2015年に山崎・饗庭でつくった『まちづくりの仕事ガイドブック』でも、冒頭に浅海さんのインタビューが収録されています。

北大農学部から高野ランドスケープへ、WS 初体験

饗庭　浅海さんは高野ランドスケープでランドスケープデザイナーとしてのキャリアを始めたんですよね。

浅海　北海道大学の農学部に進み造園を専攻しました。淺川昭一郎先生が、みどり景観の心象評価や緑地計画の研究をしていた講座です。でもデザインがしたくて北大の先輩の高野文彰さんが立ち上げた高野ランドスケープへ夏休みにインターンに行ったんです。安定した職をすすめる親には反対されたけど 1980 年の卒業と同時に勤め始めました。1979 年の春にローレンス・ハルプリン*が箱根で行ったRSVP サイクルのトレーニングワークショップに高野さんが参加してきたばかりで、これからはワークショップだ！　と。目隠しをし手をつないでまちや自然の中を歩くハルプリンのブラインドウォークなんかはついていける人と行けない人がいて、高野さんはそういうのが大好きなタイプだった。僕にはちょっと難しいけど。

山崎　僕も直輸入タイプのワークショップは苦手です。

浅海　入社初年度に関わった宮崎のプロジェクトが僕のワークショップ初体験です。体育館で白いトレペを広げると周りに子どもたちが集まってくる。「さあみんなで公園に欲しい物を描いてみよう〜」という単純なことをしたのですが、ジェットコースターやゲーセンがほしい、なんていう絵がたくさん集まって。これをどう公園設計に活かすのかな、という疑問はその後も心にひっかかっていたわけです。

マレーシアセランゴール州の王族とともに（1981 年頃）高野ランドスケープの高野文彰さん（左から 2 番目）、荒巻大陸さん（右端）、浅海さん（右から 2 番目）（提供：浅海義治）

入社翌年には、マレーシアのプロジェクトに関わることになりました。セランゴール州のスルタン（州王）が、新しい州都のセントラルパークをつくるために日本の造園家を探す選定委員会を派遣してきたんです。高野さんは通訳として随行していたのですが、あなたも応募したらどうかと促されて、その日に徹夜でプロポーザルをつくって翌日にプレゼンしたら、選ばれちゃったわけです。

マレーシアでは10数名の日本のランドスケープ・アーキテクトと地元スタッフとでプロジェクトチームをつくり、設計と施工管理をしました。元請けは高野だから自社スタッフを置く必要があって、社員３人しかいない中で英語が比較的できた僕が最初に派遣されました。この１年半の駐在はとても貴重だった。ランドスケープデザインのいろはや事業コーディネートを毎日勉強できたし、要所要所で高野さんが来た時の委員会へのプレゼンがとてもためになった。そしてなにより、現地のことをわかって計画するということを日々考えさせられた。日本と気候風土が違い、散歩するのは陽の出ていない朝夕。森林浴が気持ちよい、みたいなことにならず、森はサソリがでて危ないとか、日向にベンチをおいたらやけどになるとか。現地の人々の暮らしや環境の捉え方を少しでも理解できるように、屋台やマーケットを朝・昼・晩と巡り歩いたり、高床式の居住形態が残る田舎の集落を訪ねたり、熱帯雨林のジャングルで生物多様性を体感したりしました。

現地で困ったのは、僕の学位が農学士なので、ランドスケープ・アーキテクトとして認められないこと。ちゃんと学位があった方がいいなと思うようになりました。また日本の公園についても、地域に応じた計画や活用が柔軟にできない制度に疑問を感じていた。それで、コミュニティから発想するデザインを改めて学び直したいと思い、アメリカ・ランドスケープ協会の雑誌で見つけたランディ・ヘスター先生がいるUCバークレーに行くことを決めました。バークレーではランドスケープ・アーキテクチャー学科と都市計画学科の両方に籍を置き、アーバン＆コミュニティデザインを専攻しました。1984～87の大学院修士課程を終えた後は、MIGで1989年まで働きました。合わせて6年近くアメリカで暮らしました。

バークレーでの学び

饗庭　当時のバークレーにはどういう先生がいらっしゃった

んですか？

浅海　僕のメンターはランディ・ヘスター、アラン・ジェイコブス、ダニエル・アイソファノです。他に、ピーター・ボッセルマンやクレア・クーパー*、ジュディス・イネス*などがいました。UCバークレーとMITで“PLACES”という季刊誌を創刊したのが入学前年の1983年で、人々のための環境デザインを訴えかけるマニフェストを世に問いかけていた頃です。

バークレーでは環境をケアすることが大事だということを叩き込まれました。住民のアイデンティティを支えるまちの価値や、人々のソーシャルな活動を支える空間デザインは、授業全体の基調になっていました。さらにランドスケープデザインは地球をお世話する仕事だ、というStewardship（管理責任）の感覚も学びました。これらが環境や都市について考える僕の原点になっています。

また、バークレーというまちそのものからも色々感化されました。インクルーシブシティといって、多様性、受容性、共存、連帯が大切にされていて、バークレーではあたり前にカフェで身障者もコーヒーを飲んでいたり、サンフランシスコではゲイパレードも盛大に行われていました。本当に色んな人が居て、自由に、普通に、そして多様に生きていた。そのような社会に触れた影響が今でも大きいです。住宅の庭も個性にあふれ、公園も自由に使いこなされ

上：UCバークレー環境デザインスクール（提供：浅海義治）
右：MIGのオフィスにて（1987年頃）（提供：浅海義治）

ていました。ある日近隣公園の芝生広場に小さな舞台ができて、家族がブランケットを持って集まってきていました。眺めていると、人形劇のパフォーマンスが始まったんです。「へーこんなふうに公園を使うんだ」と。日本だったら特別イベントになるけど、生活に普通に溶け込んでいていいなと思いました。まちを題材にした歌もけっこうあったりして、人々がまちとつながった暮らしを愛でているように感じました。

饗庭　バークレーではどんな授業が行われていたのですか？

浅海　事例や知識の講義というより、私はこのように社会を解釈し、こういう考えに立ってこう行動しているという講義が多かった気がします。例えば、環境をコントロールできる力が近代化とともに人々から奪われてきているなどの捉え方や、人間の成長と結びつく環境デザインのあり方など。

印象深いのはプランニング・セオリーの授業で、合理主義的アプローチと漸進主義的アプローチを比較討論させられました。コミュニティ・デザイン・センターに出向いて地域住民を擁護する計画を立てることもしました。ドナルド・ショーン*の「省察的実践論」をもとに、専門家はどう自己学習するのかを考えさせる授業もありました。

クレア・クーパーの授業では自分のバイアスを知るための演習が印象的でした。不思議な授業で、「目を閉じてください、あなたは今５歳です、周りに何が見えるかを絵に描いてください」みたいなことで始まる。次に10代と年齢が上がり、最後に今考える理想のまちを描いてください、と続く。そして自分の価値観に環境履歴がどんなふうに影響しているかをレポートさせられるのです。環境デザイナーは、自分のバイアスを自覚して他人に接しなさいということでした。

山崎　それは社会福祉の教育で最初にやることです。人の話をどう聴くか、信頼関係をどう築くかという時に、自分が何者なのか、何を大切にする人間なのか、という「自己覚知」ができていることが大切になります。そうでないと対人支援の時に無自覚な偏りが生まれてしまうからです。バークレーでは、すでにその教育が行われていたのですね。

浅海　専門家として情報や意見を住民に提供するのに、わからないことも含め正直な伝え方が大事だということも学びました。住民参加は相互の学習プロセスでもあるのです。

ランディからは、クライアントから与えられた計画課題が本当に「解決すべき問題か」を検証することから仕事は始まるんだ、と学びました。ヒアリングやまち観察によってコミュニティを理解し、そこに必要な仕事を自ら見つけるべきだと。

アラン・ジェイコブスはサンフランシスコ市の都市計画局長をしていた人だけど、よくパブリックマインドについて話していました。公共とは何か、人間的な都市とは何かについてです。『Looking at Cities』という彼の本の授業では、コミュニティの活力や動きを読み取っていくまち歩きがあった。店の種類や空き店舗サイン、アパートの居住状況や建物の管理状態などを見ながら、まちの今と変化を捉えていく。

伝統的なプランニングの方法は、青図を書いてそれに向けた効率的な方法を推し進めるやり方ですね。その一方に、コミュニカティブ・プランニングがあり、アドボカシー・プランニングがある、ということもバークレーで学びました。

饗庭　調査の技術や、プランニングの方法、ワークショップの方法など、具体的な技術も学ばれたんですか？

浅海　定量分析や定性分析の調査手法は都市計画学科の必須授業でした。定性分析を教えていたのがジュディス・イネス。ピーター・ボッセルマン*の授業では、ウィリアム・ホワイト*のニューヨーク・プラザの定点カメラによる利用調査の講義があり、クレア・クーパーの授業ではサンフランシスコのプラザの行動観察調査をしてデザインガイドをつくる課題がありました。人々の振る舞いや認知調査から大切な行動パターンを見つけデザインに活かす授業です。ランディはその延長線上で、Sacred Place（聖なる場所）という概念を提示していました。特に美しくもない、例えば港の桟橋の一角が、そのまちのティーンエイジャーにとってとても意味のある場所だったりする。たむろしやすく、友達に出会う場となっているから。そういう地域固有の聖なる場所をみつけプランニングに反映するのが重要だということ。そんな場所をマッピングして、地域の人に我がまちを再発見してもらう“Introducing Community to Itself”というステップが計画の初期段階に大切ですと教えてもらいました。

ファシリテーションはダニエル・アイソファノから学びました。プロセスデザインという言葉も彼から教えてもらいました。彼の事務所が運営する住民参加の現場では、大きな白いロール紙を壁一面に貼って、人々の意見をファシリテーション・グラフィックで記録していくんだけど、そういう手法を都市計画分野に最初に導入したのが彼です。大きなプロセスデザインの図をもとに、住民参加の進め方の確認から会議は始まる。みんなの発言は 10 色のマーカーを巧みに使って構造化される。自分は会場のエネルギーを模造紙に投影する触媒なんだ、と合気道を例にあげて話していました。

文章表現を学ぶ「パワフル・ライティング（力強い、訴えかけられる文章）」という授業もありました。住民のまちへの想いを計画コンセプトの言葉に表す創造力が大事ですよね。また「グラフィック・プレゼンテーション（図解表現）」の授業もありました。『ナショナル・ジオグラフィック』の図表を参考にしろと言われましたね。僕はピーター・ボッセルマンのティーチング・アシスタントとしてこの授業を手伝った。

あと授業で面白かったのは、plastic tree の話。美観の授業に出てきたのですが、プラスチックの木はなぜだめなのか？　を議論させる授業なんです。住宅のソーラーパネルなんかも最初は醜いと敬遠されていても、地球にやさしいことがわかると人々の美観も変わっていくんじゃないかといった討議もあった。美観はそれ自体独立して存在しているのか、価値観に影響されるものなのか、という問いです。

「ファシリテーショングラフィックを学ぼう」世田谷にダニエル・アイソファノを招いた講習会（1989 年頃、提供：浅海義治）

世田谷とのつながり

饗庭　世田谷とのつながりはバークレーを卒業されてからですか？

浅海　世田谷とのつながりのきっかけは、バークレーの修士論文のケーススタディに太子堂のまちづくりを取り上げたことです。日本で住民参加と言うと太子堂が有名で、アメリカの住民参加の方法論と比較しようと思ったんです。

調査のために1987年に世田谷区役所に行き、齋藤啓子*さんと卯月盛夫さんにヒアリングしました。そして、太子堂にあった木下勇さんの「子どもの遊びと街研究会」の一軒家に行ったら林泰義さんもそこにいた。

世田谷では1987年からまちづくりセンターをつくろうという検討が始まり、1988年にアメリカの先進事例を見に行く2週間の視察ツアーが企画されました。そのコーディネート依頼が僕がいたMIGに来たわけです。ダニエルが全米ツアーの訪問先の調整をしてくれ、僕が通訳兼ツアーガイドで、林さんや木下さん、区役所の原昭夫さんたちなど総勢15名ほどのメンバーを引率して西海岸から東海岸まで回りました。1990年になって日本に帰ろうかなとなった時に、「まちづくりセンター」がつくられることになったので、世田谷に来ないかとお誘いをいただいたんです。

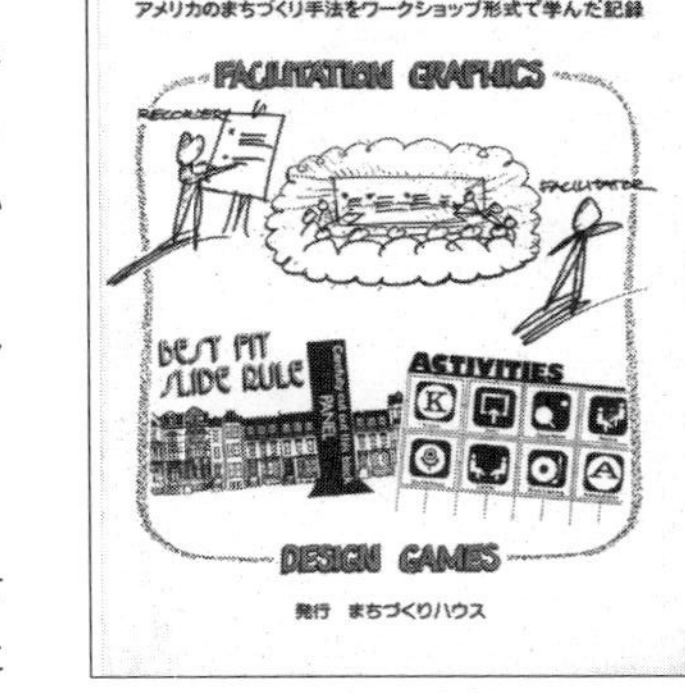

「アメリカのまちづくり手法をワークショップ形式で学ぼう !!」記録冊子（出典；『まちづくりハウス双書 2』）

実は最初は役所関連組織に入るのはいやだなと思って断ったんですよ。コンパクトで自立したまちに住みたいなという思いもあって、札幌で民間事務所を探して仕事に就きました。しかし当時の地方は国の補助金付きの事業ばかりで、やりたい住民参加の仕事ができそうにないことに気づいた。それで1年も経たないうちに世田谷の都市デザイン室長だった原さんに手紙を書いて、一度お断りしたあのお話、まだ生きているでしょうか……と。

最初は役所ってどうかなと思っていたんだけど、入ってみると建前と本音の世界でした。建前を通す理屈さえ考えられれば、新たな事業を想起して立ち上げるおもしろみがあった。田中勇輔*さんや原昭夫さんみたいな人もいて、アレルギー反応がなくなりました。卯月盛夫さんがまちづくりセンターの初代所長になります。

饗庭　帰国してすぐ、アメリカと当時の世田谷の違いはどう感じましたか？

浅海　行政のお金の使い方がずいぶん違うと感じましたね。啓発事業が世田谷には多くって、そういうことにすごくお金を使っているんだと思いました。住民啓発的なことが日本の中で大切なんだと。逆に言うと、アメリカってそういうことやらなくても、意見を言う人はいくらでもいる。アメリカの住民参加は物事を決めるために行っているんだけど、日本ではまちに関心を持ってもらうことが主眼なのかなあと。そういう社会環境やステージの違いは感じましたね。まちづくりセンター設立当初の仕事も、住民に自分のまちに目を向けてもらい、まちづくりの意識を掘り起こすことに大きな役割があった。

ところで、言葉の違いは大きいですよね。実は、日本に帰ってきた理由の１つに、アメリカでファシリテーターがちゃんとできるとは思わなかったということがあります。

世田谷まちづくりセンター（1991 年頃）。まちづくりファンド委員と計画技術研究所メンバーとの打合せ（提供：浅海義治）

「子どもの遊びと街研究会」の一軒家、猫屋敷（出典：『三世代遊び場図鑑』風土社、1999）

山崎　言葉とその背後にある文化を含めた壁は大きいですよね。「ドラえもんの四次元ポケットみたいなもので」って、アメリカだとどう喩えればいいのかわからないですもん。その国の言語で一定期間暮らしたことがある人でないと、地域での

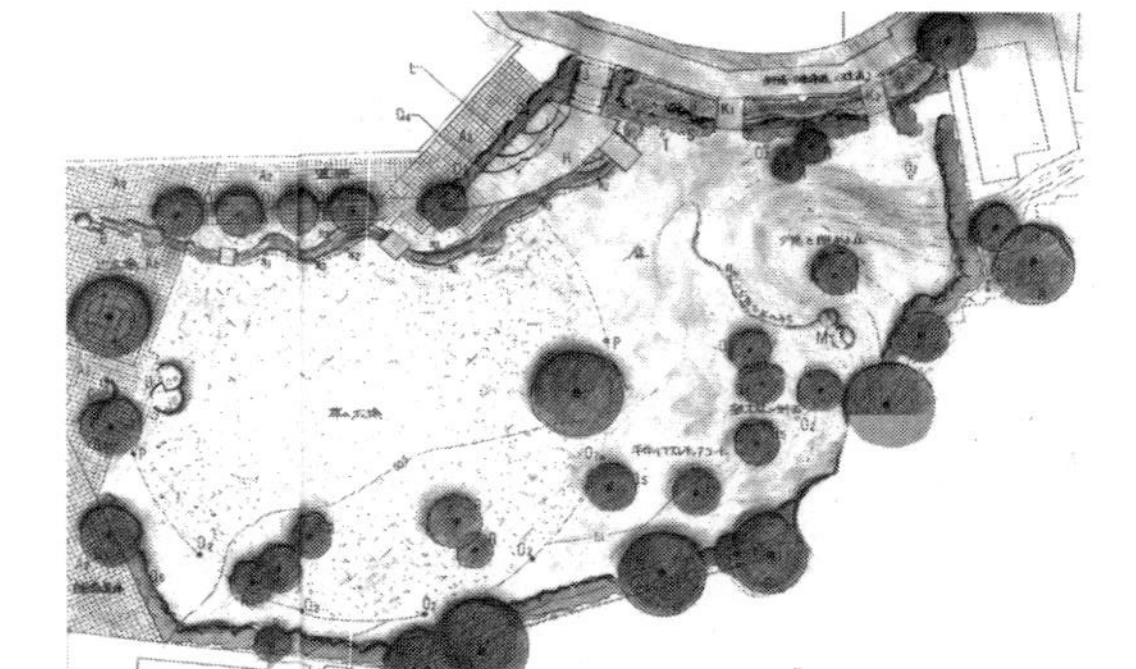
ねこじゃらし公園。世田谷区民の要望から、1991 年よりワークショップを開始し、1994 年にオープンした（出典：『玉川まちづくりハウスの活動記録 1991.4 ～ 1996.3 みんなでホイッ！』1996、pp.18-19）

ファシリテーションをうまく進めるのは難しいのではないか、というのは想像できます。

浅海　とはいえ、日本に帰ってきてからもワークショップをやるたびに自分が思い描くようにいかず落ち込んだことも多々あります。でもこの仕事を続けられているのは、それぞれの現場で素晴らしい人に出会えることが原動力になったからだと思います。太子堂のまちづくりのキーパーソンである梅津政之輔*さんや、ねこじゃらし公園の白勢見和子さん、行政マンでは田中勇輔さん、原昭夫さんなど。田中さんは当時研修室長でしたが、世田谷区に来たての僕にワークショップ研修をまかせてくれたんです。今考えるとすごいことです。1 年目は課長対象の研修講師として 3 日間の宿泊研修を伊豆でやらせてもらって。次の年からは 5 日間の係長研修を 7 年くらい続けさせてもらいました。新任係長は必ず受けなければいけない研修で、毎年 30 人ほどの参加者がいました。この研修は伊藤雅春さんや井上文さんにも講師に加わってもらいました。これらの研修があったおかげで、区役所内のいろんな部署の人とのつながりができ、まちづくりセンターの仕事にさまざまに役立ちました。

『参加のデザイン道具箱』

饗庭　まちづくりセンターではどういうプロジェクトに取り組んでおられたのですか？

浅海　発足当時の世田谷まちづくりセンターには、緻密な事業計画というものはなかったんです。センターは住民主体の活動を支援する組織で、まちづくり助成事業と啓発事業が 2 つの柱、それだけでした。メンバーも最初は所長含めて 4 人です。他都市に先例がないので具体的な中身は自分たちで考えた。「世田谷まちづくりファンド」を回す公開審査の仕組みや、住まいづくり学校などの啓発事業も新たに始めた。このあたりは、延藤安弘先生に関わってもらったことが大きい。ねこじゃらし公園は、玉川まちづくりハウスと協力して行った最初の年の仕事。これは全国的にワークショップ型公園づくりとして注目されました。

その後、北沢川緑道のせせらぎ再生計画や桜丘すみれば自然庭園、都市整備方針セミナーなど、区事業への住民参加ワークショップの仕事が徐々に拡大していきました。係長研修を担ったり『参加のデザイン道具箱』を発行したことで、そういうノウハウがある組織なんだということを知ってもらえるようになりましたからね。区の担当者の本音として住民参加はやりたくなかったんだけど、やらなきゃいけなくて声がかかったこともあった。だけど、そのような担当者と組んでみると、行政マンとしてのその人なりの熱量があって、現場では本音のいい議論ができるんです。大変だったけど、できあがって、地域の誇りの１つになってよかったと語り合えたりします。

饗庭　『参加のデザイン道具箱』はどうやってつくったのですか？　ネイチャーゲームなど色々なゲームが入ってます。

浅海　アメリカ時代に興味を持って集めていた住民参加や環境学習の資料や、ランディやダニエル、ヘンリー・サノフに来日してもらったワークショップ講習会時のテキストがベースになっています。それらの手法に日本風アレンジを加え、世田谷区の職員研修などで試したものをまとめました。帰国した時から本のイメージはあって、１枚の企画書をつくって、伊藤雅春さんに東横線のホームで見てもらうことから始まったんだよね。伊藤さんが協力してくれることになりデザイナーを引き入れ、あの形に仕上がったんです。表参道にあった伊藤さんの大久手計画工房で夜にたびたび打ち合わせをし、狩野三枝さんがイラストを担当してくれました。

僕はダニエルから学んだプロセスデザインについてもちゃんと伝えたいと思っていたので、パート２とパート３もつくりました。MIG の書架に『Participatory Toolbox』という、たしか電力事業者がつくった住民参加のマニュアル本があったんですよ。書かれている中身は違うんだけど、その名前が記憶に残っていて道具箱っていいタイトルだなと考えました。「参加のデザイン」には、「参加プロセスをデザインする」

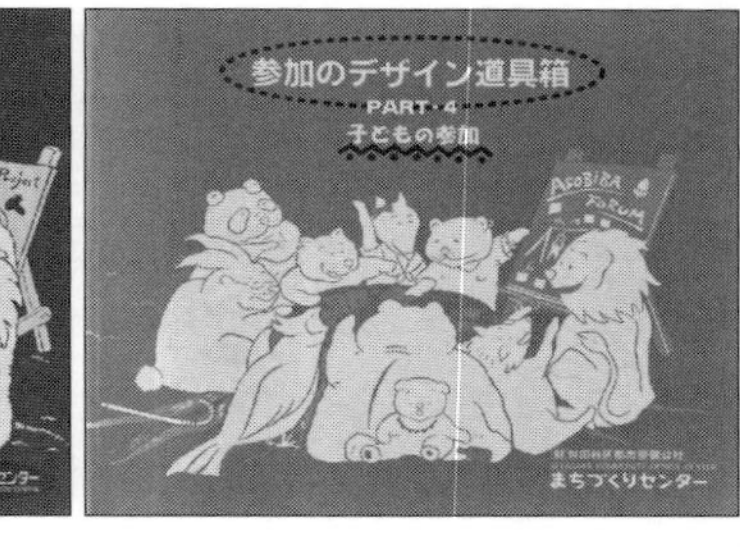

『参加のデザイン道具箱』全4巻、世田谷まちづくりセンター、1993〜2002

という意味と、「参加によってまちをデザインする」という2つの意味を込めています。

『参加のデザイン道具箱』の最初の原稿を当時の上司の住宅まちづくり課長に見せたら、「こんな本、何で必要なの」と言われたのですが、それでもちゃんと予算を付けてくれました。だから、もともと予算がついていてつくった本ではなかったんです。結果的に全国に普及し広く読まれる本になりました。ただ、書かれた通りにワークショップをすれば住民参加になると思われる傾向を広めたこともあるから、功罪両方だと思います。

饗庭　僕も随分と参考にしたのですが、形だけ真似ればできるわけでもなく、押し付けがましい書きぶりでもなく、ちょうどよい書き方だと思いました。

浅海　本だけじゃわからないから実地研修をやってくれという依頼が読者から寄せられました。そこで、参加のデザイン道具箱実践講習会を始めた。基礎編1日コース、応用編2日コースのプログラムをつくり、10年間で2000人くらいの受講がありました。講師は当時まちづくりセンターにいた朝比奈さんとコンビで行っていました。受講生は日本中から訪れてくれて、出張講習会の依頼もかなりありました。この講習会の終わりに受講生の地元名産持ち寄りパーティを設け、本音トークの交流会をひらいていました。市民、実業家、民間コンサル、行政マン、大学教諭など実に様々な参加者が毎回いて、後に市長になられた方や地域リーダーも少なくなかった。振り返ると「参加とワークショップ」をキーワードとした熱量のある特別な場を提供できていたのだと思います。講師の僕たちにとっても、日本各地の課題や動向を知り、ネットワークを広げるとても貴重な機会になっていました。

山崎　伊藤雅春さんはクリストファー・アレグザンダーのパタン・ランゲージの影響を受けたワークショップをやっていて、一方の浅海さんはランディ・ヘスターの影響を受けたワークショップをやっている。その2人が世田谷で協働していたというのが興味深いですね。

『Planning NEIGHBORHOOD SPACE with People, Second Edition』Randolph T. Hester, Jr, 1984
参加による環境デザインの方法とプランナーの役割を説いたランディ・ヘスターの本（所蔵：浅海義治）

中間支援からの展開、プランニングとは

浅海　まちづくりセンターが2006年にせたがやトラスト協会と一緒になり、市民緑地や小さな森などが事業に加わって、民有地の公共的活用が仕事の視野に入ってきた。公園にはない果樹やホストのおもてなしなど、個人の庭だからできる地域への活かし方があった。このような民間コモンズの発想は、自宅の空室や空き家をまちに開く「地域共生のいえ」にもつながっています。また、まちづくりファンドに国から5000万円の補助金を獲得して「拠点づくり部門」をつくったのもこの頃で、計10箇所のまちづくり拠点を生みだす事業を立ち上げました。「地域共生のいえ」も「拠点づくり部門」も、時期尚早じゃないのか、ソフトを重視するまちづくりセンターにとってはハードに踏み込みすぎじゃないか、という声があったけど、

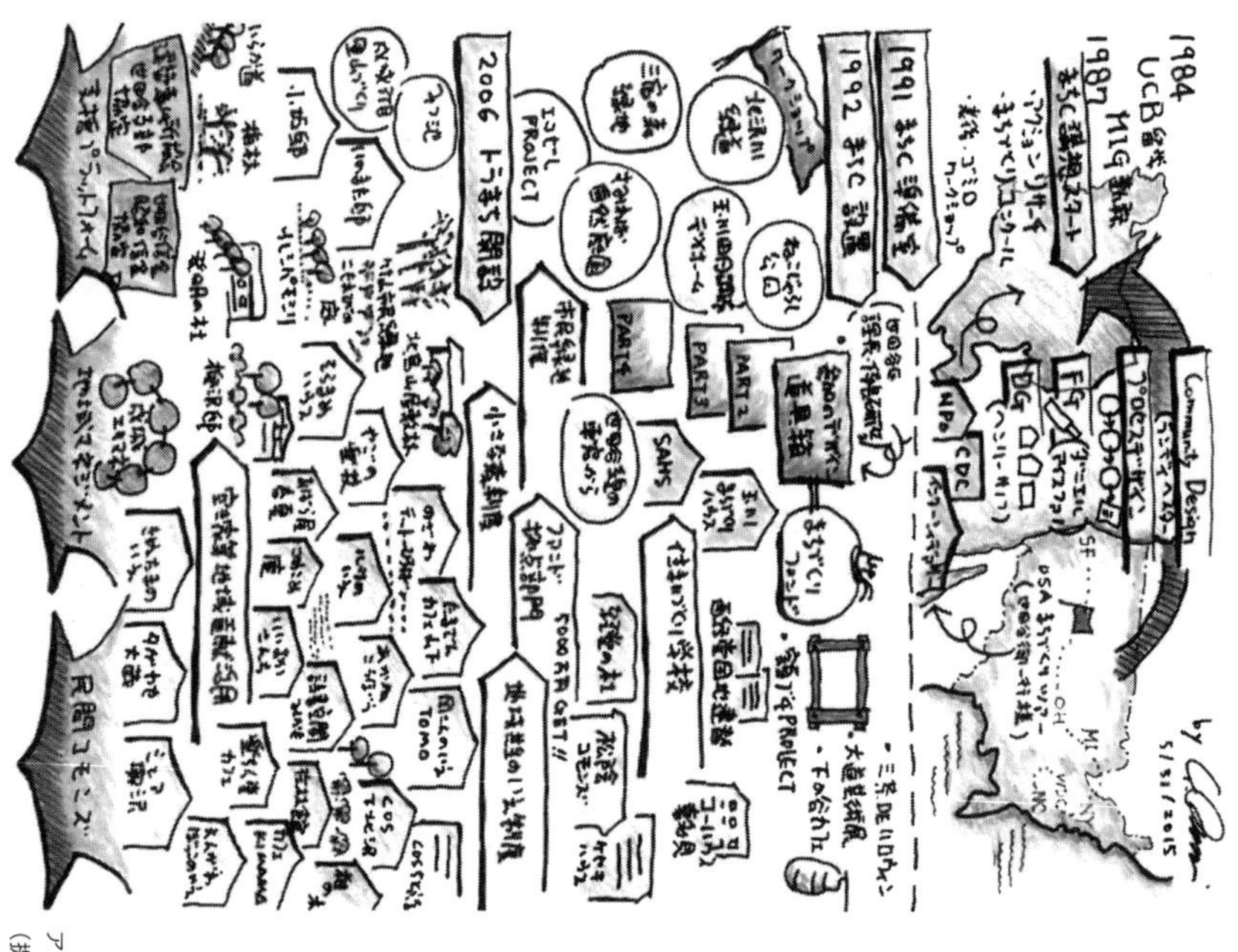

アメリカから世田谷へ、浅海さんが描いた 1984 ～ 2015 の仕事経歴鳥観図
（提供：浅海義治）

少々強引に事業化しました。
まちづくりファンドによるソフトへの助成だけでは人のひろがりに限界を感じていたわけです。まちづくり活動を意識しないでも普通の人が気軽に関われる場所が、地域に多様にあることが大事じゃないのかなと思うようになっていた。

饗庭　まちづくりファンドには、当初地域の専門家が拠点をつくって活動する「まちづくりハウス」部門がありました。僕はこのアイデアが好きなんですが、あまり増えませんでした。一方で地域共生のいえはかなり増えました。

浅海　地域共生のいえは敷居が低くて、オーナーが好きな時に好きなように地域に開けばよいんですよね。そしてやめたい時にはいつでもやめてもいい。まちづくりハウスに求めていたものって、地域のよろず相談所みたいなことで、専門性と持続性が前提にあり、そうなるとそれを担う人のプレッシャーって高いんだろうと思うんです。当初はアメリカで広がっていた CDCs（コミュニティ開発法人）的なものへの期待がまちづくりハウスにありました。ハウスは地域ごとに 1 箇所というイメージだったのですが、地域型ハウスは玉川田園調布だけで、あとはテーマ型ハウスになった。地域型まちづくりハウスは、町会との関係など地域でのポジショニングに難しさがあったし、財政支援の仕組みも十分ではなかった。求めることが高すぎたんだろうなと思います。

　暮らしに即した居場所が多様に求められるようになり、地域共生のいえのようなタイプはこれからも広がりそうですよね。縁側文化があった日本的な取り組みというか、自然な流れが見えます。地域共生のいえは、町会ともバッティングしないから受け入れてもらいやすいです。

山崎　アメリカでランドスケープデザインを学ばれて、日本に帰ってきてからは直接デザインするのではなく中間支援に徹してきた。そのあたりに違和感や葛藤はなかったのですか。

浅海　ねこじゃらし公園や北沢川緑道では設計者と調整を密に行って、形に落としている実感がありました。だけど、まちづくりファンドには当初は戸惑いがありましたね。活動支援と一言で言っても、距離感の取り方など住民活動にどこまで関わればよいのか悩んだ。センター設立当初の西経堂団地の建て替えでは、アドボケートプランナーとして住民計画案を団地の自治会に通って一緒につくったりしたのですが、助成団体が年に20-30団体とたくさん増えてくると、画一的な対応しかできないようになってくる。そうすると徐々に中途半端な仕事しかできていない感覚が生まれてくる。そんなジレンマはずっとあった。

　そのうち助成団体の蓄積が100を超えるようになり、団体同士がつながることで新たな活動や場が生まれる経験もするようになった。そのことで、触媒の役割によって想定を超える活動が開花する面白さに徐々に気づき始めました。そうして色々な人たちをつなげるソーシャル・キャピタルに意識が向くようになり、地域コミュニティをデザインの対象として捉える目が芽生えたように思います。

　プランニングは「価値の選択と創造」をみんなで行うことだと思っています。そこに暮らす人々とのオープンな話し合いと社会実験の積み重ねから、未来をつくるアイデアと動きを生み出せるといいと思っています。

　僕はかつて延藤安弘先生から「ラフスケッチャー」と命名されたことがあるのですが、計画課題や現状の違和感に対する仮説シナリオを描きながら現場でテストしている感覚がある。中間支援には受動と能動の両方のアプローチが必要と考えています。でも最終的に戻っていくのは「まち」。まちが教師で、現場に学び現場から発想することが基本です。アラン・ジェイコブスは直感型なんだよね。彼の授業に出ると、私はこのような手がかりを現場に見つけ、そこからこのように考えた、という話し方なんだけど魅力的な人柄でした。

山崎さんが使っているコミュニティデザインはどういう感じですか？

山崎　ランディ・ヘスターの「Community Development by Design」という言葉が近いと思っているんです。コミュニティディベロップメントと言うと、途上国での人材開発というイメージが強いかもしれませんが、先進国と呼ばれている日本においても地域住民の能力開発やエンパワメントはとても大切だと思っています。デザインを通じて、地域住民の生涯学習を促進させることができればいいなと思います。

ただ、歴史的にはニュータウンなどの地区設計のことを「コミュニティ・デザイン」と呼んだり、地域の公共空間のデザインをコミュニティの方々と一緒に考えることを「コミュニティ・デザイン」と呼んでいた時期もあります。いずれも空間をつくることが目的ですね。能力開発やエンパワメントは脇役です。だから、空間づくりを目標とした「コミュニティ・デザイン」をバージョン1.0とか2.0と呼んで、市民の生涯学習やつながりづくりを目標とした「コミュニティデザイン」をバージョン3.0と呼んだりしています。もちろん、1.0も2.0も3.0も平行して進んでいるのですが、都市計画の分野では比較的最近まで3.0の重要性は語られてきませんでした。僕も最初は地域の人が話し合って公共施設のデザインを決めていく2.0から入ったのですが、最近ではワークショップの参加者同士が学び合う3.0こそが自分が携わるべきコミュニティデザインだと考えるようになっています。

浅海　なるほど。僕は北沢川緑道せせらぎ再生や桜丘すみれば自然庭園の自身のプロジェクトを紹介する時に「まちは人々の多様な生き方の舞台」「人が環境を育み、環境が人を育む」という言い方をよくするのですが、人と環境の相互作用によって双方が共に育っていく姿を理想に描いています。個人と社会と自然とのホリスティックなつながりは、慈愛に満ちた世界を生み出します。そのようなコミュニティ・デザインの現場に今後も関わり続けたいと思います。

7

何のための
ワークショップ？

16 コミュニティデザイン教育と都市

山崎さんへ

浅海さんのお話、とても情報量が多く、楽しかったですね。

1980年代までの日本の「まちづくり」に向けて、浅海さんを媒介にして新しいアイデアが一気に流れ込んだことがよくわかりました。浅海さんがバークレーに留学されていたのは、昭和の最後の数年間、日本だとバブル経済期にあたる時期です。僕や山崎さんは中学生や高校生だったわけですが、平成の初期に大学教育を受けた身としては、どうしてもその頃に日本で受けた教育や暮らした都市と比べてしまいます。

最初の方にも書きましたが、僕がワークショップに出会ったのは1993年の頃、浅海さんのお話にも出てきた卯月盛夫さんが早稲田大学で開講していた授業でした。ワークショップはコミュニケーションの方法として画期的で、もちろん最初は気恥ずかしかったのですが、僕も含めた学生たちはあっという間に魅了されてしまいました。

「かたちから入る」という言葉は、悪い意味で使われることがありますが、新しい文化は多くの場合「かたち」から伝わるもので、逆に言えば魅力的な「かたち」を持っていない文化は、どんなに素晴らしくても伝わらない。そういう意味で、ワークショップは、よい「かたち」だったわけで、僕も見様見真似でかたちから入り、その後ろにある新しい文化を理解していきました。

ではどういう文化が後ろにあったのでしょうか。浅海さんは、カリフォルニア大学バークレーで行われていた教育のプログラムについてお話をされていました。クレア・クーパー・マーカスの自分のバイアスを知るためのクラス、情報の正確さやライティングについてのパワフルライティングのクラス……などです。今でも受けてみたい授業ばかり。これらの背景にあるのは、プランニングが民主的であれ、という文化ですよね。民主主義＝デモクラシーとしてのプランニング。ランディ・ヘスターは2006年に『Design for Ecological Democracy』という本を出していますし、2017年の本も『Design as democracy』というタイトル、一貫していますよね。ワークショップはその一部であり、プランナーのあり方、ファシリテーションの方法、グラフィックや言葉での表現方法など、方法の体系がその後ろにある。僕も数年前からインフォグラフィックスの授業を立ち上げたり、スタジオの中でプランニングの言葉を意識的に組み立てていく、なんてことをやっています。30年前にワークショップという「かたち」から入り、いろいろな人たちとのプランニングを経験する中で、必要だと思ったことを教育のプログラムに反映させているつもりだったのですが、当時のバークレーですでに実践されていたんだなあと感心しました。

一方で、日本の中ではどういう教育のプログラムが発達しているのでしょうか。今や当たり前のようにワークショップが使われているわけですが、その「かたち」の後ろにある、プランニングが民主的であれ、という

『Design for Ecological Democracy』MIT Press, 2006（邦訳は『エコロジカル・デモクラシー：まちづくりと生態的多様性をつなぐデザイン』ランディ・ヘスター、土肥真人（訳）、鹿島出版会、2018）

文化がどう理解され、それに沿ったプログラムがどれくらいあり、それが現実のプランニングの現場にどう影響を与えているのでしょうか。山崎さんも数年前に東北芸工大でコミュニティデザイン学科を設立されましたが、どういうことを考えておられたのでしょうか。

そして、こういった教育プログラムが生み出される土壌となった、バークレーという都市の話もとても魅力的でした。公園での紙芝居、ニューエイジの人たちの動き、ゲイのパレード等々、受容性、多様性に富む「インクルーシブシティ」ですよね。僕の師匠である佐藤滋さんも、90年代の初頭にバークレーに滞在されていたのですが、帰国後に学生たちに『Eco city Berkeley』という本を紹介されていたことを覚えています（『エコシティ―バークリーの生態都市計画』）。「エコシティ」は当時はとても耳新しい言葉でした。当時の僕はまちづくりのプロジェクトやワークショップを、まだ断片的に、1つ1つのプロジェクトとして捉えており、「こんな小さなことをやってどうなるんだろう」と、悩むことがたびたびありました。エコシティという言葉によって、それぞれの小さな取り組みが1つの都市像、もちろん教条的な都市像ではなく、包摂的な都市像のもとにあるという道筋が見えたわけです。当時の僕がフィールドにしていた東京や横浜の状況は、バークレーと比べるべくもないと思うのですが、あちこちにある草の根の面白い取り組みの1つ1つが、エコシティのような都市像のもとにあるとも考えられる。浅海さんが世田谷に入ってこられたのも、そこにある可能性が見えていたからかもしれないですね。

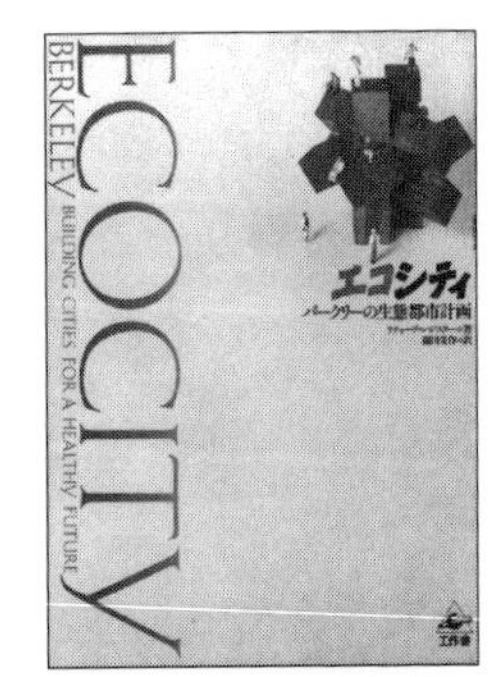

『エコシティ　バークリーの生態都市計画』
リチャード・レジスター、靍田栄作（訳）、工作舎、1993

山崎さんにも少しお付き合いをいただいていましたが、コロナ禍の前まで、僕の研究室の留学生が、中国の専門家の人たち向けの、日本のコミュニティデザインの現場をめぐるツアーをよく企画していました。東京では世田谷のまちづくりセンターを訪ねたり、市民活動の現場を訪れ、そして飛騨古川などの町並みまちづくりを見て、大阪ではstudio-Lの現場を訪ねる、なんていうツアーです。皆さん大興奮して帰られるわけです。

その時に、90年代に日本の専門家が見たバークレーほどの魅力的な都市を見せられていたのかはちょっと心許ないのですが、きっと彼らにはコミュニティデザインの現場だけでなく、移動中に見た道路の使い方とか、まちの至る所にある在宅ケアの拠点とか、公園での子どもとお母さんのやりとりとか、そういったもの全てが一まとまりの情報として伝わっていたのかもしれないです。コミュニティデザインで整えられる空間は限定的で、その後景にある都市を隅々まで意識的につくり込むなんてことはできないのですが、前景のコミュニティデザインを後景の都市とあわせて伝えていくことには意識的でありたいと思いました。

饗庭伸

17 スチュワードシップと民主的な計画づくり

饗庭さんへ

僕も浅海さんのバークレー留学時代の話を興味深く聞いてました。現在の日本に引き継がれていること、アレンジされて活用されていること、うまく伝わっていないことなどがあるんだなぁという印象です。

まず、浅海さんがおっしゃった「スチュワードシップ」という言葉。ランディ・ヘスターから「地球は1つだ。我々はそこをお世話する管理人としての意識（スチュワードシップ）が必要だ」と習ったとのこと。これは当時のカリフォルニアの雰囲気を感じさせる言葉ですね。ヘスターはカリフォルニア大学バークレー校のランドスケープデザインに関する教員でしたが、同じカリフォルニア大学のロサンゼルス校の歴史学に関する教員だったリン・ホワイト・ジュニア★の影響を感じさせます。リン・ホワイトは中世の生活、キリスト教、東洋思想、環境倫理についての著作がある研究者です。他には社会における女性の立場についての研究も多い。ランドスケープデザイナーにとっては、特に環境倫理についての言及が重要だったと思います。また、当時の西海岸で流行していたヒッピー文化にもリン・ホワイトの思想が影響を与えていたのでしょう。その意味では、ヘスターだけでなく、ローレンス・ハルプリンなどのヒッピーモダニズム時代のランドスケープデザイナーは、少なからずリン・ホワイトの影響を受けています。

リン・ホワイトは鋭い洞察力で当時の環境問題の背景にある思想や宗教の特徴を掴み取っていたと思いますが、結論や提案は少し楽天的だったという印象は否めません。「キリスト教が自然破壊の思想を内在させているのだから、中世のアッシジで活動した聖フランチェスコの思想に学べ」とか「東洋思想なら環境破壊は起きにくい」と言われても、本当かな？と思ってしまいます。このあたりは少し説明が必要でしょうね。

そもそもは旧約聖書の創世記の記述をどう翻訳してどう理解するか、という問題があるんだろうと思います。創世記の冒頭には、神が1週間で世界を創り上げたと書かれています。以下は正確ではないかもしれませんが僕の勝手な要約です。

1日目：天と地をつくり、光と闇をつくり、それが昼と夜になった。
2日目：水をつくり、それを上下に分けて海と雲をつくった。
3日目：陸をつくり、海と分けて、陸に草と果樹をつくった。それらが種で増えるようにした。
4日目：1日、四季、1年という時間をつくり、太陽と月と星をつくった。
5日目：魚と鳥をつくった。それらが子孫をつくるようにした。
6日目：動物をつくった。それらを家畜と昆虫と獣に分けた。最後に、神自身の姿に似せて人間をつくった。そして男と女に分けた。この人間が子孫をつくるようにし、魚と鳥と動物全般を治めさせることにした。また、植物全般を食べ物として人間に与えた。動物全般には草を食べ物として与えた。

7日目：神は自分の仕事に満足して休んだ。

以上が創世記の第1章ですね。かなりざっくりした要約ですし、上記が正しい理解なのかはわかりません。聖書の専門家からすれば、「そうじゃない！」と指摘される点もあるでしょう。何しろ、日本語訳された文章を読んで、自分なりに要約しただけですから。問題はこのあたりにあります。つまり、聖書の原文は古代ヘブライ語で書かれており、これがギリシャ語などを経由して世界各国の言葉に翻訳されています。その翻訳を読みながら、教会の人たちやキリスト教信者たちが「たぶんこういう意味だろう」と理解しながら教えに基づいて生活しているわけです。「神も7日目に休んだのだから、我々も日曜日は休みにしよう」と理解して生活しているのです。フリードリヒ・ニーチェが19世紀後半に「神は死んだ」と言い、神がどうしたこうしたということを気にせず、あなた自身の健康や生活を気にしなさい、と呼びかけたにも関わらず。これに呼応するようにダーウィンが進化論を通じて「人間や動植物は神がつくったものじゃない」と伝えたにも関わらず。

未だに7日目はお休みの日だと信じているのと同じように、6日目に神が人間をつくり、動植物を治めるよう指示したということも信じ込まれていますね。人間は動植物とは違う生き物だと認識している。それが「動植物の中で最も神の姿に似ているから特別であり、だから自然環境の統治者なのだ」と信じているかどうかは人によると思います。でも、動物や植物が人間の生活を脅かそうとすると全力で抵抗するしニュースにもなるのに、人間が動物や植物の生活を脅かすことはネットニュースにもならない。動物愛護系の人たちでも、「野菜や果物の人生」を脅かして搾取して摂取することはあまり問わない。人間は神からそれらを食べてもいいと許されたわけですからね。

というように、聖書はキリスト教社会に対して、人間が自然を統治する役割を神から託されていることを伝えてきたし、意識的であれ無意識的であれ人々はあまり罪の意識を感じないで自然環境を改変させてきました。特に産業革命以降は人間が自然を改変させる技術力が大幅に増幅し、自然が回復するよりも速い速度で自然を改変させてしまうようになりました。

これは産業革命という技術力だけの問題ではありません。技術に基づいて発想してしまう考え方も影響しています。マルティン・ハイデガーが指摘しているように、当時も今も「技術的に可能か？」という判断基準が大きな影響力を持つ時代なのです。多くの話題が「で、それって技術的に可能？だったらやろうよ」という話に行き着く。自然環境も「それって利用できる？　できない？　利用できるなら利用しようよ」という対象として見られるようになる。そんな時代において、「いやいや技術的な話ばかりじゃダメでしょ。自然は存在自体尊いし、美しいし、芸術などを生み出す源泉にもなっているんだよ」といっても説得力がない。「たしかにね。でもさ」という話になる。それほど技術的な話は現在において圧倒的な力を持っている。ハイデガーはこのことを指摘して、我々は「聖書の創世記の6日目、人間は自然界を統治する役割を神から与えられた」と理解しているが、それは「自然界の主人」ではなく「単なる見張り番」という意味なのでは？　という問いを投げかけています。何しろ聖書は古代ヘブライ語で書かれていたのですからね。ドイツ語とか英語とか日本語という最近の言葉に翻訳される間に、言葉が持っていた意味を少しずつ変形させながら伝えられてきた可能性がありそうです。ナチスとの関係を考えるとハイデガーを手放しで称賛する気持ちにはなれませんが、このような問いかけは地球環境問題を考える際に重要な視点を与えてくれます。

以上のような経緯を踏まえて、リン・ホワイトの言葉が登場するわけです。ハイデガーの「人間は自然界の主人ではなく見張り番である」という指摘、人間は自然の中心にいるわけではないという「非人間中心主義」的な考え方を引き継いだリン・ホワイトは、1968年に出版した『機械と神』の中で「人間は自然の単なる管理人（スチュワード）である」という主張を展開しました。1968年と言えば、キング牧師が暗殺された年でもあり、世界各地で学生運動が巻き起こっていた時期でもあります。カリフォルニアではヒッピー運動が盛んであり、カリフォルニア大学の教員だったリン・ホワイトの指摘は多くの学生に支持されました。当時、ヘスターも東海岸で学ぶ学生でした。学部を卒業して、大学院へ進んだ頃だったと思います。きっと大いに影響を受けたことでしょう。その20年後、カリフォルニア大学バークレー校の教員だったヘスターから、浅海さんは「スチュワードシップ」ということを学んだわけですね。この考え方は、ランドスケープデザインやコミュニティデザインに取り組む際、僕も大切にしているものです。だからでしょうか、ちょっと話が長くなりました。

ただ、この話は饗庭さんから前回いただいた「『プランニングは民主的であれ』と言われるが、山崎は東北芸術工科大学にコミュニティデザイン学科を立ち上げた時にどんな思想的背景を設定していたのか？」という質問にも関連しています。プランニングが民主的であることは大切だと思っていますが、プランニングが影響を及ぼす自然界との関わりについても検討したいと思っています。役所から「ある計画をつくってほしい」と頼まれるとします。すると我々は常に「住民参加の手

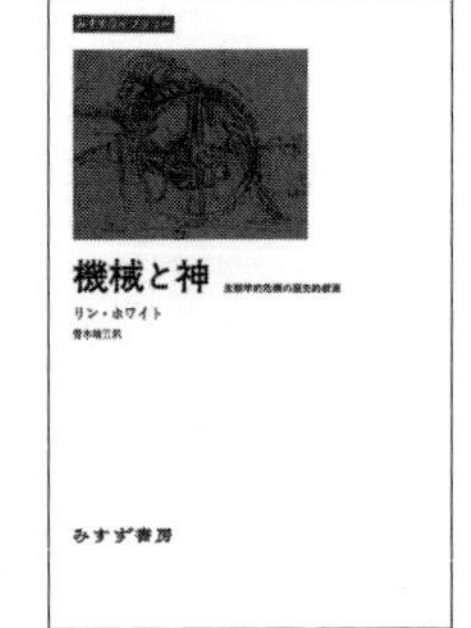

『機会と神 - 生態学的危機の歴史的根源』
リン・ホワイト、青木靖三（訳）、みすず書房、1999

法を用いて民主的に計画をつくりたい」と提案します。また、行政からの依頼が正当なものかを判断します。もし論点がズレていると感じた場合、別のテーマを掲げてワークショップを提案します。

それが認められると仕事が発注されることになるわけですが、その時人間中心主義的な計画にならないか注意します。専門家だけで計画をつくるのでは物足りない。だから地域住民にも参加してもらう。あるいは関係人口として遠隔地からオンラインでワークショップに参加してもらう。多様な主体の意見を計画に反映させようとします。そのために、「話しかけられやすい」計画づくりを目指します。つい話しかけに行きたくなるようなワークショップとはどうあるべきか。そんなことを考えています。浅海さんが言うところの「コミュニカティブプランニング」ですね（そのためには「自分は話しかけられやすい存在か」という自己覚知が必要です）。

ところがワークショップの会場に来られない方もたくさんいる。興味がない人、忙しい人、物理的に会場まで移動できない人、オンラインでワークショップに参加する方法がわからない人、ワークショップが開催されていることを知らなかった人、日本語でのコミュニケーションが苦手な人、声や文字による対話ができない人。こういう人たちは、どれだけ「話しかけられやすい」計画づくりを心がけても話しかけに来るのが難しい。また、言葉を話したり書いたりすることができない年齢の子どもや、まだこの世の中に生まれてきていない人も「話しかける」ことができない存在です。しかし、今後10年間の計画をつくると、そういう人たちにも影響します。さらに人間以外の生き物たち。動植物の意見を反映させるのも難しい。生まれた時と消えてなくなる時があるという意味では「岩石もまた緩慢な生物である」とするならば、岩石も含めた地球環境のすべてが計画に関係する主体なわけですが、「話しかけられやすい計画」の方法をどれだけ駆使しても話しかけてもらうのはかなり難しい。だから、ワークショップの参加者が、話しかけるのが難しい主体を代弁する必要があります。会場に来られなかった人や動植物や石や水や土の意見を擁護しなければなりません。いわば「声なき声を代弁する」計画づくりですね。浅海さんが言うところの「アドボカティブプランニング」です（そのためには正確な情報を手に入れることが重要です）。

こうやってつくる計画が、単なる絵に描いた餅では意味がありません。何より、話しかけてくれて、声なき声を代弁してくれたワークショップ参加者たちが落胆してしまいます。できあがった計画が実行力を持つための戦略が必要になります。だからいつもワークショップでは「要望陳情型の意見ではなく、提案実行型の意見を集めましょう」と呼びかけます。そして、実際に参加者が提案してくれたアイデアを実行するための作戦を練ります。役所の関係各課との調整も進め、計画が完成したと同時に市民活動が開始されるような実効性を内在させた計画づくりを目指します。かなり戦略的な計画づくりですね。これは、浅海さんの言うところの「ストラテジックプランニング」だと思います（そのためには筆力、パワフルライティングも必要です）。

以上のように、コミュニカティブプランニング、アドボカティブプランニング、ストラテジックプランニングという3種類の計画策定方法を組合せながら、「計画づくりは民主的であれ」を実行しているような気がします。そのために大切なことは、参加者が「自分ごと」として考え始めるきっかけを用意すること、「自分ごと」を「自分たちごと」へと発展させていく道を用意すること、「他人ごと」や「人間以外のこと（動植物など）」も「自分たちごと」に盛り込むための学びの場をつくることだろうと思います。そこまで準備ができれば、あとはワークショップを通じて対話を繰り返す。チームビルディングを支援する。そうやって実効性の高い計画をつくるよう努力しています。

東北芸術工科大学でコミュニティデザイン学科を新設した時、カリキュラムの中に自然環境やランドスケープデザインに関する授業を入れておいたのもこうした背景があります。非人間中心主義の思想に基づいてワークショップを進める時、「庭師の手入れ」や「里山の保全活用」という考え方が入り口になるのではないかと思っているからです。いきなり大自然を相手にスチュワードシップを果たそうとするのは難しいですから。

だから、僕にとって「インクルーシブシティ」というのは、高齢者や障がいのある人なども包含するような都市というよりは、自然環境も含めた都市というイメージです。拡大解釈かもしれませんが。饗庭さんがバークレー市のことをインクルーシブシティだと表現されましたが、自然環境との付き合い方という意味でもアメリカにおいてはインクルーシブな都市だと思います。「エコシティ」という言葉に象徴されていますね。アリス・ウォーターズ★による地元有機食材レストラン「シェ・パニーズ」や、彼女が牽引して地元中学校の駐車場を農園化した「食べられる校庭」、バークレー市で販売されている地元食材を使っている割合を示した「グリーンミシュラン」という冊子など、エコフレンドリーな活動も多く存

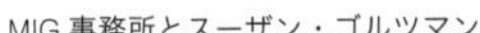
MIG 事務所とスーザン・ゴルツマン

在しています。「食べられる校庭」プロジェクトは、すでに学校の校庭を飛び出して、賛同者が自宅の前庭を農園化し続けており、校庭では栽培できなかった野菜を育てて学校の調理室まで運んでくれています。浅海さんが一時期働いていたバークレーのＭＩＧというランドスケープデザイン事務所を訪れた際、共同代表のスーザン・ゴルツマンに「食べられる校庭」や各地のコミュニティガーデンを案内してもらいました。20年前のことです。その後、studio-Lのプロジェクトでも大阪市の北加賀屋地区で千島土地さんとともに「みんなのうえん」というコミュニティガーデンをつくるにいたりました。「みんなのうえん」は地元のＮＰＯ法人コトハナが管理してくれることになり、そこから独立したグッドラックという法人が各地にみんなのうえんを増やしています。力強い展開で嬉しく思います。

アメリカを訪れるたびに、時間をつくってバークレーに立ち寄ることにしています。その時は、なるべくＭＩＧにもお邪魔して、どんなことに取り組んでいるのかを見せてもらいます。10年ほど前、ＭＩＧを訪れて「２００５年にstudio-Lという事務所を設立し、コミュニティデザインに取り組んでいる」とゴルツマンに報告したところ、「それは素晴らしいね。コミュニティという概念をどこまで広げられるかが重要ですね」といわれました。そして、彼女たちがつくった『インクルーシブシティ』という５００頁ほどある大きな本をプレゼントしてくれました。この本はＭＩＧが携わったランドスケープデザインの事例が掲載されてい

「食べられる校庭」にはキッチンもあって、生徒たちが料理できる

食べられる校庭。学校の駐車場だった場所を畑に変えたプロジェクト

るのですが、子ども、障がいのある人、高齢者、動植物など、さまざまな主体とともに計画や設計が進められていることがわかります。そんな本のタイトルに『インクルーシブシティ』と付けたというのが、彼女たちの概念を象徴しているし、バークレーというまちの気分を反映しているなぁという気がします。

こんなふうに、僕のコミュニティ観はバークレーの影響を受けています。ゴルツマンの影響を受けています。インクルーシブといった時、どこまでを包摂すべきかと考えると自然環境も入ってしまいます。それはコミュニティに自然環境が入っているからでしょうね。そして、それはリン・ホワイトやヘスターやゴルツマンなど、カリフォルニアの環境倫理が僕にも入り込んでいるからだろうと思います。だから僕はそうやって地域社会を見てしまう癖があります。この癖を知ることがコミュニティデザインにとって大切なことであり、浅海さんが学生時代に受けた「自分のバイアスを知る」授業なのだと思います。これは社会福祉分野で「自己覚知」と呼ばれるものです。社会福祉を学ぶ人は、最初にこれをやります。設計分野で幅が均等な直線を引くことができるようにするのと同じくらい、初期に「自己覚知」に取り組みます。自分は何が大切だと思っている人間なのか。自分にはどういう思考の癖があるのか。これを仲間との対話や書籍との対話などから洗い出すのです。コミュニティデザインに携わる人間は、小グループに分かれたテーブルで人々の意見を引き出したりまとめたりします。その時、コミュニティ

『The Inclusive City: Design Solutions for Buildings, Neighborhoods, And Urban Spaces』Susan Goltsman, Daniel Iacofano, Mig Communications, 2007

みんなのうえん

そんな価値観やデザイナーの価値観が「引き出し方」や「まとめ方」についつい出てしまいます。そんな価値観や癖のようなものを、自分がちゃんと知っているかどうか。それは、ワークショップのテーブルにつくにあたって大切なことです。それがわかっていれば、テーブルで話し合っている人の意見に自分がどんな感情を抱きやすいか、どんな意見に賛同しやすく、どんな意見は承服しにくいのかがわかるようになります。「話しかけやすい」計画づくりを進めようとする時、コミュニティデザイナー自身が自分の癖を自覚し、話しかけられやすい存在になることが大切だな、と思います。浅海さんがバークレーで学んでいた時から、そういう授業があったことに勇気づけられました。

浅海さんのアメリカ時代については、まだまだ書きたいことがたくさんあります。いやはや、刺激的な話でした。

山崎亮

18 3つのプランニング

山崎さんへ

コミュニカティブプランニングは「対話」、アドボカティブプランニングは「代弁」、ストラテジックプランニングは「戦略」ですよね。

古典的には、例えばF・スチュアート・チェピン・ジュニア★の「都市の土地利用計画」に代表されるような大文字の「プランニング」があり、市民と相対する中でそれが3つの方向に改良されたものですよね。どれも納得できる考え方ですが、突き詰めて考えると、対話と代弁と戦略は相反することがあると思います。例えば対話を重視しすぎると、代弁すべき声をあげられない人や事物の声を軽視してしまいかねない、代弁を重視しすぎると、あれもこれもとなって戦略を絞ることができなくなる、戦略を重視しすぎると、対話が打算的になる、などです。実際はこれらの3つを高度に組み合わせながらプランニングを進めるわけですが、そのバランスは、1人ひとりのプランナー、例えば僕と山崎さんと浅海さんでも異なり、その違いは、現場でのちょっとしたワークショップの方法から、プランニングのプロセスの組み立て方、それぞれがつくり上げる組織や制度（僕の研究室と、studio-Lと、世田谷まちづくりセンター）にいたるまでのディテールの違いにあらわれてくると思います。ちなみに僕が影響を受けた先達のことを考えてみると、延藤安弘さんは「対話」

が強く出ていらっしゃったように思いますし、内田雄造さんは「代弁」が強く、佐藤滋さんや高見澤邦郎さんは「戦略」が強いように思います。

アメリカの人たちは自己主張がはっきりしていますから、対話はもとより、うるさいほど代弁する人たちが多くいそうですが、日本はそうではない。コミュニティデザインの現場で「アメリカ人みたいに喋ってください」というのは本末転倒ですから、この3つのプランニングがさらに日本の中で変形しながら、日本なりのコミュニティデザインの方法が発達したということだと思います。浅海さんが日本に戻ってこられた90年代の前半には、これまで見てきたように、すでにコミュニティデザインの蓄積があり、ある種の「まちづくりの仕組み」ができていた。そこにいろいろな人の経験が流れ込むことによって仕組みが深まったり、変化したりしていくわけですが、浅海さんの経験が流れ込んだ先にあった、世田谷区の仕組みを例に考えてみようと思います。

●ストラテジックプランニングとまちづくり条例

僕は90年代に神奈川県の川崎市や横浜市、山形県の鶴岡市などで、市民参加型のまちづくりを地方自治体が導入するにはどうしたらいいか、ということにあれこれと取り組んでいたのですが、その頃に3点セットのように言われていたのが「まちづくりファンド」「まちづくりセンター」「まちづくり条例」でした。この手の「セット」は、お弁当の歴史の中でたまたま発達した幕の内弁当のようなもので、このセットでなくてはならない、3つでなくてはならない、という必然さはないのですが、わかりやすいのでこの3つで当時の枠組みを見ていこうと思います。

まちづくり条例は、1980年の都市計画法の改正で、地区を絞って詳細な都市計画を決定することができる地区計画制度ができたことによって生まれたものです。地区計画は戦前からある用途地域のように、都市空間に対してもれなく決定されるものではなく、必要性があるところに決定するもので、ストラテジックプランニングの一種とも言えます。

ややテクニカルな話になりますが、地区計画に基づいて建築の形態を制限する時に、建築の制限そのものは建築基準法に規定されているので、都市計画法と建築基準法を結びつけないといけない。その時に市町村で条例を定めて結びつけなさい、ということになりました。この条例に、ただ結びつけるだけの機能だけでなく、そこに地区の詳細な都市計画=まちづくりを行なっていく時のさまざまな方法をくっつけて膨らませていったものがまちづくり条例です。なぜそういうことが行われたのか、今となってはわかりにくいかもしれませんが、当時は市町村に都市計画の権限がほとんどない時代でした。でも、現場に近い市町村には、きめの細かい都市計画の必要性が見えている。その時に市町村が決定できる都市計画として地区計画が創設されたわけです。自分たちで都市計画をやりたい市町村は、このまちづくり条例を最大限充実化し、地区計画を中心とした自分たちの都市計画のOSをつくろうと考えたわけです。それが世田谷区と神戸市でした。このあたりのことは、乾さんや小林郁雄さんもふれておられます。

都市計画法の正当性は国家が与えてくれます。ではまちづくり条例の正当性はどこに求めればよいか。どちらの都市もそれを住民参加にもとめるようになります。当時は住民参加といっても、説明会やアンケート調査程度しか行われていなかったのですが、2つのまちづくり条例は、住民が問題を理解する、考える、合意してそれを1つにまとめる、ということにまで踏み込んでいきます。

その時に「住民」を定義する必要がでてきます。地区計画は一定の広がりがある土地に対してつくられるものなので、必然的に「土地によって結びついた団体」(=狭義のコミュニティ)が対象となるのですが、実質的に活動していた町内会や自治会を定義する法律があったわけではないので、どちらの条例も「まちづくり協議会」という独自の団体を定義する仕組みをつくります。町内会や自治会をはじめとする地区住民の代表が参画する団体です。そしてまちづくり協議会で問題を理解し、考え、合意をして地区計画の案をつくり、それを市長に提案します。地区計画はあくまでも市町村が決定するものですから、提案を受けた市町村はそれを検討して、地区計画を決定し、詳細な都市計画を実現していく、まちづくり協議会はそのまま活動を続け、市町村と協働してまちづくりを実現していく。つまり、まちづくり協議会が計画をつくり、その実現にむけて汗をかくところには、公的な資源を重点的に投入しようという、ストラテジックプランニングの仕組みがつくられたのが、1980年代の初頭でした。

●3点セットの登場

ちょっと前振りが長くなったのですが、ここから90年代の初頭の「3点セット」を説明していきます。80年代初頭に確立されたこの仕組みを「まちづくり協議会モデル」と呼ぶとすると、それは10年の間に少し古くなってしまいました。乾さんのところでも、小林さんのところでも触れましたが、理由はいくつかあります。第1は「ストラテジック」にも関わらず、課題解決がなかなか進まなかったこと、第2はまちづくり協議会を運営するための行政の負担が大きくなったこと、第3はコミュニティ型ではなくアソシエーション型の住民組織の存在感が大きなものになってきたことです。第1の理由は、そもそもまちづくり条例が木造住宅が密集する地区改善のために使われたからであり、課題の性質からして改善が進まなかったのは致し方ないと思います。必然的な「時代の変化」と言えるのは、第2、第3の理由でした。第2の理由は大きな政府から小さな政府への変化、第3の理由は市民社会の成長にともなうアソシエーションの成長です。

これらの変化をうけても、神戸はそれまでの仕組みを大きく変化させず、まちづくり協議会を中心とした都市計画を進めます。結果的には1995年の阪神・淡路大震災の復興まちづくりも、この仕組みを使って、100を超えるまちづくり協議会をつくって乗り切ってしまうわけです。気が遠くなるような偉業ですよね。しかし世田谷は街づくり協議会だけでなく、たくさんあるアソシエーションも中心に据えたまちづくりを展開しようと、柔軟に仕組みを変化させます。その時に考え出されたのが、まちづくりセンターとまちづくりファンドであり、街づくり条例も改正されます。

1991年のまちづくりセンター構想で示されたイメージには、小さな組織がつながり、まちの課題を解決するイメージが描かれています。これらの小さな組織を金銭的に支援する仕組みとしてまちづくりファンドが、小さな組織を技術的に支援する組織としてまちづくりセンターがつくられます。アメリカから帰ってきた浅海さんが加わった組織ですね。初代の所長である卯月さん、浅海さん、今は武蔵野美術大学で視覚伝達デザインを教えている齋藤啓子さんなど、錚々たるプランナーがスタッフを務め、林泰義さん、伊藤雅春さん、大戸徹さんなどのプランナーがその周辺にいました。浅海さんのお話では原昭夫さんをはじめとする顔の見える行政職員もいらっしゃったようです。僕は卯月さんを訪ねて三軒茶屋にあった当時のまちづくりセンターに行ったことがあるのですが、ビルの片隅にある驚くほど普通のオフィスでした。建物ではなく、見えない人的なネットワークのハブがまちづくりセンターだ、ということなのだと思います。

まちづくり条例は1995年に改正されるのですが、住民が「地区街づくり計画」という都市計画を区に提案できるというふうに枠組みが変化し、街づくり協議会の認定制度が廃止され、地区住民等と協議会が都市計画の提案主体として並列的に位置づけられます。場所を限定せずに全域で丁寧な都市計画を実現できるようにしたことと、その引き換えに特定の地区への戦略的な支援からは撤退したわけです。

この仕組みの変化は、コミュニティ型からアソシエーション型のプランニングへの転換とでも言えるでしょうか。認定されたコミュニティ組織だけではなく、まちづくりファンドとセンターの支援を受けた小さなアソシエーション組織があちこちで固有の問題意識に基づいて行政と関係をつくり都市計画を実現していく、より分散的、よりネットワーク的な仕組みです。これは町田市の「考えながら歩くまちづくり」(64頁)に近いですよね。町田の取り組みは1970年代のことですが、それから20年が経って、同じモチーフが、異なる方法で実現したということです。世田谷のまちづくりファンドもセンターも、現在に至るまで、30年にわたって世田谷の地域社会を耕し続けていますから、90年頃の転換は「当たり」だったのだと思います。

●まちづくり条例の展開

3点セットはその後に日本のあちこちに伝搬し、それぞれが発達していきます。正確には、世田谷区がオリジンだったわけではなく、90年代以降は同じような仕組みが同時多発的にあちこちで発達していったので、その同時多発感が伝わるように僕の知る限りの状況をまとめておきます。

１９９０年代に市町村への都市計画の分権が段階的に進み、まちづくり条例は市町村の都市計画のOSとしてあちこちでつくられるようになります。有名どころは真鶴町の美の条例、国分寺市のまちづくり条例などがあり、金沢市では複数の条例がつくられて、精緻な都市計画のOSがつくられます。また、これらは都市計画系の専門的な条例なのですが、地方分権を真正面から受け止める、自治基本条例という条例もつくられるようになります。宝塚市やニセコ町のものが先行事例として影響を与えてきましたし、伊藤雅春さんが多摩市の自治基本条例のワークショップを請負ったりされていました。地方分権は、要するに市町村ごとにガラパゴスを発生させるということですから、それぞれで異なる法が発達し、世田谷の街づくり条例は、DNAのようにあちこちの市町村の条例に入り込んでいるのだと思います。

●まちづくりファンドの展開

市民の団体に活動資金を提供していく仕組みを意識的につくったのは、トヨタ財団の「身近な環境を見つめよう」コンクールです。財団のプログラムオフィサーは山岡義典さんで、山岡さんは世田谷のファンドの初期の運営委員も務められます。世田谷と同じ頃に、土地区画整理事業などの残金を原資にしたファンドがいくつか立ち上がりますし、基金型ではないのですが、千代田区、豊島区、練馬区、横浜市などでも市民の団体に資金を提供する仕組みが立ち上がります。

行政が資金を提供するのではなく、市民や民間企業がお金を出し合って活動資金を提供する仕組みも立ち上がります。大阪コミュニティ財団（1991）は商工会議所が先導した日本で最初の仕組みですが、個人や企業の思いにあわせてつくられたファンドが雑居する「マンション型財団」という面白い仕組みを持っています。コミュニティ財団はその後に全国あちこちでつくられ、2014年に設立された全国コミュニティ財団協会には各地の30のコミュニティ財団が加盟しています。世田谷にもまちづくりファンドの運営委員を経験した人などがつくった世田谷コミュニティ財団が2018年に設立されています。

また、「コミュニティ」と銘打つとターゲットがぼやけて、資金が集まりにくくなります。2003年に神奈川県で設立されたNPO法人「神奈川子ども未来ファンド」は、子どもの問題にテーマを絞ったテーマ型地域市民ファンドと呼ばれるものです。さらにもう少しカテゴリーを広げて考えると、資金を集める簡易な仕組みとしてクラウドファンディングが発達しましたし、信用金庫などが市民の団体に融資するプログラムを発達させました。市民の団体に資金を巡らせる仕組みは多様化、充実化してきたわけです。

●まちづくりセンターの展開

3点セットの最後「まちづくりセンター」ですが、都市計画の流れで言うと、各地で設立されている「アーバンデザインセンター」に、その遺伝子は確実に引き継がれていると思います。アーバンデザインセンターは北沢猛★さんが先導したムーブメントで、柏の葉アーバンデザインセンターが有名ですよね。

一方でより広く「中間支援組織（インターミディアリイ）」というカテゴリーで語られることもあります。中間支援という言葉は90年代のNPOブームの中で使われるようになった言葉で、資源提供者とそれをうける者の間に入って、資源の流れをつくり出したり、差配したりすることです。アメリカから輸入された言葉ですが、その前から国内ではいくつかの取り組みがあり、言葉が後付けされたという理解が正確です。奈良の中心市街地では「奈良まちづくりセンター」が1979年から活動していましたし、横浜では「まちづくり情報センターかながわ（アリスセンター）」が1988年から活動していました。これらの組織がモデルとなり、90年代には各地で「NPOセンター」と呼ばれる中間支援組織がつくられていきます。

●プランニングのシステム

コミュニカティブにせよ、アドボカティブにせよ、ストラテジックにせよ、僕は計画をつくる人間なので、これらの3点セットでつくられる仕組みを、問題意識が束ねられ、アイデアがつくられ、意思決定を経て計画に束ねられ、政策として実現される、というプランニングの仕組みとして見ているのですが、残念なことに、そう認識されていないことが多いですよね。僕は２０１９年から世田谷まちづくりファンドの運営委員を務めており、それ以外にも世田谷のまちづくりの現場をお手伝いすることが多いので、最後に世田谷で近年感じていることをお話ししておこうと思います。

　世田谷であっても、まちづくりファンドの活動団体が、地区の都市計画を提案した、というケースは少ないですし、ある地区で計画をつくろうとする時に、区の職員がまちづくりファンドで可視化された活動団体に戦略的に声をかけたり（ストラテジック）、対話を重ねたり（コミュニカティブ）、時にその声を代弁するように振る舞う（アドボカティブ）、ということはほとんど起きていないと思います。コミュニティの都市計画とアソシエーションの都市計画は違う世界に分裂してしまった、あるいはアソシエーションの都市計画なるものがまだ形を成していないということかもしれません。例えばまちづくりファンドには、ひきこもりの当事者が溜まれる場所をつくろうという活動が提案されたり、グリーフケアの拠点をつくる活動が提案されたりします。ファンドとセンターの支援を受けて、それぞれ場所を見つけてうまくいくこともあるのですが、そういった活動を受けて、では都市全体として、引きこもりのための都市計画ってあるのだろうか、とか、グリーフの場所を都市空間の中にどのように配置したらいいのだろうか、という議論にはなかなかつながっていきません。それが実現すると、声をあげられないひきこもりの人たちの暮らしがじわりと改善するかもしれないですし、テロや災害のような悲劇が起きた時に、うまく恢復できる都市になるかもしれません。本来はそういう動きをうけとめるものとして、地区計画や地区街づくり計画があるのかもしれませんが、どちらも道路の広さをどうするのかとか、建物の高さをどれくらいに抑えるのかとか、といった課題しか扱わなくなっています。これは浅海さんも嘆いておられたことだと思いますが、１つの大きなプランニングの仕組みとして捉え直し、情報の流れをつくり、都市計画につなげていくことが求められていると思います。

可能性があると思うのは、世田谷のまちづくりセンターが「地域共生の家づくり」などの、アソシエーションが具体的な場所を持つ仕組みをつくってきたことです。土地によって結びつくコミュニティは、同じ土地に住む人がメンバーです。嫌な人がいたりしても、回覧板をまわしたり、ゴミの当番をまわしたりして、同じ土地に住む人にもれなくコミュニケーションが強要される仕組みを持っています。その中で「あのおばあちゃんの調子が悪そうだ」とか「この家の子どもがネグレクトされているのではないか」という余計なことに気づき、社会が改善されていきます。それがコミュニティの都市計画です。「地域共生の家づくり」などの仕組みは、そこにアソシエーションが具体的な場所を持って刺さっていくということです。その場所が拠点となり、アソシエーションとコミュニティのリソースが交換されていく、それが90年頃に世田谷がめざしたアソシエーションの都市計画の姿なのかもしれません。

饗庭伸

19 木下勇さんのワークショップに惹かれる理由

饗庭さんへ

饗庭さんからの返事を拝読し、僕は都市計画から遠いところで仕事をしているなぁと改めて実感しました。

3点セットと呼ばれた「まちづくりファンド」「まちづくりセンター」「まちづくり条例」の、いずれもプロジェクトとして関わったことがありません。ファンドは一度だけ、兵庫県のいえしま地域でのまちづくりに携わった時、設立に立ち会ったことがあります。公益銀行の人たちがまちづくりファンドを立ち上げるので、僕らが付き合っていたいえしまのおばちゃんたちのグループもぜひ活用してください、という話でした。ファンドの補助先を選ぶ選定委員会の委員を引き受けていたこともありましたが、毎年やっている運動会のようなプログラムが出てきて、今年もＯＫだよね、というような流れ作業で助成対象が選ばれていました。「まちづくりファンドってこういうものなんだっけ？」ともやもやした覚えがあります。市民の提案を受け付けて、補助するかどうかを検討するだけじゃなく、団体間が協働したり、新たなプログラムを生み出すところを丁寧に支援する仕組みが必要だなぁと思いましたね。創造的な事務局の存在が不可欠だと思います。

まちづくりセンター、まちづくり条例については、いずれもそれを対象としたプロジェクトに携わったことがありません。そもそも都市計画とか地区計画とかをつくるための住民参加の場に立ち会うことがほとんどありません。僕らは、総合計画とか食育計画とか産業振興ビジョン、地域福祉計画とか教育大綱などに関する業務が多く、そこでの話し合いはなかなか道路の幅員などの話にはつながらないのです。その意味では、90年代から続く「まちづくり」の系譜に連なる活動にはなっていないなぁというのが、studio-Lのコミュニティデザインなんだということがよくわかりました。誰の流れも汲むことができていないというのは寂しいのですが。

アーバンデザインセンターも同様ですね。そういう場所に呼ばれて、僕らなりのコミュニティデザインの話をすることはあるのですが、その立ち上げや運営に携わったことは一度もありません。実際、自分たちが「まちづくりをやっている」という気持ちになったことはほとんどないんですよね。公園をつくるなら、その後の運営のことも考えて住民参加でデザインとマネジメントを考えましょうよ。総合計画をつくるなら、行政と住民が実際に動き出すように参加型でつくりましょうよ。住民が動き出したら、僕らはそれを支援しますよ。そんなことばかりやっている気がします。

今回、饗庭さんとまちづくりのパイオニアたちを訪ねてきました。これまでのところ、都市計画のど真ん中という人の話は聞いていませんが、建築や都市計画からまちづくりへと移行してきた人たちの話はたくさん聞けた気がします。林さんの実践、乾さんを介した延藤さんの話、小林さんたちの取り組みと、いずれも都市計画的な視点を持ったまちづくりプランナーだったなぁという印象です。

その点から言えば、浅海さんは都市計画ではなく、ランドスケープデザインからまちづくりへ移行した人だったので、僕にとっては共感できるところが多かった。現場の雰囲気がよくわかるし、悩んでいることが共通していて勇気づけられました。「林さん、延藤さん、乾さん、小林さんたちの仕事」と、「浅海さんの仕事」というのがあるとしたら、僕は後者に近いことをしている気がしています。

その意味で気になるのが木下勇さんです。その名もズバリ『ワークショップ』という本を書いた方です。この本の副題は「住民主体のまちづくりへの方法論」ですから、木下さんもまちづくりをやっている人のようですが、都市計画っぽいまちづくりとはどうも違う気がしています。実際のプロジェクトについて詳しいことはわからないのですが、都市計画制度などを熟知して、それを駆使しながら住民と地区計画を策定したりするような人ではないような気がします。

もしそうだとすれば、僕の仕事に近いのかもしれない。僕らが携わっているコミュニティデザインに多くのヒントを与えてくれるかもしれない。そんな期待があります。『ワークショップ』を読んでいると、都市計画マスタープランや土地利用計画を検討するプロジェクトもありますが、広場をつくったり小学校を建て替えるプロジェクトもある。後者は僕らの仕事に近そうだなぁという印象です。次の訪問先は木下さんにしませんか？

山崎亮

20 いいデザインのため？　公正なプロセスのため？　人が育つため？

山崎さんへ

山崎さんが、この3点セットを経験していない、というお話、なるほどなあと思いました。

僕のまわりで3点セット、と言っていたのは、横浜や世田谷界隈でまちづくりを仕掛けていた人たちなのですが、それも1つの方言だったということだと思います。

都市計画の世界では、１９９０年代の後半に地方分権がゆっくりと進んでいきます。その中で小林重敬★さんたちが、まちづくり条例が分権後の区市町村の都市計画の基本的なOSになる、と提唱されていました。全国各地で世田谷や神戸スタイルのまちづくり条例が次々とできてくるのかな、と僕は期待をしていたのですが、大都市郊外の都市ではそこそこつくられたものの、全国で見ると、それほど増えることがありませんでした。

地方都市だと「そこまでやらなくてもいい」ということなんだろうと思います。都市計画の本質は、狭い限られた土地において、多くの人たちが機嫌よく暮らすための調整にあると思います。子育て中の家庭では、子どもは子ども部屋で勉強する、食卓では新聞を広げっぱなしにしない、お風呂の順番は小さい子どもからというようにルールができていきますよね。都市もそれと同じで、限られた土地に多くの人たちが暮らすとなると、空間のルールが必要になる。高い建物を建てると日陰ができて迷惑する、公園をつくらないと窒息してしまう、住宅と住宅の間はこれくらいは空けておこう、自動車交通から歩行者を守るためにはこれくらいの幅の道路が必要だ、と都市計画が必要になります。世田谷も神戸も、そこに多くの人が集中し、土地がぎゅうぎゅうだったからルールができたわけです。

では、それ以外の都市はどうなのか。90年代から人口減少が始まった都市も少なくなく、商店街にはどんどん空き店舗が増えていきます。ルールがなくても機嫌よく暮らしていくことができ、もし誰かが何かをしたいと思った時に、たくさんの他者とそれほど調整せずとも、アドホックにそのへんの人と相談をするだけで実現していく、そんな状況なのだったと思います。ですから、住民が参加して、話し合いを重ねて、計画やルールの必要が少なかった、ということだと思います。

まちづくりファンドは、コミュニティの中でお金を回す仕組みだったわけですが、これも同じような密度の理屈で説明できるかもしれません。僕はまちづくりファンドの審査に関わることが多くあったのですが、限られたファンドの総額に対して、多数が応募することがあります。その審査を公開の場でやったりするわけですが、その時のヒリヒリ感と後味の悪さを忘れることができません。落としてしまった方にその場で大声で詰め寄られたり、怒った参加者が帰ってしまったり、偉そうなことを言ってしまって嫌われてしまったり。一方で、予算が十分にあったため、形式的な審査だけを行なって、よほど不備がない限り通す、ということも経験したことがあります。前者は密度が高くて調整が必要な場合、後者は密度が低くてそもそも調整が不要な場合ですよね。

後者の場合はそもそもファンドの仕組みは不要ということかもしれません。でも、よく「警察がいない社会がいい社会」という言い方をされますが、じゃあファンドが必要とされない社会がいい社会かと言うと、そうでもないと思います。審査員と応募者のあいだのヒリヒリしたコミュニケーションの中で、すごくいいやりとりが生まれることもあり、それは貨幣を媒体にして深い知恵が交換されるということだと思います。知らない人同士のあいだで、何かと何かを交換しようとする時、物々交換だと価値がつりあっているかどうかの共通理解がないため、交換がうまく成立しません。その時に貨幣を交換の乗り物のようにして使うわけですが、まちづくりファンドにおいても、多くの人たちが持っている何かと何かを交換するための乗り物として、貨幣が使われたのかもしれません。でも、結局のところ、その調整やヒリヒリとした交換が必要とされ、成立する場は、やっぱり大都市だけだったのかもしれません。

90年代の末に地方都市の中心部で始まった低密度化は、やがて都市全体を覆うようになってきました。その中で、「ぎゅうぎゅうさ」や「ヒリヒリ感」が薄まっていきます。コミュニティデザインはその2つを根拠としないものに変化していったのでしょう。

さて、なぜワークショップをやるんだろう、というのがこの本の大きな問いでしたよね。最初の方の書簡(内田雄造のコミュニティ計画、68頁)でも書いたことですが、僕が準備している答えは3つです。1つ目は「いいデザインをするためにやる」ということ。プランナー目線でデザインした道路よりも、住民さんたちが生活者目線で考えた道路の方が使いやすいし活き活きしている、なんていうことはあるわけで、デザインの質をあげるためにワークショップをやる、ということです。

美学や計画学からワークショップを見る視点ですね。2つ目は「公正なプロセスをつくるためにやる」ということ。まちの偉い人だけで話し合うのではなく、そこに皆が参加し、等しく考えを出し合い、話し合いながら決めていくワークショップを加えることで、プロセスが開かれた、公正なものになる、ということです。政治学や行政学からワークショップを見る視点ですね。そして3つ目は「人が育つためにやる」ということ。これは山崎さんのお仕事でも常に前に出てくることですが、ワークショップをやり、その中で新しいことを知り、そして同じ考え方を持つ仲間にも出会うことができる。ワークショップが終わったあとに、そのままのメンバーで小さなグループをたちあげ、アイデアを実現していく、なんていうことが起きるわけです。これは教育学や心理学からワークショップを見る視点だと思います。

あらゆるワークショップにはこの3つの側面が大なり小なり混ざっており、ワークショップの手法も、この3つで分けることができると思います。例えばどの案がよいかを決める時に使われる「投票」という手法は「公正なプロセス」を強調する手法ですし、模型をいじりながら案を模索する手法は「いいデザイン」を強調する手法です。方法は万能ではなく、住民さんたちが「公正な計画プロセスを」と思っているところに対して「模型で発想を広げましょう」なんていうことをやってしまうと総スカンをくらったりするわけで、その場に求められているものを読み取った上で、3つの側面のどれを重視するのかの方針を立て、ワークショップの方法を組み合わせていく、ということが求められるわけです。

この3つのうち、僕はやっぱり「いいデザインをするためにやる」というワークショップが好きですし、得意なわけですが、人によって得意とすることが違います。そして、これからお話しを聞きにいく木下勇さんは、「人が育つためにやる」ワークショップの可能性をぐっと広げた人だ、と思っています。木下さんの『ワークショップ』という本で引用されているのは、例えば心理学者のクルト・レヴィン★（1890〜1947）の「アクションリサーチ」という方法や、「センシティビティ・トレーニング」という人間関係のトレーニングのワークショップ、精神科医のヤコブ・モレノ★（1892〜1974）の「心理劇」という方法です。木下さんはもともと農村計画を勉強していたので計画学の人かと思いきや、心理学の視点を持っている。

木下さんがどのような理論と実践の中で、ワークショップという方法を育ててきたのか、お話を聞いてみたいと思います。

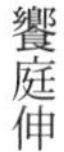

『ワークショップ―住民主体のまちづくりへの方法論』
木下勇、学芸出版社、2007

2020年12月14日、木下勇さんを
ご自宅に訪問

パイオニア訪問記5｜木下 勇さん

大妻女子大学社会情報学部教授、千葉大学名誉教授、工学博士。東京工業大学で建築を学び、80年代初期よりワークショップによるまちづくりを推進。㈳農村生活総合研究所、千葉大学大学院園芸学研究科を経て、現職。著書に『ワークショップ〜住民主体のまちづくりへの方法論』『遊びと街のエコロジー』『三世代遊び場図鑑』『アイデンティティと持続可能性』（共著）『子どもまちづくり型録』など

木下さんは1954年生まれ、東京工業大学で青木志郎さんに師事し、スイス連邦工科大学（ETH）に留学し、その後は千葉大学で教鞭をとられていました。若い頃に世田谷の太子堂で「三世代遊び場マップ」をつくり、子どものまちづくりに大きなインパクトを与えました。2007年に上梓された『ワークショップ〜住民主体のまちづくりへの方法論』は、ワークショップのノウハウからその背景にある教育学や心理学の理論をまとめたもので、山崎さんもよくフェイバリットに挙げられていますよね。現在は千葉大学を退職され、大妻女子大で教鞭をとりつつ、静岡の蒲原にある安政5（1858）年に建てられた古民家を手に入れ、そこを中心としたまちづくりに取り組んでおられます。

農村での経験

饗庭　農村計画の青木志郎さんの研究室のご出身ですが、そこでどういう勉強をされたのでしょうか？

木下　伊豆の先端の南伊豆町弓ヶ浜出身で、東京に出たのは大学に入ってからです。田舎で育ったことはコミュニティの認識の原点となっています。特に染物屋だったじいさんは集落のまとめ役みたいな、シャーマン的なところがありました。人が集まると手品をしたり、歯の痛い奴にまじないをして頰っぺたに墨で丸をかいて直してやる、あるいは妊婦さんがいたら男の子か女の子か必ず当てるもんだから、その赤ちゃんに名前をつける名付け親となったりとか。いつのまにか誰かのうちで風呂に入ってたりとかね。なんとなく人のつながりを大事にする点は、じいさんのことが原点にあります。

ETH での木下氏（提供：木下勇）

青木志郎先生の研究室では新潟の亀田郷という地域の全体計画に関わっていました。僕も「明日の亀田郷のために」という報告書の中で、人間の成長と環境、子どもの遊び場を担当することになり、そのテーマで卒論を書きました。亀田郷の大江山集落は日本酒の越乃寒梅をつくっているところで、アンケートを回収に行くと「今の農政をどう考える」なんて聞かれながら飲まされ、気が付いたら意識を失って、結局、アンケート一軒分しか回収できないというような、そんな洗礼を受けました。

研究室の外部設計事務所、農村都市計画研究所で設計した保育園が新潟の亀田郷に竣工したんですが、お披露目のお祝いにいくと、子どもが裸足で走り回っているんです。集落の人は自分らがつくったって喜んでいて。参加型でつくったからね。そんな場面を見てすごいと思い、だんだん参加の意味や青木先生の言っていることがわかってきました。

当時、周りの学生はゼネコンに就職したりする一方で、自分自身ははっきりせず夜眠れずに布団で悶々としている時に、そうだ留学しようと決め、スイス連邦工科大学（ETH）へ留学しました。東工大からの交換留学の第1号でしたね。79～80年の頃です。当時はETHなんて知らなかったんだけど、実際はすごいところだと行ってから知った次第です。

冒険遊び場をテーマにして調査したのですが、当時のヨーロッパでは、お母さんたちが道路を改造するボンエルフをバザーでお金をあつめて手づくりでつくったりしていて、それが参加のプロセスになっていくことに驚きました。スイスの冒険遊び場は子どもも一緒に運営に関わっていました。冒険遊び場が閉鎖されたベルリンでは、13、4歳の子どもがデモをしているんです。街頭で何で参加してるのかを聞いたら「私の遊び場に政府が予算を削減しようとしている」ということでした。デンマークでは冒険遊び場を再開発で立ち退かせようとした時の市民の衝突の様子が展示されていましたが、機動隊に子どもが殴られる写真なんてものもあるんですよ。

「冒険遊び場」スイス・チューリッヒ（1979年）（提供：木下勇）

「冒険遊び場」ドイツ・ハンブルク（提供：木下勇）

「冒険遊び場」ドイツ・ベルリン（提供：木下勇）

ヨーロッパでは若い世代の反発が始まっていて、チューリヒでは若者が集まるローテファブリークという赤レンガの工場跡が青少年センターになっていたのですが、そこが取り壊されることに若者が抵抗し、機動隊が出てきたりしていて、ショッキングでしたね。この留学で10年分くらい勉強したと思います。「急がば回れ」と遠回りするっていいですね。

日本初のワークショップ

饗庭　青木研究室では、1980年にローレンス・ハルプリンの方法を取り入れた「椿講」というワークショップを山形県飯豊町で行います。これは日本で初めてのワークショップと言われているものですが、木下さんはこれにどう関わられたのですか？

木下　留学前に青木研究室の助手だった藤本信義さんと、ローレンス・ハルプリンとジム・バーンズの『Taking Part（集団による創造性の開発）』の翻訳を自主ゼミでやっていたんです。その頃に、ハルプリンが日本に来ていたこともあり、その方法論を研究しました。

『集団による創造性の開発』（Taking Part）、ローレンス・ハルプリン、ジム・バーンズ著、杉尾伸太郎・杉尾邦江訳、牧野出版、1989

その一方で、山形県飯豊町椿地区の計画をつくる仕事の中で、「椿講」の準備が進められており、僕はそこに参加していました。その頃、青木研究室にかつて博士課程でおられた渡辺光雄さんが農村の生活改善の現場で「点検地図づくり」を展開し、研究室でも住民参加の集落計画の方法として定着していました。集落の問題のマッピングを参加の具体的な方法として開拓していったものです。それをベースにハルプリンの方法を加えてアレンジし、飯豊で使ったんです。私は本番の時は留学中でその前後に飯豊に行っています。事後数ヶ月後に飯豊に行って村の若い人たちと飲んでいる時に言われたことが忘れられなくて、「わかった、あとは俺たちでやるから、もう青木研はいらん」と、そういう意気込みで言うんです。住民参加とか主体形成というのは、専門家が要らなくなるということか、と納得しました。10年後にはリゾート開発ブームの中で、土地が動く問題があり、そのワークショップ後に目覚めた人たちは土地利用計画を一筆一筆所有者の意向を聞きながらつくるような、すごいことをしているわけです。

山崎　どんなワークショップをすれば1年でその主体意識が生まれるんですか。

木下　詳しくは藤本さんが知っていたけど、1週間の椿講の記録を見ると濃密にやっていますよね。何人かリーダーシップのある人がいました。耕作放棄地やリゾート開発など色んな問題について意識のある人がおり、彼らが動いたのが大きいと思いますね。その動機づけや意識づけはワークショップの効果でしょうね。ワークショップの面白さは、人が変わって意識づけられ、動き出すところにあると思います。

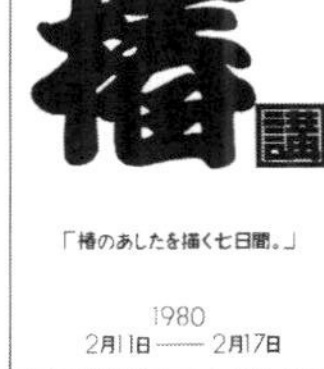

生活環境点検地図をつくる

私達の住んでいる身近な地域の地図があります。その上に、日頃困っている場所と、「ここはなかなかいい」と感じている場所に印をつけて、その様子が一目でわかるようにしましょう。下の項目の番号を地図の中に入れます。

① 道巾が狭く通行不便な所
② 見通しの悪い所
③ 交通量が多く危険な所
④ 信号がないため危険な所
⑤ スピードを出しすぎる危険のある所
⑥ 交通標識がなく不便な所
⑦ 防護柵（ガードレール）がなく危険な所
⑧ 路肩が弱く危険な所
⑨ ぬかるみ・水溜りができて困るところ
⑩ 土ぼこりがひどい所
⑪ 路上駐車が多くて困るところ
⑫ 自転車・バイクが乱雑に置かれている所
⑬ 吹きさらしのバス停留所
⑭ 側溝がなく排水不良な所
⑮ ごみがつまって困る用排水路
⑯ 汚れのひどい側溝・水路
⑰ 土砂崩れ、落石の危険がある所
⑱ なだれの危険がある所
⑲ 吹きだまりができて困る所
⑳ 雪の捨て場に困る所
㉑ 騒音のひどい所
㉒ 蚊・はえなどの発生源
㉓ 悪臭の発生源
㉔ ごみ、空きかんの投捨てが多い所
㉕ 古くなって危険な橋
㉖ 古くなって利用しにくい建物
㉗ 雑草が繁って困るところ
㉗ 子供の遊ぶ場所で危険なところ
㉙ 外灯・防犯灯がなく不安なところ
㉚ 消火栓・防火水槽がなく不安な所
㉛ 眺め・景色の良い所
㉜ 昔からのもので由緒のある所
㉝ 地形や地質に特色のある所
㉞ 他にあまり見られない動植物の生息地
㉟ むらの人達が共同で管理している所
㊱ 花見をするのに良い所
㊲ 紅葉を楽しむのに良い所
㊳ 夏、涼むのに良い場所
㊴ スキー、スケートができる場所
㊵ きれいな清水の出る所
㊶
㊷
㊸
㊹
㊺
㊻
㊼
㊽
㊾

椿講（提供：木下勇）

青木研で学んだことはそんなことです。先生の話がすとんとわかったのではなく、巡り巡って色々なことがつながってわかってきました。学生時代はバカなことばっかりやってますよね。果たして自分が社会や都市とかまちづくりとつながれるかなんてわからない。どういうところに本来、自分がするべきことがあるのかなんてわからないまま、周りがそうだからそうやってきたのに、自分で考えなくてはいけなくなった時に、自分のやってきたことがつながりました。藤本さんが「ことの連鎖」と言っていましたが、そういうことかな。

饗庭　青木先生や藤本先生はなぜ住民参加に関心があったのでしょう。

木下　藤本さんは東北大の出身、青木先生も若い時に東北大に居たのですが、そこで佐々木嘉彦*先生とつながりがありました。佐々木先生は今和次郎*さんのお弟子さんで、吉阪隆正の同級生です。戦後に食糧が足りないこともあって、八郎潟の干拓など農村を新しくつくることを初めてやりますが、そこで生活がどうあるべきか、と考えることが必要になります。今和次郎や佐々木嘉彦、吉阪隆正は後に日本生活学会を設立するわけですが、建築の器に関わる専門家たちが、その器の中の生活の実態を知り、あるべき生活の方向もしっかり捉えなければならないと、さかんに議論されます。農家住宅の設計、農家宅地の構成といっても、農家の生活を知らなければできないわけです。そのために今和次郎流に先入観を捨てて、ありのままを見て記録して、話を聞いたり、計画の前の調査段階で集落に入りながら考えることが行われていました。しかし時代は行政が青写真を描いて、それを現地に落とし込むトップダウン方式が主流です。その行政と住民の両方に関われば、その矛盾に気付いたり、疑問を抱くのは当然のことです。また農村に入れば入るほど、農村の有している相互扶助的な共同体意識や仕組みを知ることになるので、生活と建築、集落と計画をつなぐ住民主体の計画論に発展していったものかと思います。私が学生の時にはある程度、そういう農村計画の研究方法論と計画論が確立されていたので、生活の主体の議論の延長上に住民参加の方法論も点検地図づくりのように手法として議論されていました。

ところが東工大では青木先生の師匠が谷口吉郎*さん、清家清*さんが兄弟子です。若い時は図面引きをしてたんだけど、東北大にいって農村の生活改善などに取り組む中で、谷口さんに「俺は図面引きにはならない」と言ったらしいんです。

その後、農村計画学会設立にも関わられました。学生時代によく聞いていたのは、農水省の事業の主は農業生産性をあげるための耕地整理など農業基盤整備、いわば農業土木の人たちは農家の生活のことが視野にないというようなこと。たしかに青地という農業振興地域整備法の主眼となる対象には農家住宅のあるところは含まれない。生活の場も生産の場も一体的に計画するべきで、専門家たちがそれを議論するための学会設立に奔走していたのを見ています。

　一方、私が大学院時代には、建築系の農村計画や都市計画の大学院博士課程や修士課程の学生が集まって、計画研究の方法論を議論する「若手研究者の会」というのがありました。先ほどの早稲田の今和次郎—吉阪隆正系、東北大学の佐々木嘉彦—東工大青木志郎系に加えて、京都大学の西山夘三系、九州大学の青木正夫系、その他都立大学、横浜国立大学、神戸大学などの大学院生が集まり、誰か博士号を取得したら、その博士論文の発表と討議、時に大御所の先生を講師に講演会を催し、盛んに計画研究の方法論を議論していました。とりわけ京都大学の西山門下の勢いは強かったですね。広原盛明さんが神戸丸山地区のまちづくり運動を博士論文にしていた。それは藤本信義さんのゼミにおいて、運動論をいかに客観的な科学的研究として成り立ち得るかと議論の材料にもなった。私がよく聞いていた「たたかう丸山」という抵抗運動の盛り上がりの地区に、研究者が入ると「研究のために来るなら、帰れ」といわれたそうです。

　当時の大学院修士の未熟な者には、住民参加ないし住民主体の計画研究というのは、なまはんかな興味ではいけないのだなと、強く印象づけられていたものです。

ワークショップのイノベーション

饗庭　世田谷との関わりはどこから始まったのでしょうか。

木下　研究室の研究のコマになってやっていることから、だんだん自分でやることにひきつけられていきました。ヨーロッパから帰ってきてそれを世田谷区で発表する機会がありました。というのは留学前に世田谷で79年から始まった「羽根木プレーパーク」の立ち上げの準備から関わっていました。留学する前は前述のようになまはんかで住民運動に関われないという意識もあり、そういうものに参加している学生がまぶしくて、とても自分にはできないなと思ったりしていたんだけど、留学から戻ってきて、報告会やらなにやら、世田谷のボランティア活動の中に引き込まれていきました。

　世田谷には面白い住民運動があって、羽根木公園がある梅ヶ丘には光明養護学校があり、その周りにその卒業生の人たちが住んでいて、すごい人たちと出会うんですね。福祉の系列のいろんな市民運動が雑居する「雑居まつり」が1976年から羽根木公園で行われていたのですが、そういうものを仕掛けていたのが、澤畑勉*さんという児童館の職員でした。

他にも宮前武夫さんという重度脳性麻痺だけど理論家の人、碓井英一*さんという短歌をつくる人がいて、その方も重度脳性麻痺なんですが、碓井さんの言葉は最初、面と向かって話している時は聞き取れないが、電話で話すと聞き取れるという、住民運動との間に先入観で設けていた壁が取り払われてきました。自然と介助も求められて、巻き込まれていったと言う方が正しいでしょう。

羽根木公園の近くにあった南西角地とよばれる空き地での劇団黒テント68/71の夜の興行のテントを日中に使った「太陽の市場」にも関わりました。アングラ演劇の運動の一角をなす黒テントは公有地問題を扱っていました。テントを張って演劇をする、広場の公有地を使う許可を得るのがいかにたいへんか、という問題を、各地で上演の受け皿となる実行委員会と共有して、運動的に展開していた。その広場は学生運動の時の新宿西口広場の問題ともつながっている問題かと思います。

世田谷の場合には碓井英一さんを実行委員長に障害をかかえる人たちの表現の広場として、夜興行の黒テントのテントを借りた「太陽の市場」が開催されました。

羽根木プレーパーク（1979年）
（提供：木下勇）

その第1回目の「太陽の市場」開催にあたり、黒テントのオルグ係の伊川東吾（後、ロイヤルシェークスピア劇団の日本人初の俳優となり、テレビや映画にも活躍）さんと碓井英一さんから膨大な書類を渡されます。それは何かと言うと南西角地の公有地を使用するための公園課、消防署、警察、保健所などさまざまな許可申請の書類でした。それを整理して冊子にして、当日に来場者に販売してアッピールしたいというのです。期間は3日間。いったいなぜ私がと思いましたが、黒テントや紅テントのアングラ劇団時からチラシづくりなどを手がけていた武蔵野美術大学視覚伝達デザイン学科及部克人教授のさしがねでした。当時、ボーとしている私が使いやすかったのでしょう。大学の研究室の後輩たちに手伝ってもらい、なんとか3日でつくりあげました。

こういう世田谷での経験が大きいです。研究室でやっている住民主体論と、自分で入って行って気づく世界とは違いました。あてがわれたテーマではなく自分で切り開く世界。そこにずるずると入り込んで行ったんです。

饗庭　子どもの遊びと街研究会の活動もそこから生まれたのですか？

木下　「太陽の市場」の2回目だったか、その時に荻原礼子*さんに出会い、私が研究室で行っているワークショップを、この都市で行いたいと話したら賛同してくれて、世田谷ボランティア活動センター（当時は民間で活動）に出向き、宮前武夫さんが代表の車椅子マップの会にあたりましたら、そんな軽い動機を見透かされて簡単に断られました。そこでボランティアの帝王ともいわれていた澤畑勉さん（当時、世田谷のボランティア活動の3キーパーソンは澤畑、宮前、碓井と言われていた）から、羽根木プレーパークに通っていた、三軒茶屋のお母さんたちを紹介されました。

三軒茶屋の自分たちの地域でも冒険遊び場をつくりたいから支援してくれという話です。そのリーダーの中田麻里子さんは元女番長と言われる（本当かどうかはわからないが）ごとく、ドスのきいた声で迫力満点でした。これまで学校の校庭のアスファルトを土に戻すようなことをやってきているんです。空き地での冒険遊び場活動も周辺住民や町会との軋轢に苦労していたのは密集市街地ならではの深刻な課題です。ある時、彼女が広告入りの住宅地図に蛍

黒テント太陽の市場演劇WS。右から3番目に木下さん（1981年）

太陽の市場。黒テントの公演を機に羽根木公園に出現した自主文化運動（1981年）

光ペンで色を塗っているのを見せてくれました。色の塗り方がきたない、とつい、大学で土地利用計画など色塗りに慣れていた感覚で口に出してしまったのが運の尽き。ものすごいケンマクで怒り、最後に「アンタラ都市計画家の頭が硬いからまちが固くなるんだ」とタンカを切られた。それは何を示していたかと言うと町の中で残っている土の表面の場所を塗っているものでした。

元女番長ともいわれるドスの効いた声に縮み上がり、これから共同作業をやるのにもうこれで終わりかと不安もよぎりましたが、もっと衝撃を受けたのは「土」から町を見ている感覚です。私は建築や都市計画を大学で学びましたが、そんな観点からの都市計画は初めてでした。今でこそ生態系を都市にと言われる時代ですが、当時は利便性のために人工的に都市の表面を覆うことが主流でしたから。それは後々、子どもの成長の面でいかに大事かを知ることになりました。

そして、中田さんたちは空き地を借りて冒険遊び場活動を行っている中で周辺住民や町会ともぶつかり、理解を得るのに苦労していました。土ぼこりやある時は草、虫、そして子どもの声の騒音などの苦情です。そういう問題を話し合っている中で、中田さんがあの憎たらしいじいさんも昔は子どもだったのに、といった発言から、三世代遊び場マップづくりの発想が生まれました。荻原さんが持ってきた情報でトヨタ財団の「身近な環境を見つめよう研究コンクール」に応募しようと、企画書を練って申請したら、見事に準備段階の 50 万円を得て、三世代のグループに分かれてインタビューを行い、三世代遊び場マップを作成して発行しました。いわば冒険遊び場の理解をしてもらうための仕掛けだったのです。

マップをつくったのは 82 年の前半の半年間でした。おじいさんおばあさん世代、お父さんお母さん世代、それと当時の子どもたち各世代 20 人に、皆が子ども時代の遊び場や遊び方などの話を聞いて回って遊び場の地図をつくりました。おじいさんおばあさんのところには誰も行きたがらないので僕が行ったのですが、17 代続いている地主さんのところに行ったら、最初は門で追い返され、次は玄関で追い返され、三度目にようやくあげてもらったりしました。インタビューしだすとだんだん乗ってきて、最初はお茶だけだったのが、そのうちコーヒーとケーキまで出るようになりました。

1984 年にまとめた「三世代遊び場図鑑」がトヨタ財団の「市

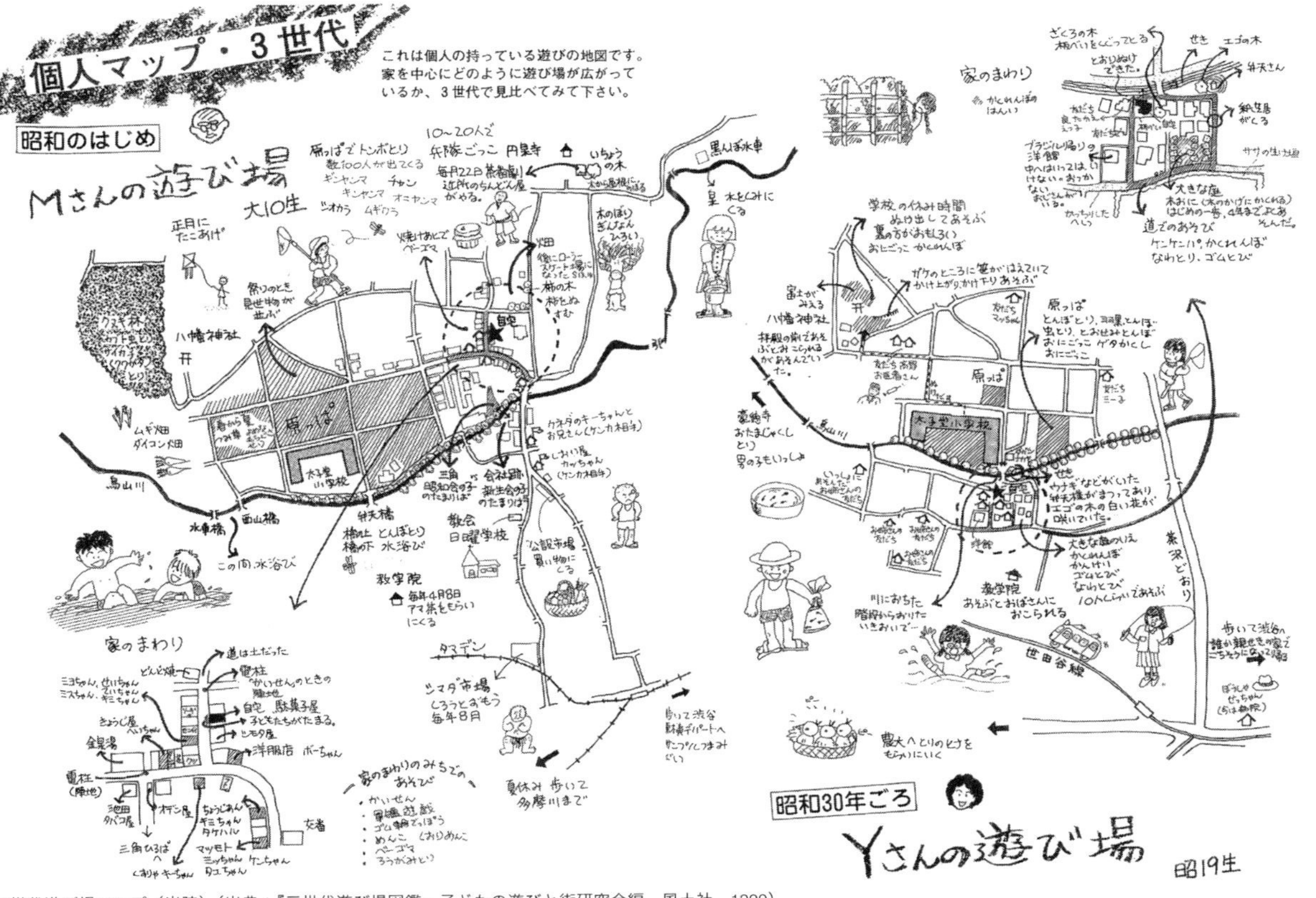

三世代遊び場マップ（当時）（出典：『三世代遊び場図鑑』子どもの遊びと街研究会編、風土社、1999)

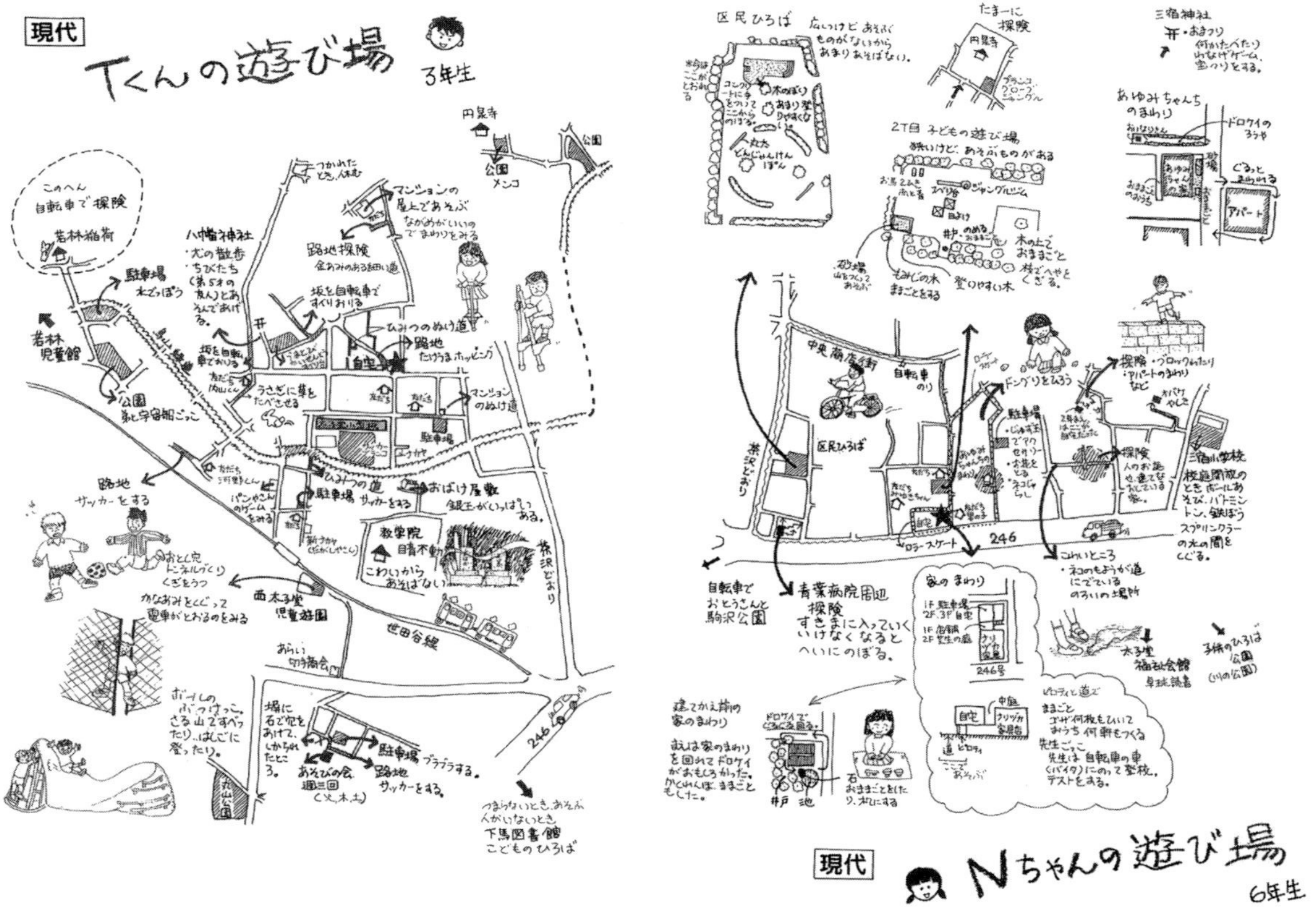

現代 Tくんの遊び場 3年生

現代 Nちゃんの遊び場 6年生

三世代遊び場マップの現代版（3年生、6年生）バージョン（出典：『三世代遊び場図鑑』子どもの遊びと街研究会編、風土社、1999）

民研究コンクール"身近な環境をみつめよう"」で金賞を受賞したこともあり、いろんな人が三軒茶屋にあった研究会の拠点に来るようになりました。

　太陽の市場の時に世田谷区のまちづくりの顧問的存在であった都市計画家の林泰義さんと出会い、世田谷区の臨時専門委員に誘われました。企画部で都市美委員会がひらかれ、他部署の事業で住民との間の調整が必要なことがらに介入し、調整してよりよいソリューションを導く役割です。羽根木プレーパークの前に桜ヶ丘で冒険遊び場が活発に行われ、その跡地の区民センター建設で、地元との間の調整の役割を担いました。実は元は児童館建設予定のために冒険遊び場は閉じたのですが、いつの間にか区民センターとなってしまい桜ヶ丘冒険遊び場活動リーダーであった平野真佐子さん（後に老人給食「ふきのとう」を展開する）と情報を共有しながら、4500m²の区民センター案に1/3広場を設けて、規模を2/3に調整しました。そんな中、このようなコミュニティデザインを推進するアメリカのコミュニティデザインセンターが都市美委員会で紹介されていました。

　その頃にノースカロライナ州立大のロビン・ムーア*教授が私たちのもとを訪ねてきました。彼の同僚が三世代遊び場マップを知り、ロビン・ムーアに見せたことがきっかけでした。彼はケビン・リンチの教え子でもあり、子どもの遊びの環境ではロジャー・ハートとともに住民参加のまちづくりを推進していました。MIG（Moore Iacofano Goltsman）事務所でアイソファノ考案のファシリテーション・グラフィックでもコミュニティデザインのアメリカでの一翼を担う事務所創設者の1人です。アメリカでの住民参加のコミュニティデザインで多いのは遊び場や公園づくりです。市民の関心も高く、子どもをはじめ誰もが参加しやすいこともあるでしょう。そのMIGにいた浅海義治さんを介して私たちにコンタクトをとってきたのです。

　浅海義治さんは高野ランドスケープのマレーシア事務所でも働いていた人です。実はワークショップによる公園づくりは高野ランドスケープが港北ニュータウンで行っていました。私が世田谷区のプレーパーク設置準備の時に大村虔一・璋子夫妻とともに出会っていた高野文彰さん代表の事務所です。国際的な高野さんはローレンス・ハルプリンと親交もあり、日本でランドスケープデザインにワークショップを取り入れた老舗にあたります。考えてみれば不思議な縁ですが、偶然というより、子どもの遊び場と住民参加(コミュニティ・デザイン)の近接性から必然のことかもしれません。

私たちはロビン・ムーアの訪問時に、彼の講演会を主催しました（1987年2月9日)。その時に世田谷区は都市デザイン室を開設して、象設計集団設計の名護市庁舎建設で優れた調整能力を発揮していた原昭夫さんを室長に招いていました。この講演会を原さんがかなり後押ししてくれました。日本で最初のアメリカのコミュニティデザインの講演会に会場の定員の3倍もの人が集まり、講演会は盛況に終わりました。

それがきっかけで、アメリカのコミュニティデザイン視察ツアーが林さんや原さんの発案で、アメリカ滞在中の浅海さんのコーディネートで行われました。世田谷でまちづくりワークショップの職員研修「歩楽里講」（1981年）の講師を務める藤本信義さんも参加しています。私と東工大青木研の助手の小野邦雄さん、そして私の声かけで卯月盛夫さんはファシリテーターを務めていました。つまりこの時期に農村で行われていたワークショップを都市部のまちづくりに応用する下地があり、そこにアメリカのコミュニティデザインが加わったのです。世田谷での住民参加のまちづくり（コミュニティデザイン）の草創期とも言える時期です。

アメリカのコミュニティデザイン視察ツアー後、世田谷区ではまちづくりセンターの設立を準備していきます。

また、住民参加のまちづくりの都市計画史上の重要な転換点は1980年の地区計画制度導入です。ドイツの地区詳細計画にならった新しい制度で、地区レベルのまちづくりへの住民参加をどうすすめるかも課題でした。太子堂2・3丁目地区は東京都下でも防災上危険度が高いことから世田谷区で先行的に地区計画策定に向けた準備が進められていました。

まちづくり協議会はドイツの住区評議会のように、住民参加の場、まちづくりの推進組織として設けられました。しかしながら会議は踊るというように、言葉の応酬の会議では、対立を煽るだけで、会議自体の非創造性から参加者も減っていきます。そこで、現場に出て点検するというワークショップ開催を提案したのですが、まちづくり協議会のリーダーの梅津政之輔さんから、カタカナ言葉は住民に受け入れられないと最初は否定されました（詳細は梅津政之輔『太子堂・住民参加のまちづくり　暮らしがあるからまちなのだ！』学芸出版社、2015)。そこで、歩こう会や子どもを交えたオリエンテーリングなどを提案して実施した結果、子どもの方がまちのよい点を見ていると、今まで問題点ばかりを話していたまちづくり協議会にも子どもとともに行う利点が伝わりました。『三世代遊び場図鑑』を出版した1984年以降、私たちは、子どもとともに楽しくまちづくりを行うワークショップの企画をさまざまに展開しました。点検地図を大きな床一面の地図とした中村昌広*さん（当時東大大学院）考案のガリバー地図とその後を訪ねる岡田順三さん（㈱オオバ勤務だが、早稲田吉阪研出身で、ルイス・カーン、パオロ・ソレリの下でも働いていた異色の達人）のガリバーさんの足跡を訪ね、郡山雅史さん（芝浦工大卒の若手建築家）らとの「街は面白ミュージアム」、「下の谷御用聞きカフェ」、「町がお化け屋敷」など、集まった新しいメンバーがいろいろ試して行う、まちづくりスタディセンターのような場となりました。

ワークショップで大事にしていること

饗庭　木下さんのワークショップに影響を与えたものはなんですか？

木下　フィリピンのPETA（フィリピン教育演劇協会）との出会いは大きいです。とりわけ名ファシリテーターのアーニー・クローマーのワークショップ。短時間で人を巻き込む彼の力はカリスマ的ですごかった。僕らもツールやプログラムをこだわってつくるけど、彼はその都度その都度、引き出しから色々出すんです。状況によってね。それが自然で。1990年代前半、フィリピンのマニラの北にゴミ捨て場の山、常にゴミが発火してくすぶっているのでスモーキーマウンテンと呼ばれ、その周囲にスラムができて、規模は29ha, 約3000世帯、2万人以上が暮らす東洋最大のスラムとも言われていました。ゴミをあさり、リサイクル可能なゴミを集めて換金して暮らすのです。それを親が働かずに子どもにやらせている。子どもたちは学校にも行けず、また残飯をあさり食べているので、病気で命を落とす子もいる、貧困と不衛生な環境は子どもの成長にも大きな課題でした。そこでセーブ・ザ・チルドレンJapanが支援した子どもたち救済のドキュメンタリーがNHKで報道されたのをたまたま見た時に、そこにアーニーが映っていたのです。ゴミをあさって生活する子どもたちがどういう思いでそういうことをしているか、子どもたちの気持ちをミュージカルにして働かない親、大人に見せて、子どもたちの気持ちを理解してもらい、大人も状況を変える行動に駆り立てる、心に訴えるミュージカルに仕上がっていました。後で、アーニーに聞くと、セーブ・ザ・チルドレン Japan の資金的援助で、自分たちがスラムに入り、ミュージカルを制作したとのこと。そのために彼は子どもたちと生活しながら、時に残飯をあさって料理し、一緒に食べながら、子どもたちとの関係を築いた上で、ワークショップを行なったとのことです。

　アーニーたちのワークショップでは3日間もあれば、最後に観衆の心を動かす演劇、ミュージカルを子どもたちがつくりあげます。親をはじめ大人はそれを見て、気づく「意識化」の変化が起こります。もちろん子どもたち自身が変わります。

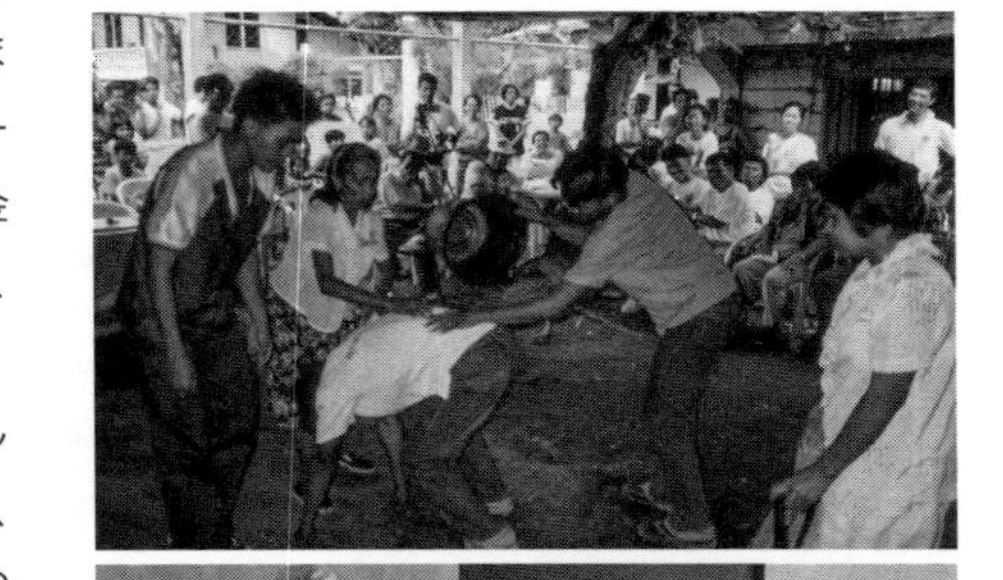

PETA のワークショップ。写真下左端がアーニー・クローマー
（提供：木下勇）

　彼はフィリピンのストリートチルドレンの救済のワークショップも行っていて、どうやってそういう子らを引き込むかと聞いた時に、最初は遊びからと返答が返ってきたのが印象的でした。遊ぶ中で子ども同士の関係ができて、だんだん参加する意欲につながると言います。最初は逃げていく子どもたちを、おいかけて、同じことをする、そういう繰り返しから信頼を得ていく。つまりワークショップ以前の関係づくりの方が時間も労力もかかることだが、それなくしては不可能といいます。レイプされた女の子が、トラウマから解き放たれ、法廷に立って加害者を訴えるという立ち直りまでに2年はかかったという話も印象的でした。

さらに壮絶な話は東ティモールで少年兵の立ち直りのワークショップを行った話です。目の前で両親が殺され、自分は囚われて少年兵にさせられて、今度は自分が人を殺す側に回る。想像しただけでむごい話です。1975年のインドネシアの軍事侵略によって併合され、2002年の独立まで苦難の歴史があります。今も世界のどこかで同じことが繰り返され、常に犠牲になる多くの子どもがいます。まして人殺しの兵にさせられた子どもが生き残っても、その後の人生はまた地獄が待っているようなものです。その立ち直りのためのケアは並大抵ではない。アーニーはさらりとそういう話をしながらも、彼が積極的にそういう現場の子どもたちに向き合う人道的な聖人のようなファシリテーションの達人でした。

私は演劇の専門家じゃないので、真似でもできない。しかし彼や彼の仲間と一緒にワークショップを行いながら演劇の力を体験しました。

PETAの演劇ワークショップは黒テントの中で花崎摂さんや成沢富雄さんら地域の課題、社会の課題と向き合う住民自身による民衆演劇方法論として展開するグループの動きとなり、やがて独立していきました。またPETAの演劇ワークショップの現地研修なども開かれ、日本の中でもその方法論に触れて、障害を抱えた人たちのノーマライゼーション、子ども主体の教育方法論を進める人たちにも応用されてきました。そんな中、桜ヶ丘冒険遊び場の運動の中心人物で後に区民センター建設時に私が仲介役で盛んに情報交換して親しくなっていた平野真佐子さんから、1/3広場が残る区民センターとなったが、後にも様々な問題が地域にあり、相談を受けていました。平野さんはその後、一人暮らしの老人への老人給食を始めて、日本全体にそれが広がる立役者なのですが、その頃に意識する・せざるを関係なく、地域で見過ごされている弱者に視点が動いていたのかと思います。一人暮らし老人、障害を抱える人たちや公営住宅の居住者など、福祉的観点からのまちづくりワークショップを桜ヶ丘冒険遊び場の記録映画をつくった斉藤啓子さんと企画しました。その時に、ハルプリン流のまちづくりワークショップとPETAの演劇ワークショップを合体させて取り組みました。車椅子に乗ったり、ブラインドウォークなど障害を抱える身体的体験をすることでもその立場への理解が深まり、それを共有して提案に結びつけることができました。

フィリピンのボホール島でスラム漁村の農村開発のワークショップをJICAの依頼で行った時も、私の師匠がフィリピンにいるといって、アーニーたちと行い、多大な成果を上げました（木下著『ワークショップ』参照）。フィリピンのように島によって言語が異なる状況下では言葉だけが伝達手段ではなく、身体の動き、音、絵、さまざまな表現で人は伝えあえる。そんな演劇的コミュニケーション、ワークショップが日本よりもフィリピンで発展する理由がわかります。でも、日本だってもともとはそういう演劇は身近にあったものだと思います、我々が失った演劇的コミュニケーション（ドラマトゥルギー）はどこか懐かしさもあり（演劇もPlayで遊びと同義）、照れや恥ずかしさを捨てれば、楽しく、いつもとは違う自分の発見ともなる。ワークショップの醍醐味です。

饗庭　最近は演劇ワークショップをやらなくなりましたね。

木下　外から見ると単に遊んでいるように見られちゃうんでしょうね。演劇ワークショップは入って演るのと、観るのとではだいぶ違いますからね。ハルプリンもダンサー・振付師でもある奥さんアンナの影響を受けてダンスを取り入れていました。まちづくりにはそういう要素が入りにくくなってきたのかな。まちづくりはハードの整備だけじゃなく、意識づくりなどを考える時、身体化は脳の動きなんかとも連鎖しているので、もっと極めてもよいとは思います。

山崎　僕も演劇は使わないですね。コミュニティデザインの現場で演劇ワークショップをやろうとする場合、まとまった時間が必要になる気がするんですよ。ハルプリンがやっているように、人間の力を開放するような形で30日間くらいプログラムを続けなければ効果が出ないものなんじゃないかと思うのです。僕らがやっているような2週間に一度くらいのワークショップだと、その間にまたもとに戻ってしまい、開放された発想力を反映しにくいんですよね。もう少し違う方法で、発想力を開放させなければならないなと思います。

木下　バブルの時期に港区で半年間、2週間に1回、10回分のまちづくりの職員研修をやったことがあります。最初の3回くらいはうまくいきました。だけど、港区の現実のまちに出ていくと、家の前にバケツが置かれている。住人に「何のためのバケツか」と聞くと「火をつけられたらしまいだと」と言われ、参加者が地上げの現実を知ってショックを受けてしまい、「何のためのワークショップなんだ」となったことがあります。その時に演劇仕立てのワークショップをしてみました。ある事件が起こる前と起こった後で何があったのかを再現するものです。演劇は複雑な問題を単純化して再現できる点がいいんですよね。最終的に寸劇ではなく、歌と踊りまでついたミュージカルになりました。そういう方法を入れると理屈じゃなくて考えやすくなり、そこにパワーが生まれる。考え、意識するには体を動かすことが有効かもしれません。僕も人が変わって動き出す、主体性が生まれるお手伝いができればと思っています。

饗庭　ワークショップをやる時に、どういうことに気をつけておられるんですか？

木下　参加者の顔ですね。特に乗れない人、クレームを言う人です。このあいだも地元の人がなんだこれはと急に怒り出してね、そういう人ってやっぱりいるんですよ。「地元で自治会をやってきて、さんざん役所に要望は出している。同じことの繰り返しじゃないか」と。声を荒げて言うんで雰囲気がおかしくなる。そういうときは全体から離れて個別フォローに入るんだけど、ひたすら話を聞きますね。うなずきながら聞いていくと、だんだん怒りも収まってくる。そして、全体に投げかける問題に整理して、全体の場に戻り、問題の根っこの部分を共有するように投げかける。そうすると変わってくるんです。また振り出しに戻ったみたいなことで、効率を求める人からは不満も聞かれますが、もういちど深く吟味しなかった問題をどう考えるか再吟味する意味もあったりします。３歩進んで２歩下がるなんてことはザラにあります。

　ファシリテーターは参加者の表情や気持ちを推し計りながら、皆がいい感じになれるように、結構、神経を使います。若い頃はだいぶ疲れたんだけど、だんだん楽しくなってきましたね。どこまで人が変われるんだろう、と。太子堂２・３丁目のまちづくり活動の中でも、ポケットパーク整備で反対していた人がそのあと掃除までしてくれるようになったことを経験しているので、「人は変わる」という認識がありますね。そのあたりを期待しながら、ワークショップをやっています。

　僕は大学で農村計画の研究室にいたり、自身も農村の出身だから、人の関係やつながりをつくることがワークショップの原型にあります。それが今の社会、都市では切れていると思うから、どこまでつなげられるんだろう、というところに喜びを感じます。人の泥臭さや人間臭さみたいなものを、失敗も含めて愛するようなところがあります。人がドラマチックに変わっていくところを面白がるところがありますね。

饗庭　ワークショップがあちこちで実践されている現在の状況をどう見ておられますか。もっと広げられるんじゃないかとか、劣化してるんじゃないかとか、いかがでしょうか？

木下　両方ありますよね。3人寄れば…というように集団創造の力ってあると思います。企業でも集団の力を発揮するための土台として応用できると思います。一方で行政の事業でワークショップを3回やることが最初から決められていて、それをやれば住民参加で行ったという、本質から外れた使い方がされることがある。そこに住民が集められて、結果がどう反映されているかわからないから、ますます不平不満が募る。本来の住民参加とは逆行してますよね。自治体の中でその結果をどう使うかもよく考えておく必要があるし、誰が参加するべきか検討する用意も大事だし、情報も公開しなければならない。全体で住民参加、合意形成をどうするか計画をつくって位置づけないとね。

山崎　おっしゃるとおりですね。役所側が用意するワークショップの回数と予算は3回が多い。1月に発注して3月には終えておきたい。3回のワークショップで住民の意見をまとめて計画に反映させてください、というもの。でも、「だから役所はわかってない」と批判しても仕方ない。そこは発注前に我々からしつこいくらい提案し続けなければいけなくて、ちゃんと住民参加をしようと思うなら10回は必要です、それを3年続けなければなりません、具体的には1年目の1回目にこれをやり、2回目にはこれをやって、と提案し続けなければならない。さらには、理想的な回数のワークショップができた時、どこかの役所の職員が見てくれることを願いながら情報発信する。必要ならメディアにも出て訴えかける。「露出狂」だと揶揄されようとも、テレビや雑誌やウェブメディアの取材を受ける。あるいは書籍にまとめて出版する。そうすると、役所の職員の何人かがそれを目にしてくれて、ワークショップについて理解してくれることになる。そんな人が発注してくれれば、必要な回数と時間を用意してもらえるようになる。その意味で、僕は木下さんが『ワークショップ』という本を書いてくれたことがとても嬉しかったのです。今日はそんな木下さんからじっくりお話を伺うことができて楽しかったです。ありがとうございました。

8

なぜ僕らは
ワークショップを
するんだろう

21 人が育つためのワークショップ

饗庭さんへ

木下さんの話、すごく面白かったですね。

事前に饗庭さんが整理してくれた分類で言うと、木下さんは「人が育つためにやる」ワークショップに興味があるようですね。それは、原体験として地域の人たちがつくった幼稚園に衝撃を受けていたからかもしれません。その後も、子どもに関するプロジェクトに多く携わっておられるし、人が変化すること、人が育つことの面白さを実感しているんでしょうね。

ワークショップでは、急に大声で怒鳴る人が出てきます。「なんだ、この会は！　こんな話は、もう何年も我々が繰り返してきたことと同じだし、何年も前に役所へ要望書も出しているはずだ。それなのに、またそれを繰り返すのか」と怒っている。これに対して木下さんはじっくり話を聞くという。そうすると、相手も少しずつ落ち着きを取り戻してくる。次の回にも話を聞く。そうやって繰り返していると、その人はワークショップに貢献する人になり、プロジェクトの重要な役割を担う人になる。こういう「人の変化」が面白いんだ、と木下さんは言います。

僕もきっとそこが楽しいと思ってコミュニティデザインを続けているんだと思います。設計事務所に勤めている頃は、饗庭さんの整理でいう「いいデザインのためにやる」ワークショップに興味がありました。何しろ、設計のためのワークショップですからね。「設計に住民を参加させるとデザインがゆるくなる」などと友人のデザイナーたちから指摘されながらも、ハルプリンとかルシアン・クロール★とかの実例を研究し、住民が参加してもゆるくならないデザイン、住民が参加したからこそ秀逸になったデザインなどを標榜していました。クリストファー・アレグザンダーのパタン・ランゲージは住民参加のための1つの道具だったと思いますが、あそこに登場する言葉自体が特定の建築の様式から想起されていることもあって、住民参加の場で使うとデザインが徐々にアレグザンダー好みになっていくんです。でも、当時の僕にとってそれは「いいデザイン」に向かうプロセスではない気がしていました。だからむしろ、ハルプリンとかクロールみたいに、多くの人のアイデアをデザイナーの頭の中で混ぜてしまい、統合されたアイデアとして空間を提示するという方法を採用していました。あるいは、クロールが設計した学生寮（ルーヴァン・カトリック大学医学部学生寮）みたいに、生活者が自分好みの部材を持ち込んだりリノベーションしたりすることで、多様でごちゃまぜだけど全体が統一されたイメージになるようなデザインのあり方を模索していました。

ところが、独立してstudio-Lを設立し、依頼されたワークショップを繰り返しやっていると、設計案件ではないワークショップも依頼されるようになってきたんです。「市町村の総合計画をつくりたいのでワークショップをお願いします」とか「産業振興ビジョンに住民の意見を反映させたいのでワークショップをしてください」とか、そんな依頼です。こういう依頼の場合、ワークショップ参加者の意見を設計に反映しようとしても、設計対象が存在しない。空間をつくらない。つくるとすれば計画書くらいだが、そのデザインにこだわろうとしても住民の意見を反映させられる部分がない。むしろ、意見を反映させるのは計画の内容です。だから、目に見えるデザインとしては住民の意見を反映させるわけではないが、計画の内容に住民の意見を反映させなくてはならなかったわけです。つくった計画書は、ある程度住民の顔を思い出しながら装丁のデザインやページのレイアウトを進める。一方、計画の中身は住民の意見を存分に反映させながらつくっていく。

そんなことを繰り返しているうちに、ワークショップ参加者たちの意識が変わらないと、計画の内容が充実したものにならないことに気づいたのです。ワークショップの参加者たちが学べば学ぶほど、計画の内容が優れたものになっていく。そのことに気づいてからは、「人が育つためにやる」ワークショップの醍醐味を感じるようになってきました。最近では「地域包括ケアに資する活動を生み出したいのでワークショップをお願いします」などという依頼も増えてきました。ワークショップ参加者たちがお互いを深く知り、新しい時代に向けて必要な情報を入手し、参加者同士で学び合い、活動に向けたチームを結成し、まちの中で社会実験を繰り返す。そこで出た意見を設計や計画に反映させることもなく、参加者の意識が変わり、活動が生まれ、関係性が醸成されていくことを支援する。そんなプロジェクトが増えてきました。そうなってくると、我々にとってのワークショップは「いいデザインのためにやる」というよりも「人が育つためにやる」ものになっていかざるを得ません。もちろん、いずれのタイプだったとしても、「いいまちをつくるためにやる」という目的は同じなのでしょうけどね。そしてもちろん「公正なプロセスのためにやる」ということも共通しているでしょうね。

そんな変化を経験してきた僕にとって、木下さんが整理してくれた『ワークショップ』という本は全てが深く納得できるものでした。あの本に出合うまでは、僕自身があの手の本を書かねばならないだろうと思いこんでいました。というのは、「いいデザインのためにやる」ワークショップに関する本はいくつか存在していましたが、「人が育つためにやる」ワークショップに関する本は、当時の建築界ではほとんど紹介されていなかったので。もちろん、よく調べれば教育分野などではすでにその手の本は出ていたのかもしれません。でも、まちづくりの文脈で語るような本は見当たりませんでした。そこに木下さんの『ワークショップ』が登場したのです。２００７年のことです。あれを読んで、僕は「ああ、自分で書く必要がなくなった」と安堵したことを覚えています。それ以来、『ワークショップ』は僕にとってのバイブル的な本となっています。

だから、今回の本ではぜひとも木下さんの話が聞きたかったのです。木下さんは、話を聞かせてくれるだけでなく、いまご自身が拠点にされている静岡での活動も紹介してくれたし、地域の拠点も案内してくれた。さらに、僕のYouTubeでも話をしてくれた。饗庭さんも出演してくれた。とてもありがたい１日でした。

山崎亮

22 1人からの都市計画

山崎さんへ

ワークショップを繰り返す中で、人が変わっていくこと、僕も何度も経験しています。

あるまちでワークショップを開いた時に、市役所の人たちが「あの人来たんだ……」とちょっとザワザワするおじさんがいらっしゃったことがあります。自分のこだわりを大声でまくしたてる、あまり聞く耳を持たず、市の窓口にやってきては延々と話をする、格好がややだらしない、というタイプの人でした。暴力的ではなかったのですが、市からすればクレーマーすれすれのような人でした。

その当時の僕の研究室は女子大みたいになっていたので、「危ないかなあ」と心配しながら、何かあったら強制的に介入しようと覚悟を決めて女子たちをワークショップでぶつけたのですが、会を重ねるごとに、そのおじさんがだんだんお洒落になってくるんですね。最初はランニングとステテコみたいな格好だったのが、帽子なんかを被ってやってくるようになって、周りの人とも議論するようになり、最後には、ワークショップでコーヒーを振る舞ってくれる人になりました。

おそらく僕がお相手をしたところで、おじさんがそこまで変わることはなかったと思います。プランナーとしてはまったく未熟な女子学生が、「よくわからないんですけど」って言いながら話を聞き、それを踏まえた案をつくってワークショップに持ってくる、そんな関係におじさんは何か感じるところがあったのだと思います。

性差もあるし、年齢差もある、そもそもの関係が非対称的な場合、関係がこじれてしまうことがあると思います。ワークショップは、そういう非対称さをいったんリセットして、フラットに参加者が関係を結び直しましょう、皆で対等な立場で議論しましょう、という方法として登場したと思います。ワークショップが持ち込むそのような「対等性」は重要なものだと思うのですが、それは僕が整理したワークショップの2つ目の目的、「公正なプロセスをつくるためにやる」が強調される時に発揮されることです。

例えばそれまで密室で意思決定されていた公共事業のやり方を改善しようと、市民参加の仕組みをつくり、そこにワークショップを導入する時には、その側面が強調されます。今は「市民参加」という言葉が普通に使われますが、「市民」という概念は、1950年代の「大衆論」に対置させる形で、政治学者の松下圭一が提起したものです。僕が90年代に耳学問で川崎市役所の人たちから地方自治とはなんたるかを勉強した時に必ず参照されたのが松下圭一でした。その市民論から入ってきた人たちは、ワークショップに、対等性をつくりだすツールとしての期待をし、実際にそのように使っていったわけです。もし僕が公正にやることを重視していたのならば、非対称なおじさんと女子学生の関係をなるべく対称なものにしようと考えたと思います。学生たちと事前に綿密に打ち合わせして想定問答なんかをつくり、おじさんの意見をグラレコなんかできれいにまとめ、他の人の意見と粒がそろったものとしておさめていく、というやり方です。

でも僕はその時に、おじさんはある方向に偏っている、学生たちも別の方向に偏っている、でもその偏りの組み合わせが面白くなるかな、と思っちゃったんですね。おじさんに限らずそもそもみんな何かしら偏っているわけだから、「市民」という言葉で背丈を揃えることなく、こちらは堅苦しくない場をつくることに注力して、あとはプランナーも含めてそこにいる人たちの間に生成される関係に任せようということです。このことは、プロ集団であるコンサルタントではなく、未熟な学生が常に入れ替わる大学の研究室で仕事をしている僕が、仕方なくたどり着いた方法なのかもしれません。木下さんのお仕事を時折拝見していて「いいなあ」と思うのは、学生さんが好き勝手にやっていて、そこに偏りが表出していることです。仕様化とか、マニュアル化とか、そういう指向の反対にある。

そしてそれは結果的にはワークショップの「人が育つためにやる」という側面を出すことになったと思います。大学の研究室で仕事をすると、そういう方法にたどり着いてしまうんでしょうね。

たと思います。学生と話すことによって、その人の何かが変わる時、その変化は普遍的ではなく個別的です。「市民」という普遍的な存在になるのではなく、「俺ちょっとお洒落だし、コーヒーだって入れちゃうけど、でもこだわるところはこだわって、市役所には厳しくいくよ」という個別の存在になる。その変化は、たまたまおじさんと相対した学生が、自分が持つ固有の何かと相手固有の何かを交換することによって生まれている。その交換はそもそも対等ではなく、非対称な関係の中でなされ、その関係は偶然にもたらされている。「人が育つためにやる」ワークショップは、こういった徹底した個別の世界、個別的な人たちが偶然に非対称の関係を結んで、そこで何かを交換して、さらにそれぞれの個別さを徹底していく、そんな世界をつくり出していくんだと思います。

　こういうやり方は、「市民参加で計画をまとめてくれ」とか「施設を管理する市民のボランティアを組織化してくれ」という政府からのオーダーとは、やり込めばやり込むほどズレていくことがありますよね。「まとめる」というオーダーに対して、どんどんエントロピーが増えていくわけですから。僕は都市計画家を自称しているのですが、都市計画というのはあるまちに1つしかないものなので、どうしてもまとめたくなってしまう。でもある時から、都市計画って、そこに住み暮らしている人たちのそれぞれの計画、いや計画なんて立派なものでなく、ちょっとした見通しだったり、野望だったり、ベターに暮らしたいという思いだったりを、ざっくりと束ねたものなんだな、って考えるようになって随分と肩の力が抜けました。

　でもその都市計画は、1人ひとりにアンケートでやりたいことを尋ね、それを束ねたようなものではありません。都市の起源は「市（いち）」ですから、そこに自分が知らない誰かがおり、知らない誰かとの間で何かを交換することができることが都市の定義です。都市計画に「都市」がつく所以はそこにあり、知らない誰かと何かを交換しながらつくっていく計画のようなもの、それが個人のものであっても、家族のものであっても、企業のものであっても、そうやってつくり出したものは全て都市計画なんじゃないかと考えています。その時の介入のツールがワークショップであり、それが公正さをもたらしたり、成長のきっかけとなったり、よいデザインを産み出したりするわけですね。

　そういうふうに都市計画を捉え直すと、あらゆるところに個別の都市計画があるということになります。パンドラの箱を開けたかのように、無限に都市計画の対象が増える。それぞれが個別で、違った面白さがあるので、僕は時々目の前にあらわれるそれを、学生たちと解き続けているわけです。

ここ4、5年ほど、世田谷のまちづくりファンドと、ハウジングアンドコミュニティ財団のまちづくり活動向けの助成金の審査を引き受けています。どちらも30年近い歴史のある助成金です。応募者を見ると、かつては「町並みを美しくしよう」とか「地域の計画をつくろう」といったような、公共性を丁寧に組み立てるような活動が多かったのですが、ここ数年は「空き家をつかって3人くらいで楽しみたい」とか、「1人ひとりの話をじっくり聞く場をつくりたい」といった、個別的なものがどんどん増えています。実はどちらにも「1人では応募できない」という規定があり、そのことがこの2つの助成金を都市計画たらしめているのですが、2021年にはついに「1人からの応募」がありました。規定には外れているのでその話はお断りしたのですが、そろそろ1人がやる都市計画もアリ、っていうふうに時代を変えてもいいんじゃないかなあ、と考えています。

昔からそういう話はあり、プランナーにそれが見えていなかったわけではないけども、プランニングの速度が求められたので、最小公倍数や最大公約数を探りながらやるしかなかった。今はそういったものに、多くの人が関わることができるようになったということだと思っています。パンドラの箱があちこちで開いた、ということですね。

饗庭伸

おわりに

日本におけるコミュニティデザインやまちづくりの先輩たちから話が聞きたい。そう思い始めたのは２０１５年頃のことだった。当時、「コミュニティデザインの源流をたどる」という雑誌の連載で、19世紀のイギリスにおける思想や運動を調べていたので、その反動がきっかけだったのかもしれない。比較的身近な、つまり日本の戦後くらいからの出来事が知りたくなったのだ。

２０１６年、私は林泰義さんと延藤安弘さんとで鼎談する機会をいただき、「日本の、戦後以降のまちづくりやコミュニティデザインについて話を聞くことができた。「さて、次の世代の話を聞きたいな」と思っていたところ、上海で饗庭さんから「その世代の話なら20年前に聞いたよ」と伝えられて驚いた。これが本書の冒頭に記したことである。

そこから往復書簡が始まった。主に私が饗庭さんに教えを請うというやりとりである。個人的には、往復書簡という形式が気に入っている。対談だと相手の話にすぐ答えなければならないため、質問も返答もじっくり考える余裕がない。また、記憶を頼りに話を進めるので、情報が不正確になってしまうことが多い。その点、往復書簡ならじっくり考えて手紙を書くことができるし、不確かな情報は調べてから返信できる。それでいて、相手からの手紙に刺激されて伝えたいことが生まれてくる気持ちよさがある。単に複数人で執筆分担した書籍ではこうならない。往復書簡ならではの掛け合いを本文から感じ取ってもらえれば幸いである。

本書が特徴的なのは、往復書簡で歴史を振り返りつつ、その登場人物に直接会って話を聞いていることだろう。インタビューに応じてくれた林泰義さん、乾亨さん、小林郁雄さん、浅海義治さん、木下勇さんに感謝するとともに、2023年に亡くなられた林さんに本書の完成を報告できなかったことを悔やむ次第である。

往復書簡という形式の書籍をつくるのは2回目である。建築家の乾久美子さんとの往復書簡に続いて、今回も編集を担当してくれた井口夏実さんに感謝したい。彼女は本書をつくっている間に学芸出版社の代表という重責を担うことになったため、編集のための時間を捻出するのが難しくなったと推察する。その状況を乗り越えて刊行まで導いてくれたことに敬意を表したい。

装幀を担当してくれた春井裕さんは、本書に登場する先輩方と同時代を生きたデザイナーである。だからこそ、狭義の装幀の枠を超えて、多くの情報や図版を提供してくれた。ありがたいことである。

そして、往復書簡の相手である饗庭伸さんには格別の謝意を表したい。大学の研究者であり、現場での実践者でもある饗庭さんだからこそ、知り得たり感じ取れたりすることがあるのだろう。それらを余すところなく伝えてくれたことによって、現代のコミュニティデザインがどんな流れのなかにあって、どういう特徴を有しているのかが明確になった。加えて、インタビュー先への連絡においても饗庭さんの人脈に助けられたし、本書に掲載された図版についても饗庭さんが保管していた資料に助けられた。改めて感謝したい。

本書に登場した先輩たちが活躍したのは、1970年代、80年代、90年代の約30年間である。その後のことについてはあまり語られていないが、すでに2000年代と10年代の約20年間が過ぎている。２０３０年以降に21世紀最初の30年間を振り返ったとき、コミュニティデザインやまちづくりの歴史に少しでも貢献できるよう実践に取り組み続けたい。また、同じように取り組む人たちにとって、本書で示した時代の潮流が今後の方向性を示すものになれば、著者の１人として嬉しく思う。

２０２４年7月　山崎亮

人名事典

あ

アーノルド・トインビー……78
1852年生まれ。イギリスの経済学者。ロンドンの貧困地域に住み込んで地域改善を行うセツルメント運動を主導した。「セツルメントの父」と呼ばれる。また、経済学者としては「産業革命」を学術用語として広めたことで知られる。

青井哲人（あおい あきひと）……136
1970年生まれ。明治大学教授。専門は建築史・建築論。著書に『ヨコとタテの建築論』（2023）、『戦後空間史――都市・建築・人間』（2023）など。

青木志郎（あおき しろう）……56
1923年生まれ。建築計画、農村計画学者。東京工業大学で長く教鞭をとる。農村計画学の基礎を築く。山形県飯豊町椿地区の環境点検活動が「椿講」であり、日本での最初のワークショップとされる。著書に『農村計画論』（1984・編著）。

浅海義治（あさのうみ よしはる）……14
1956年生まれ。ランドスケープデザイナー、コミュニティデザイナー。世田谷まちづくりセンターの創設スタッフとして、多くの住民参加のまちづくりの現場に関わり、ワークショップの技術を発展させた。著書に『参加のデザイン道具箱1、2、3』（1993、1996、1998・編著）。

新居千秋（あらい ちあき）……54
1948年生まれ。建築家、新居千秋都市建築設計代表。2000年代から、公共建築における市民参加型ワークショップと3Dモデリングによる複雑な建築形態を組み合わせた設計プロセスを展開する。代表作に、大船渡市民文化会館・市立図書館リアスホール、由利本荘市文化交流館カダーレ、新潟市秋葉区文化会館など。

アラン・ジェイコブス……191
1928年生まれ。都市計画家。サンフランシスコ市の都市計画局長などを経て、UCバークリーで長く教鞭をとる。著書に『サンフランシスコ都市計画局長の闘い』（1980、邦訳1998）。

アリス・ウォーターズ……219
1944年生まれ。アメリカのシェフ。バークレー市にあるレストラン「シェ・パニース」の創業者。地元の中学校にて「食べられる校庭」プロジェクトを開始。著書に『アート・オブ・シンプルフード』（2007）、『エディブル・スクールヤード』（2008）など。

安藤忠雄（あんどう ただお）……147
1941年生まれ。日本を代表する建築家の1人。東京大学でも教鞭をとる。代表作に、住吉の長屋、光の教会、表参道ヒルズなど。

五十嵐敬喜（いがらし たかよし）……21
1944年生まれ。弁護士、都市政策学者。日照権の確立、真鶴町の美の条例などに関わる。法政大学でも教鞭をとる。多数の著書があり、主なものに『日照権の理論と裁判』（1980）、『都市計画 利権の構図を超えて』（1983）、『美の条例 いきづく町をつくる』（1996）など。

石田頼房（いしだ よりふさ）……4
1932年生まれ。東京都立大学で長く教鞭をとる。専門は土地利用計画、都市計画史。線引き制度の創設、八郎潟の開発計画などに関わる。著書に『日本近代都市計画の百年』（1987）、『日本近現代都市計画の展開』（2004）など。

伊藤雅春（いとう まさはる）……37
1956年生まれ。都市計画家、建築家。住民参加のまちづくり、熟議民主主義。小西玲子、林泰義とともに玉川まちづくりハウスを主宰。著書に『参加するまちづくり―ワークショップがわかる本』（2003）、『熟議するコミュニティ』（2021）。

乾亨（いぬい こう）……14
1953年生まれ。建築家。立命館大学で長く教鞭をとる。コーポラティブ住宅の計画の他、真野地区のまちづくりにも長く関わる。著書に『マンションをふるさとにしたユーコート物語』（2012・共著）、『神戸真野地区に学ぶこれからの「地域自治」』（2023）など。

ウィリアム・H・ホワイト……196
1917年生まれ。都市計画家、社会学者。都市のオープンスペースを調査する手法を生み出した。著書に『組織のなかの人間』（1953）、『都市とオープンスペース』（1968）、『都市という劇場』（1988）

など。

上田篤（うえだあつし）……115
1930年生まれ。建築家、建築学者。京都大学、大阪大学で教鞭をとる。著書に『流民の都市とすまい』（1985）、『日本人と住まい』（2002）など。

丑田俊輔（うしだしゅんすけ）……109
1984年生まれ。東京のシェアオフィス「ちよだプラットフォームスクウェア」での経験を経て、2014年に秋田県五城目町へ移住。小学校跡地をリノベーションしたシェアオフィス「Babame base」を企画。同町内に「シェアビレッジ」や「ただのあそび場ゴジョーメ」などをオープンさせる。

碓井英一（うすいえいいち）……250
1940年生まれ。歌人。世田谷の障害当事者運動の中心となり、雑居まつり（1976）、世田谷ミニキャブ区民の会（1981）などの設立に関わる。

内田雄造（うちだゆうぞう）……68
1942年生まれ。都市計画家。東洋大学で長く教鞭をとる。国立市における住民運動、同和地区のまちづくり運動に関わる。著書に『同和地区のまちづくり論』（1993）など。

卯月盛夫（うづきもりお）……18
1953年生まれ。都市デザイナー、早稲田大学で教鞭をとる。シュトゥットガルト市、ハノーファー市都市計画局を経て、世田谷区都市デザイン室、世田谷まちづくりセンターの初代所長を務める。著書に『こどもがまちをつくる―「遊びの都市（まち）―ミュンヘン」からのひろがり』（2010）、『自立と協働によるまちづくり読本―自治「再」発見』（2004）など。

梅津政之輔（うめづまさのすけ）……200
1930年生まれ。世田谷区太子堂2・3丁目地区の住民参加の修復型まちづくりのリーダー。著書に『太子堂・住民参加のまちづくり 暮らしがあるからまちなのだ！』（2015）など。

エドワード・ウォード……79
1880年生まれ。社会活動家。著書に『ソーシャル・センター』（1913）など。

延藤安弘（えんどうやすひろ）……14
1940年生まれ。都市計画家、建築家。熊本大学、千葉大学などで教鞭をとる。住宅政策、コーポラティブ住宅、地区まちづくりなどの実践と理論を多く残す。作品にもやい住宅Mポートなど。著書に『計画的小集団開発』（1979）、『集まって住むことは楽しいナ』（1987）、『「まち育て」を育む―対話と協働のデザイン』（2001）など。

大高正人（おおたかまさと）……131
1923年生まれ。建築家、都市計画家。メタボリズムグループの建築家の1人。主な作品に坂出人工土地、広島基町再開発、多摩ニュータウン・マスタープランなど。

大谷幸夫（おおたにさちお）……131
1924年生まれ。建築家、都市計画家。東京大学で長く教鞭をとる。主な作品に、国立京都国際会館、川崎市河原町高層公営住宅団地、金沢工業大学。著書に『空地の思想』（1979）、『都市にとって土地とは何か―まちづくりから土地問題を考える』（1988・編著）など。

大戸徹（おおととおる）……180
1950年生まれ。都市計画家。世田谷区太子堂地区のまちづくりなどに関わる。著書に『まちづくり協議会読本』（1999・共著）。

大西正紀（おおにしまさき）……68
1977年生まれ。建築家。田中元子とともにmosakiを主宰。主なプロジェクトに喫茶ランドリー。

大村虔一（おおむらけんいち）……42
1938年生まれ。都市計画家、都市デザイナー。民間プランナーの草分けとして東京オペラシティや幕張ベイタウンパティオスに関わり、東北大学でも長く教鞭をとる。妻の大村璋子とともに、世田谷区において日本で初めてのプレーパーク(冒険遊び場)を始める。著書に『日本の都市空間』（1968・共著）、『新しい遊び場』（1974・共訳）など。

岡崎篤行（おかざきあつゆき）……22
1965年生まれ。新潟大学教授。専門は歴史的環境保全・再生の制度など。著書に『観光まちづくり』（2009・西村幸夫編）、『歴史的遺産の保存・活用とまちづくり』（2006・大河直躬編）など。

緒形昭義（おがたあきよし）……21
1927年生まれ。建築家、群建築研究所代表。代表作に竹山団地（1972）、寿町総合労働福祉センター（1974）、藤沢市労働会館（１９７５）など。神奈川県内の市民運動や労働運動のリーダーたちと、１９８８年にまちづくり情報センター神奈川（アリスセンター）設立。

荻原礼子（おぎわら れいこ）……251
１９５７年生まれ。まちづくりプランナー、結まちづくり計画室主宰。木下勇らとともに「子どもの遊びと街研究会」を設立し、「三世代遊び場図鑑」を作成。著書に『新・町並み時代』（共著・１９９９）、『わが町発見！：絵地図づくりからまちづくりへ』（世田谷まちづくりセンター編・１９９５）など。

奥田道大（おくだ みちひろ）……62
１９３２年生まれ。都市社会学者。都市コミュニティの類型論が都市計画にも大きな影響を与えた。立教大学で長く教鞭をとる。著書に『都市コミュニティの理論』（１９８３）、『都市型社会のコミュニティ』（１９９３）など。

か

川名吉エ門（かわな きちえもん）……71
１９１５年生まれ。都市計画家。大阪市立大学、東京都立大学で教鞭をとり、多くの後進を育てた。コミュニティカルテの開発や、ニュータウンの設計に力を注ぐ。代表作に、西神ニュータウン、鈴蘭台住宅団地、大阪既製服縫製近代化協同組合枚方工場団地など。

北沢猛（きたざわ たける）……231
１９５３年生まれ。都市計画家。横浜市の都市デザインを長くリードし、東京大学でも教鞭をとる。著書に『明日の都市づくり―その実践的ビジョン』（２００２・編著）、『都市再生講座』（２００５・共著）など。

木下勇（きのした いさみ）……14、56
１９５４年生まれ。大妻女子大学教授、千葉大学名誉教授。専門は都市計画、農村計画、子ども・住民参画のまちづくり。世田谷区太子堂地区のまちづくりと三世代遊び場マップづくりなどに従事。著書に『ワークショップ　住民主体のまちづくりへの方法論』（２００７）、『遊びと街のエコロジー』（１９９６）など。

木原勝彬（きはら かつあきら）……60
１９４５年生まれ。ＮＰＯの草分けである㈳奈良まちづくりセンターを設立。「市民公益活動基盤整備に関する調査研究」で中心的役割を果たす。

久住章（くすみ あきら）……19
１９４８年生まれ。左官職人。兵庫県淡路市出身。建築家との協働も多く、作品にホテル川久、淡路のゲストハウス（１９９５年吉岡賞）など。著書に『壁の遊び人＝左官・久住章の仕事』（２０１３）。

クラレンス・アーサー・ペリー……71
１８７２年生まれ。都市計画家、社会学者。「近隣住区論」の提唱で知られる。著書に『近隣住区論―新しいコミュニティ計画のために』（１９２４、邦訳１９７５）。

クルト・レヴィン……241
１８９０年生まれ。心理学者。社会心理学の第一人者。『アクションリサーチ』を提唱。

クレア・クーパー・マーカス……194
１９３４年生まれ。建築やランドスケープデザインの教育者。住環境、オープンスペース、ランドスケープデザインにおける社会問題の第一人者。著書に『人間のための住環境デザイン』（１９８６、邦訳１９８９・共著）、『人間のための屋外環境デザイン』（１９９０、邦訳１９９３・共著）など。

後藤祐介（ごとう ゆうすけ）……175
１９４３年生まれ。都市計画家。都市・計画・設計研究所（ＵＲ）を経て、１９８０年にジーユー計画研究所を設立。

小西玲子（こにし れいこ）……37
建築家。伊藤雅春、林泰義とともに玉川まちづくりハウスを主宰。

小林郁雄（こばやし いくお）……14
１９４４年生まれ。都市計画家。神戸を拠点とする都市計画プランナーの草分け。ポートアイランド、密集市街地住環境整備、地区まちづくり、景観まちづくりなどに関わり、大学で教鞭もとった。著書に『都市計画とまちづくりがわかる本』（２０１１）など。

小林重敬（こばやし しげのり）……237
１９４２年生まれ。都市計画家。横浜国立大学で長く教鞭をとる。地方分権時代の都市計画制度設計をリードした。著書に『まちの価値を高めるエリアマネジメント』（２０１８・共著）、『条例による総合的まちづくり』（２００２・共著）、『協議型まちづくり』（１９９４・共著）など。

今和次郎（こん わじろう）……248
1888年生まれ。建築学者。早稲田大学で長く教鞭をとる。「考現学」を提唱する。著書に『日本の民家』（1922）など。

さ

齋藤啓子（さいとう けいこ）……198
武蔵野美術大学造形学部視覚伝達デザイン学科教授。「こども天国」や「太陽の市場」の活動を経て、世田谷区企画部都市デザイン室、世田谷まちづくりセンターに勤務。著書に『遊びの力―遊びの環境づくり30年の歩みとこれから』（2009）、『デザインとコミュニティ』（2018）など。

坂本昭（さかもと あきら）……72
1913年生まれ。政治家、医師。参議院議員の他、1967年から1978年まで高知市長を務めた。革新市長の1人。

向坂正男（さきさか まさお）……42
1915年生まれ。経済学者。企画院、満鉄調査部に勤務ののち、経済企画庁に入り、総合計画局長などを務める。原子力政策の企画、推進にも大きな役割を果たした。

佐々木嘉彦（ささき よしひこ）……248
1916年生まれ。住居学者。今和次郎に師事したのち、東北大学農学部生活科学科、のちに建築学科で長く教鞭をとる。著書に『住居学』（1995）など。

佐藤竺（さとう あつし）……179
1928年生まれ。政治学者。専門は行政学、地方自治、コミュニティ、住民参加。成蹊大学で長く教鞭をとる。著書に『日本の地域開発』（1965）、『日本の自治と行政』（2007）など。

佐藤滋（さとう しげる）……17
1949年生まれ。都市計画家。早稲田大学で長く教鞭をとる。住民参加型のまちづくりの支援技術を多く開発し、二本松市や鶴岡市、災害後の神戸市野田北部地区や福島県浪江町において実践を重ねる。著書に『住み続けるための新まちづくり手法』（1995）、『まちづくりの科学』（1999）、『まちづくりデザインゲーム』（2005）、『地域協働の科学』（2005）など。

佐藤哲也（さとう てつや）……109
ヘルベチカデザイン代表。福島県郡山市でブルーバードプロジェクトを推進。多様な専門家と協働し、空きビルのリノベーションやマルシェの開催などを通じて地域の価値を高める活動を続ける。

佐野章二（さの しょうじ）……60
1941年生まれ。社会運動家。コンサルタント事務所を主宰ののち、2003年にビッグイシュー日本を設立する。2010～11年には内閣府「新しい公共」円卓会議の委員を務める。著書に『ビッグイシューの挑戦』（2010）。

サミュエル・バーネット……79
1844年生まれ。イギリス国教会の聖職者。ロンドンの貧困地域にある教会の司祭となり、トインビーとともにセツルメント運動に携わる。トインビーの死後、運動の仲間とともにセツルメントハウス「トインビー・ホール」を設立し、初代館長に就任した。

澤畑勉（さわはた つとむ）……249
1950年生まれ。世田谷区職員として民間ボランティア協会づくりなどに関わる。雑居まつり、プレーパークの立役者でもある。世田谷チャイルドライン運営委員。

ジェーン・アダムス……14、79
1860年生まれ。アメリカのソーシャルワーカー。1888年にロンドンのトインビー・ホールを視察し、翌年には友人のエレン・スターとシカゴにハルハウスを設立した。1931年にアメリカの女性として初めてノーベル平和賞を受賞。

ジェイン・ジェイコブズ……14、71
1916年生まれ。アメリカのジャーナリスト。特に都市計画や都市経済のあり方についての著作が有名。また、都市の再開発に反対する運動などの実践的な活動にも携わる。著書に『アメリカ大都市の死と生』（1961）、『都市の経済学』（1986）など。

篠原一（しのはら はじめ）……20
1925年生まれ。政治学者。ドイツの政治史が専門だが、『市民参加』（1977）、『市民の政治学――討議デモクラシーとは何か』（2004）といった著作を通して、自治体職員や市民運動に広い影響を与えた。

柴田徳衛（しばた とくえ）……64
1924年生まれ。経済学者。財政学、都市政策が専門。美濃部都政下で東京都企画調整局長を務める。著書に『現代都市論』（1967）、『都市と人間』（1985）など。

渋谷謙三（しぶや けんぞう）……40
町田市職員。大下市政のもと、団地白書作成。まちづくり、環境行政などに関わる。退職後、東京・多摩リサイクル市民連邦の設立などに関わり、市民活動を展開した。

清水光久（しみず みつひさ）……122
神戸市真野地区住民。真野地区まちづくり推進会の事務局を長く務めた。

下河辺淳（しもこうべ あつし）……50
1923年生まれ。都市計画家、官僚。経済企画庁、国土庁において戦後の日本の国土計画策定の中心的な役割を果たす。著書に『戦後国土計画への証言』（1994）、『ボランタリー経済学への招待』（2002・編著）など。

ジュディス・イネス……194
1942年生まれ。公共政策の形成プロセスを専門とする。UCバークリーで長く教鞭をとる。

首藤義敬（しゅとう よしひろ）……152
1985年生まれ。神戸市長田区で多世代介護付きシェアハウス「はっぴーの家ろっけん」を運営。介護を必要とする人以外も多く訪れる地域の拠点となっている。

東海林諭宣（しょうじ あきひろ）……109
1977年生まれ。シービジョンズ代表。2006年に秋田市にて店舗デザインに携わる会社「シービジョンズ」を設立。2013年には自らが運営する「酒場カメバル」をオープン。2019年には16のテナントが入る「ヤマキウ南倉庫」をリノベーションによってオープン。当該地域のエリアリノベーションに関わっている。

スーザン・ゴルツマン……189
1949年生まれ。アメリカのランドスケープデザイナー、MIG代表。子どもの遊び場づくり、住民参加型デザインなどに詳しい。共著書に『子どものための遊び環境』（1987）、『The Inclusive City』（2007）など。

鈴木成文（すずき しげぶみ）……69
1923年生まれ。建築学者。建築計画学の泰斗の1人。東京大学で長く教鞭をとる。著書に『住まいの計画・住まいの文化―鈴木成文住居論集』（1988）、『五一C白書―私の建築計画学戦後史』（2006）。

F・スチュアート・チェピン・ジュニア……223
1916年生まれ。都市計画家。ノースカロライナ大学で都市・地域計画の教鞭をとる。主著「Urban Land Use Planning（都市の土地利用計画）」が1966年に訳出された。

清家清（せいけ きよし）……248
1918年生まれ。建築家。東京工業大学で長く教鞭をとる。住宅建築の名作を多く残す。

世古一穂（せこ かずほ）……60
1952年生まれ。参加、協働のデザインの草分けの1人。NPO法制定運動に関わる。コミュニティレストランの広がりにも尽力。著書に『市民参加のデザイン』（1999）、『協働のデザイン』（2001）、『広がる食卓：コミュニティ・レストラン』（2019）など。

象設計集団（ぞうせっけいしゅうだん）……19
1971年設立の設計事務所。吉阪隆正門下の大竹康市、樋口裕康、富田玲子、重村力、有村桂子によって設立。代表作に名護市庁舎、用賀プロムナード、宮代町の進修館と笠原小学校、宜蘭縣庁舎、ドーモ・アラベスカなど。著書に『空間に恋して―象設計集団のいろはカルタ』（2004）など。

早田宰（そうだ おさむ）……22
1966年生まれ。早稲田大学教授。専門は計画・開発論、公共政策と計画、社会デザインなど。著書に『地域協働の科学』（2005）、『ともに創る！まちの新しい未来：気仙沼復興塾の挑戦』（2013）など。

た

高田昇（たかだ すすむ）……4
1943年生まれ。都市計画家、COM計画研究所代表。立命館大学で教鞭をとる。居住環境整備、コーポラティブ住宅、歴史的町並み保全など、多くのプロジェクトに関わる。著書に『まちづくり実践講座』（1991）、『コーポラティブハウス：21世紀型の住まいづくり』（2003）など。

高野文彰（たかの ふみあき）……26
1944年生まれ。ランドスケープデザイナー、高野ランドスケープ・プランニング代表。1990年代にワークショップを開催し、ランドスケープデザインにおける参加型デザインのひとつの方法を示した。象設計集団との協働も多く、ともに北海道の十勝地方へ会社を移転した。著書に『ランドスケープの夢』（２０２０）など。

高見澤邦郎（たかみざわくにお）……72
１９４２年生まれ。都市計画家。東京都立大学で長く教鞭をとる。専門はコミュニティ計画、地区まちづくり、居住環境整備など。著書に『居住環境整備の手法―まちをデザインする』（１９８９・共著）など。

多木浩二（たきこうじ）……93
１９２８年生まれ。美術評論家。東京造形大学や千葉大学で教授を務める。著書に、『生きられた家』（１９７６）、『眼の隠喩』（１９８２）、『欲望の修辞学』（１９８７）など。

武基雄（たけもとお）……5
１９１０年生まれ。建築家。早稲田大学で長く教鞭をとる。代表作に長崎水族館、古川市民会館がある。著書に『市民としての建築家』（１９８３）。

巽和夫（たつみかずお）……115
１９２９年生まれ。建築学者。専門は建築社会システム、建築生産論、ハウジング論。京都大学で長く教鞭をとる。著書に『現代ハウジング論』（１９８６・編著）、『住宅を計画する（住環境の計画）』（１９８７・共著）、『町家型集合住宅』（１９９９・編著）。など

田中元子（たなかもとこ）……68
１９７５年生まれ。建築コミュニケーター・ライター。大西正紀とともにmosakを主宰。主なプロジェクトに喫茶ランドリー。著書に『マイパブリックとグランドレベル』（２０１７）、『１階革命』（２０２２）など。

田中勇輔（たなかゆうすけ）……198
世田谷区職員。初代都市デザイン室長。

ダニエル・アイソファノ……191
アメリカの都市計画家、ＭＩＧ代表。組織開発、ファシリテーション、合意形成などの専門家として活躍する。共著書に『子どものための遊び環境』（１９８７）、『The Inclusive City』（２００７）など。

谷口吉郎（たにぐちよしろう）……248
１９０４年生まれ。建築家。東京工業大学で長く教鞭をとる。代表作に藤村記念堂、東宮御所がある。

垂水英司（たるみえいじ）……105
１９４０年生まれ。神戸市役所に長く勤務し、住宅、都市計画、まちづくり、建築行政に従事。阪神・淡路大震災後に住宅局長を務めた。

土田旭（つちだあきら）……175
１９３７年生まれ。都市計画家、都市環境研究所代表。訳書に『環境のデザイン』など。

鶴見和子（つるみかずこ）……139
１９１８年生まれ。社会学者。上智大学で長く教鞭をとる。南方熊楠の研究でも知られる。著書に『生活記録運動のなかで』（１９６３）、『内発的発展論の展開』（１９９６）など。

ドナルド・ショーン……195
１９３０年生まれ。哲学者。マサチューセッツ工科大学都市工学科で教鞭をとる。実践における反省と学習システムについて研究し、組織的学習を提唱した。著書に『専門家の知恵――反省的実践家は行為しながら考える』（１９８３、邦訳２００１）など。

戸沼幸市（とぬまこういち）……19
１９３３年生まれ。都市計画家。早稲田大学で教鞭をとる。建築設計から国土計画まで、さまざまなスケールを横断して活動する。作品に県立宮城大学キャンパス。著書に『人間尺度論』（１９７８）、『人口尺度論』（１９８０）など。

土肥真人（どひまさと）……77
１９６１年生まれ。都市計画家。東京工業大学で教鞭をとる。専門は参加のデザイン。著書に「環境と都市のデザイン」（２００４）など。

富田玲子（とみたれいこ）……27
１９３８年生まれ。建築家、象設計集団の設立者の１人。著書に『小さな建築』（２００７）、訳書に『都市のイメージ』（１９６８・２００７）など。

な

中村昌広（なかむらまさひろ）……257
１９６２年生まれ。大きな地図を使って行われるワークショップ「ガリバーマップ（ガリバー地図）」の考案者。

成沢富雄（なりさわとみお）……18
１９４９年生まれ。演劇活動家。60～70年

代前半のアングラ演劇ブームを代表する劇団である劇団黒テントで活動のち、演劇ワークショップの先駆者として各地で活動する。石川県輪島市、静岡県浜松市などにおいては、まちづくりの現場に導入されている。

鳴海正泰（なるみ まさやす）……21
1931年生まれ。横浜市の飛鳥田市長時代に、田村明とともに市政ブレーンを務める。のちに関東学院大学教授。著書に『都市変革の思想と方法』（1972）、『地方自治体入門』（1981）、『地方分権の思想 自治体改革の軌跡と展望』（1994）など。

西村幸夫（にしむら ゆきお）……60
1952年生まれ。都市計画家。東京大学で長く教鞭をとる。専門は都市保全計画、景観、市民主体のまちづくり。著書に『町並みまちづくり物語』（1997）、『都市保全計画：歴史・文化・自然を活かしたまちづくり』（2004）など。

西山夘三（にしやま うぞう）……113、115、130
1911年生まれ。建築家、都市計画家。京都大学で長く教鞭をとり、多くの後進を育てた。今日につながる住宅計画、都市計画の礎を築いた。代表作に千里ニュータウン計画、日本万国博覧会「お祭り広場」などがある。多数の著作を残したが、代表作に寝食分離を提唱した『これからのすまい』（1947）、『住宅問題』（1942）、『住み方の記』（1965）がある。

野口和雄（のぐち かずお）……21
1953年生まれ。都市プランナー。民間コンサルタントとして、自治体のマスタープランや条例づくり、再開発、区画整理などに関わる。著書に『美の条例 いきづく町をつくる』（1996）、『自治体都市計画の最前線』（編著、2007）など。

は

濱田甚三郎（はまだ じんざぶろう）……5
1945年生まれ。都市計画家。民間まちづくりコンサルタントの草分けである首都圏総合計画研究所を設立。木造住宅密集市街地である「東池袋4・5町目地区」のまちづくりに長く関わる。震災後の都市づくりのあり方を実践的に考える「仮設市街地研究会」代表。著書に『「提言！仮設市街地—大地震に備えて』（2008・共著）など。

林のり子（はやし のりこ）……37
1938年生まれ。ロッテルダム・パリ・東京の設計事務所で働き、35歳の時「パテ屋」を開店。〈食〉研究工房主宰。著書に『宮城のブナ帯食ごよみ』（1992）、『パテ屋の店先から』（2010）など。

林泰義（はやし やすよし）……14
1936年生まれ。民間の都市計画事務所の草分けである計画技術研究所を設立。町田市、世田谷区をはじめとする各地の市民参加型まちづくりに関わり、ワークショップの技術やNPOの考え方を全国に広める。自宅のある世田谷区では、伊藤雅春、小西玲子らとともにNPO玉川まちづくりハウスで活動した。著書に『NPO教書—創発する市民のビジネス革命』（1997）など。

林雄二郎（はやし ゆうじろう）……59
1916年生まれ。経済企画庁の官僚、未来学者。東京工業大学で教鞭をとる。「情報化社会」を提唱。トヨタ財団設立に尽力。多数の著書があり、代表作に『情報化社会 ハードな社会からソフトな社会へ』（1969）がある。

早瀬昇（はやせ のぼる）……60
1955年生まれ。大阪ボランティア協会に勤務。NPO法制定運動に関わる。著書に『「参加の力」が創る共生社会〜市民の共感・主体性をどう醸成するか』（2018）、『社会起業入門』（2012）。

原昭夫（はら あきお）……57
1942年生まれ。都市計画家。東京都庁、名護市役所、世田谷区で都市計画に従事し、自治体による都市計画、まちづくり、都市デザインの可能性を追及した。著書に『あなたのまちをデザインする61の方法』（1992・共著）、『自治体まちづくり—まちづくりをみんなの手で』（2003）。

ピーター・ボッセルマン……196
都市計画家。UCバークリーで長く教鞭をとる。模型やコンピューターを使った環境シミュレーションを都市計画に導入した。著書に『Urban Transformation - Understanding City Design and Form』（2008）など。

日笠端（ひがさ ただし）……35
1920年生まれ。都市計画家。東京大学で長く教鞭をとる。地区レベルの計画理論の確立に力を注ぐ。著書に『都市計画』（1977）、『市町村の都市計画』（1997〜98）。

樋口裕康（ひぐち ひろやす）……27
1939年生まれ。建築家、象設計集団の設立者の一人。

平井仁（ひらい ひとし）……178
都市計画家、都市・計画・設計研究所代表。大阪府立大学農学部農業工学科の緑地計画工学研究室出身。

広原盛明（ひろはら もりあき）……75
1938年生まれ。京都府立大学で長く教鞭をとる。真野地区や「京都の市電をまもる会」など各地のまちづくり運動、住民運動に関わり、多数の著書がある。主なものに『日本型コミュニティ政策―東京・横浜・武蔵野の経験』（2011）、『観光立国政策と観光都市京都』（2020）、『震災・神戸都市計画の検証―成長型都市計画とインナーシティ再生の課題』（1996）、『町内会の研究』（1989・共著）など。

藤本信義（ふじもと のぶよし）……56
1941年生まれ。農村計画、建築計画、都市計画まで幅広く、宇都宮大学で長く教鞭をとる。青木志郎のもとで木下勇らと、日本初のワークショップとされる山形県飯豊町の「椿講」に関わる。

フランク・ロイド・ライト……14、79
1867年生まれ。アメリカの建築家。イギリスのアーツ・アンド・クラフツ運動の影響を受け、アメリカでも同種の運動を主導したことがある（設立総会はシカゴのハルハウスで開催）。代表作は、ロビー邸、落水荘、ユニティテンプルなど。日本での代表作は、旧帝国ホテル、自由学園明日館、旧山邑邸など。

フレデリック・ロウ・オルムステッド……14
1822年生まれ。アメリカのランドスケープ・アーキテクト。庭園や公園、大学や墓地など多くのオープンスペースを設計した。また、国立公園運動の基礎を整えた。代表作に、ニューヨークのセントラルパーク、ボストンのエメラルドネックレス構想がある。

ヘンリー・デイヴィッド・ソロー……14
1817年生まれ。アメリカの思想家。同じまちに住む思想家ラルフ・ウォルドー・エマソンの影響を受け、超越主義的思想とその実践を展開した。思想家であると同時に、2年以上も自給自足生活を続けたり、メキシコ戦争や奴隷制度に反対するために納税を拒否して投獄されたりする実践家でもある。代表作に『ウォールデン：森の生活』（1854）。

ヘンリエッタ・バーネット……79
1851年生まれ。イギリスの社会改良家。サミュエル・バーネットと結婚し、トインビー・ホール設立に貢献した。その後、ロンドン郊外に「ハムステッド田園郊外」という住宅地を開発した。また、住宅地の中心部にヘンリエッタ・バーネット・スクールという女学校を創設した。

ホイットニー・ヤング……83
1921年生まれ。ソーシャルワーカー。公民権運動の指導者。ケネディ大統領、ジョンソン大統領、ニクソン大統領、それぞれの公民権運動に関する顧問を担当。1969年から2年間は全米社会福祉士協会の会長を務める。

ま

槇文彦（まき ふみひこ）……131
1928年生まれ。日本を代表する建築家の一人。東京大学でも教鞭をとった。主な作品にヒルサイドテラス、幕張メッセ、風の丘葬祭場。

松下圭一（まつした けいいち）……25
1929年生まれ。政治学者、法政大学で長く教鞭をとる。政治学、政治思想史、地方自治論が専門で、学界だけでなく、自治体の職員に大きな影響を与えた。政策・制度設計の日常化を契機とした「シビル・ミニマム」を提唱した。著作は多く、代表作に『シビル・ミニマムの思想』（1971）、『戦後政治の歴史と思想』（1994）、『日本の自治・分権』（1996）など。

松原永季（まつばら えいき）……151
1965年生まれ。建築家、都市計画家。スタヂオ・カタリスト代表。復興まちづくり、居住環境整備、歴史的建造物の保全などを専門とする。

間野博（まの ひろし）……132
1947年生まれ。都市計画家。県立広島

大学で教鞭をとる。専門は住居学、住環境。

丸山欣也（まるやまきんや）……18
１９３９年生まれ。建築家。TEAM ZOOの一つであるアトリエ・モビルおよびＮＰＯ有形デザイン機構代表。作品に名護市庁舎、今帰仁村中央公民館、レゾネイトくじゅうなど。早稲田大学、東京理科大学、ペンシルヴェニア大学、ナント大学などで独特の方法を持ったスタジオを担当し、その方法は『かたちの劇場―丸山欣也造形教室』（２０１０）にまとめられている。

水谷頴介（みずたにえいすけ）……72
１９３５年生まれ。都市計画家。神戸を拠点としたプランナーとして多くの後進を育てる。神戸六甲アイランド、ポートアイランド、福岡シーサイドももち、麹町再開発計画などに関わる。著書に『地域・環境・計画』（１９７２）など。

薬袋奈美子（みないなみこ）……22
日本女子大学教授。専門は住環境計画、住宅政策、住居管理、住居論など。著書に『生活の視点でとく都市計画』（２０１６）など。

三村浩史（みむらひろし）……115
１９３４年生まれ。都市計画家。京都大学で長く教鞭をとる。主なプロジェクトに千里ニュータウン。著書に『すまい学のすすめ』（１９８９）、『地域共生の都市計画』（１９９７）など。

宮西悠司（みやにしゆうじ）……72、114
１９４４年生まれ。都市計画家。住民主体のまちづくり。真野地区のまちづくりに長年関わり、その実践を通じて大きな影響を与えた。

宮本憲一（みやもとけんいち）……139
１９３０年生まれ。経済学者。専門は財政学・環境経済学。公害問題研究の第一人者。大阪市立大学で長く教鞭をとる。多くの著作があり、『恐るべき公害』（１９６４）、『地域開発はこれでよいか』（１９７３）、『環境経済学』（１９８９）、『戦後日本公害史論』（２０１４）など。

米野史健（めのふみたけ）……22
１９７０年生まれ。建築研究所研究員。専門は住宅政策、参加のまちづくり。著書に『住民主体の都市計画』（２００９・共著）など。

毛利芳蔵（もうりよしぞう）……74
住民運動リーダー。神戸市真野地区の住民運動、まちづくり運動を主導する。

森戸哲（もりとさとし）……40
１９４０年生まれ。都市プランナー。地域総合研究所代表。著書に『都市政策の視点』（１９８１・共著）など。

森永良丙（もりながりょうへい）……22
１９６６年生まれ。千葉大学准教授。専門は建築計画・住環境計画など。著書に『マンションをふるさとにしたユーコート物語』（２０１２・乾亨・延藤安弘編）など。

森村道美（もりむらみちよし）……63
１９３５年生まれ。都市計画家。東京大学で長く教鞭をとる。専門は都市基本計画、土地利用計画、コミュニティ・レベルの計画技法など。広島市や富山市の都市計画に関わる。著書に『コミュニティの計画技法』（１９７８）、『マスタープランと地区環境整備』（１９９８）など。

や

ヤコブ・モレノ……241
１８８９年生まれ。精神科医。演劇の枠組みと技法を用いた心理療法である「心理劇」を提唱。グループセラピー（集団精神療法）の開拓者でもある。

山岡義典（やまおかよしのり）……20
１９４１年生まれ。都市計画コンサルタントとして妻籠の町並み保全、沖縄海洋博のマスタープランなどに関わったのちに、トヨタ財団に転じ市民団体向けの助成プログラムを立ち上げる。日本ＮＰＯセンターを設立しＮＰＯ法制度の実現と普及に尽力する。著書に『日本の都市空間』（１９６５）、『日本の財団』（１９８４）、『ＮＰＯ基礎講座（新版）』（２００５）など。

ヤン・ゲール……134
１９３６年生まれ。建築家、都市計画家。歩行者、自転車と公共空間でのアクティビティを重視した計画理論で知られる。著書に『建物のあいだのアクティビティ』（１９８７、邦訳１９９０）、『人間の街 公共空間のデザイン』（２０１０、邦訳２０１４）など。

吉阪隆正（よしざかたかまさ）……19
１９１７年生まれ。建築家。ル・コルビュジエのアトリエで勤務ののち、早稲田大学で教鞭をとる。日本のモダニズムを代表する建築家の一人。代表作に吉阪自邸、浦邸、アテネフランセ、大学セミナー・ハウスなど。

吉村輝彦（よしむら てるひこ）……22
1971年生まれ。日本福祉大学教授。専門は都市計画・建築計画、社会福祉学、社会システム工学など。著書に『地域共生の開発福祉―制度アプローチを越えて―』（2017・日本福祉大学アジア福祉社会開発研究センター編）など。

ら

ランディ・ヘスター……57
1944年生まれ。ランドスケープデザイナー。UCバークレーで長く教鞭をとる。市民参加のデザインの草分けの1人で、日本のプランナーにも大きな影響を与えた。著書に『エコロジカル・デモクラシー』（2006、邦訳2018）、『まちづくりの方法と技術―コミュニティー・デザイン・プライマー』（1990、邦訳1997）など。

リン・ホワイト・ジュニア……212
1907年生まれ。アメリカの歴史家。スタンフォード大学、カリフォルニア大学ロサンゼルス校などで教鞭をとる。中世やキリスト教世界についての研究が専門。1967年、中世のキリスト教の影響が20世紀の生態学的危機につながっているという講演を行い、それが「サイエンス」誌に掲載されると論争が起きた。著書に『機械と神』（1968）など。

ルシアン・クロール……265
1927年生まれ。ベルギーの建築家。住民参加型の建築プロセスと、そこから生み出される複合的な建築形態が特徴的である。代表作に、ルーヴァン・カトリック大学の医学部、地下鉄アルマ駅などがある。著書に『参加と複合』（1983）など。

ローレンス・ハルプリン……14、192
1916年生まれ。アメリカのランドスケープデザイナー。住民参加型ワークショップを通じて、参加者の集団的な創造性を高め、そこで生まれたアイデアを設計に反映させる手法を開発。著書に『都市環境の演出』（1963）、『The RSVP Cycle』（1969）、『集団による創造性の開発』（1974）など。作品に、シーランチ、ギラデリスクエア、ラブジョイプラザ、エンバルカデロプラザなど。

ロバート・エズラ・パーク……80
1864年生まれ。アメリカの都市社会学者。シカゴ大学教授、のちにフィスク大学教授。社会学における「シカゴ学派」の基礎を築いたといわれる。

ロビン・ムーア……255
アメリカの建築家、MIG代表。イギリスのロンドン大学で建築を学び、アメリカのMITで都市および地方計画を学んだ後、カリフォルニア大学バークレー校にて環境デザインを教える。1977年にMIGを設立し、アイソファノ、ゴルツマンと環境デザインの実務に携わる。共著書に『子どものための遊び環境』（1987）、『The Inclusive City』（2007）など。

わ

渡邉格（わたなべ いたる）……86
1971年生まれ。タルマーリー店主。鳥取県智頭町にて、天然酵母のパン屋「タルマーリー」を経営。天然酵母によるクラフトビールづくりにも携わる。著書に『田舎のパン屋が見つけた「腐る経済」』（2013）、『菌の声を聴け』（2021）など。

渡辺元（わたなべ げん）……60
トヨタ財団プログラムオフィサー。立教大学でも教鞭をとる。NPO法制定運動に関わる。

世田谷まちづくりセンター 43, 187
世田谷まちづくりファンド 43
セツルメント運動 78
全国総合開発計画 63
センシティビティ・トレーニング 241
総合研究開発機構（NIRA） 59
総合設計制度 131

た

代官山ヒルサイドテラス 131
太子堂のまちづくり 197
大衆論 269
高野ランドスケーププランニング 27
宅地開発指導要綱 38
タクティカルアーバニズム 134
食べられる校庭 219, 220
たまごの会 69
多摩ニュータウン 29
タルマーリー 85
地域共生のいえ 203
地域通貨 44
地域包括ケア 125
チームビルディング 188
地区計画制度 63, 225
地区詳細計画 256
地方自治法 63
地方分権 63, 237
中間支援組織 20
中動態 136, 143
超長寿化 93
つくらないデザイナー 86
椿講 56, 246
妻籠宿 60
定性分析 196
定量分析 196
テーマ型コミュニティデザイン 106
テーマコミュニティ 76
デザイン・ウィズ・ネイチャー 51
点検地図づくり 246
テント美術館 174
東京計画 160
同和地区 70
都市環境研究所 175, 179
都市計画設計研究所 179
都市政策大綱 64
土地区画整理事業 133
トヨタ財団 59, 229

な

内発的発展 146
名護市 25
ナショナル・ジオグラフィック 197
奈良まちづくりセンター 60, 231
西宮コミュニティ協会 17
西宮市 24
日本生活学会 248
日本地域開発センター 54
日本列島改造論 64
ネイチャーゲーム 201
農村計画学会 248
能動態 143

は

パーソナル屋台 68
パタン・ランゲージ 203
はっぴーの家ろっけん 152
羽根木プレーパーク 53
パブリックサーカス 68
パブリックサービス・アーキテクチュア 82
パブリックマインド 196
バブル経済 16
パワフル・ライティング 197
阪神・淡路大震災 16, 96
阪神大震災復興市民まちづくり支援ネットワーク 163
ピーナッツ 61
ビゴの店 85
被差別部落 17
ビッグイシュー 60
非人間中心主義 216
歩楽里講 57, 256
ブリコラージュ 134
プレイスメイキング 134
プロセスデザイン 196
文化人類学 34
ペーパードーム（紙の集会所・教会） 152
冒険男爵 52
ポストモダン 18
ボンエルフ 245

ま

まち住区 166
町住区 157, 166
まちづくり協議会 101
まちづくり情報センターかながわ 20
まちづくり条例 234
まちづくりセンター 28, 43, 234
まちづくりファンド 234
まちの縁側はぐくみ隊 117
真野地区 96, 106
丸山地区 135
水谷ゼミナール 176
宮っ子 16
民生・児童委員 121
みんなのうえん 220
持分会社 184
もやいの会 117

や

ユーコート 115
用賀プロムナード 55

ら

ランドスケープデザイン 12
隣保館運動 80
ローテファブリーク 246

わ

ワークショップ 12, 188

索引

英数

BORN センター …… 117
DAO …… 107
NPO 価格 …… 184
NPO 自立支援センターふるさとの会 …… 45
NPO センター …… 231
NPO 法 …… 20, 58
plastic tree …… 197
RSVP サイクル …… 192
Sacred Place（聖なる場所） …… 196
SCAPIN …… 144
Stewardship（管理責任） …… 194
UR(ウル＝株式会社都市・計画・設計研究所) …… 163, 175
VISTA …… 83
web3 …… 107
YouTube …… 177

あ

アーバンデザインセンター …… 231, 235
アイスブレイク …… 188
アクションリサーチ …… 241
アソシエーションデザイン …… 86
新しい京都の町家を集まって創る会(京の家創り会) …… 115
アドボカシー・プランニング …… 196
アトリエ・モビル …… 18
アメリコープ …… 83
いきいき下町推進協議会 …… 161
生きられた家 …… 93
一団地認定 …… 131
インクルーシブシティ …… 194, 210, 220
インナー長屋改善制度 …… 133
ヴェルグル …… 44
エンパワメント …… 141
大阪コミュニティ財団 …… 230
大阪万博 …… 16

か

革新 …… 37
革新自治体 …… 20, 37
柏の葉アーバンデザインセンター …… 231
神奈川子ども未来ファンド …… 230
カルチェ・ダムール …… 132
かわさき市民アカデミー …… 20
考えながら歩くまちづくり …… 64
近隣住区論 …… 71, 80, 81
グリーフケア …… 232
グリーンミシュラン …… 219
計画技術研究所 …… 51, 179
劇団黒テント …… 18
原風景 …… 24
公害 …… 74
麹町計画 …… 131
麹町地区マスタープラン …… 160
高度経済成長 …… 16
神戸市インナーシティ総合整備基本計画 …… 161
神戸市まちづくり条例 …… 101
公民館運動 …… 80, 82
コー・プラン …… 163, 174, 175
コーポラティブ住宅 …… 114, 128
個人事業主 …… 176
言葉や絵 …… 182
子どもの遊びと街研究会 …… 198
コミュニカティブ・プランニング …… 196
コミュニタリアニズム …… 158
コミュニティ・ディベロップメント・コーポレーションズ …… 78
コミュニティ・デザイン協会（ACD） …… 84
コミュニティ・デザインセンター …… 78, 84
コミュニティガーデン …… 10
コミュニティ計画 …… 62
コミュニティセンター …… 81
コミュニティデザイン …… 90
コミュニティマキシマム …… 156
コミュニティモデル …… 62
コミュニティリニューアルプログラム C. R. P. …… 153
コミュニティレポート …… 62

さ

坂出人工土地 …… 131
栄東地区 …… 135
参加型まちづくり …… 34
参加のデザイン …… 11
参加のデザイン道具箱 …… 183, 202
山谷地域 …… 45
シェ・パニーズ …… 219
市街地再開発事業 …… 133
自己覚知 …… 195
シビルミニマム …… 20
主客対応評価法（PES） …… 115
市民公益活動基盤整備に関する調査研究 …… 59
市民参加 …… 25
市民論 …… 269
住環境整備 …… 132
住工混在 …… 98
修復型まちづくり …… 99
住民参加 …… 63, 225
縮充する日本 …… 25
受動態 …… 143
首都圏総合計画研究所 …… 179
省察的実践論 …… 195
所得倍増計画 …… 72
自力建設 …… 19
新産業都市 …… 63
新自由主義的 …… 158
新宿西口広場 …… 250
心理劇 …… 241
スイス連邦工科大学 …… 243
数字や地図 …… 182
住み開き …… 61
生活文化圏 …… 157
政策提案制度 …… 102
西神ニュータウン …… 74
世田谷コミュニティ財団 …… 230
世田谷冒険遊び場 …… 53

饗庭伸（あいば しん）
1971 年生まれ。東京都立大学都市環境学部教授。早稲田大学理工学部建築学科卒業。同大学院工学系研究科建設工学専攻博士課程退学。博士（工学）。東京都立大学助手、准教授を経て、2017 年より現職。主な単著に『都市をたたむ』『平成都市計画史』（花伝社）、『都市の問診』（鹿島出版会）、共編著に『まちづくりの仕事ガイドブック』（学芸出版社）、『津波のあいだ、生きられた村』（鹿島出版会）、『シティ・カスタマイズ』（晶文社）など。

山崎亮（やまざき りょう）
1973 年生まれ。コミュニティデザイナー。studio-L 代表。関西学院大学建築学部教授。大阪府立大学大学院および東京大学大学院修了。博士（工学）。社会福祉士。建築・ランドスケープ設計事務所を経て、2005 年に studio-L を設立。主な著書に『コミュニティデザイン』（学芸出版社）、『コミュニティデザインの源流』（太田出版）、『縮充する日本』（PHP 研究所）、『地域ごはん日記』（パイインターナショナル）、『ふるさとを元気にする仕事』（筑摩書房）など

写真撮影（装丁、章扉、本文中の著者プロフィール）：金静＋大龟営造

コミュニティデザインの現代史
まちづくりの仕事を巡る往復書簡

2024 年 9 月 5 日　第 1 版第 1 刷発行

著　　　者……饗庭伸・山崎亮

発　行　者……井口夏実
発　行　所……株式会社 学芸出版社
京都市下京区木津屋橋通西洞院東入
電話 075-343-0811　〒 600-8216
http://www.gakugei-pub.jp/
info@gakugei-pub.jp
編 集 担 当……井口夏実

題字・アートディレクション……春井裕（paper studio）
装 丁 デ ザ イ ン……美馬智
印 刷 ・ 製 本……モリモト印刷

ISBN 978-4-7615-2900-0